学前儿童心理发展

主　编　陈　树
副主编　胡玉霞　朱龙凤　邵华云
参　编（以姓氏笔画为序）
　　　　马　娟　王　君　王　静　方　莹　芦正芳　杨　萍
　　　　汪燕然　张　瑾　张　燕　张成成　张岑岑　陈　华
　　　　周　煜　胡可伊　潘美文

中国·武汉

内容提要

本教材共有六个项目,主要内容有初识学前儿童心理发展、探寻学前儿童认知心理发展、体验学前儿童情绪与情感发展、促进学前儿童动作与意志发展、完善学前儿童个性发展和提升学前儿童社会性发展,对3～6岁学前儿童在认知、言语动作、情绪情感、意志、个性和社会性等各个领域的发展特点、影响因素及培养措施等进行了系统介绍。

"学前儿童心理发展"是本、专科院校学前教育专业、早期教育专业等专业的基础课程,本教材旨在为今后的学前儿童教育、保育和管理工作者奠定必备的知识和技能基础,为设计和开展学前儿童教育、保育和管理活动提供理论依据,为解决工作实际问题提供理论指导。因此,本教材不仅适合以上各专业学生的学习,也适合学前儿童家长、幼儿园教师和学前儿童管理工作者日常学习和参考。

图书在版编目(CIP)数据

学前儿童心理发展/陈树主编. —武汉:华中科技大学出版社,2024.6
ISBN 978-7-5772-0922-7

Ⅰ.①学… Ⅱ.①陈… Ⅲ.①学前儿童-儿童心理学 Ⅳ.①B844.12

中国国家版本馆 CIP 数据核字(2024)第 105266 号

学前儿童心理发展
Xueqian Ertong Xinli Fazhan

陈 树 主编

策划编辑:袁 冲
责任编辑:段亚萍
封面设计:刘 卉
责任监印:朱 玢
出版发行:华中科技大学出版社(中国·武汉)　　电话:(027)81321913
　　　　　武汉市东湖新技术开发区华工科技园　　邮编:430223
录　排:武汉创易图文工作室
印　刷:武汉市洪林印务有限公司
开　本:787 mm×1092 mm　1/16
印　张:15
字　数:379 千字
版　次:2024 年 6 月第 1 版第 1 次印刷
定　价:49.00 元

本书若有印装质量问题,请向出版社营销中心调换
全国免费服务热线:400-6679-118　竭诚为您服务
版权所有　侵权必究

前言

　　学前期是个体心理、生理发展最快速的一个时期,对人今后一生的发展影响深远,也是开展早期教育的关键时期。学前期的教育是全面的、完整的教育,着重关注学前儿童的身心和谐发展。本教材在分析大量同类教材的基础上,形成了较为成熟的编写思路:既梳理了学前儿童心理发展的理论知识,与幼儿园教师资格考试知识点相契合,又提供了学前儿童心理发展的生动丰富的实践案例,便于组织讨论与交流,丰富课堂内容;同时,教材还配有丰富的课程资源,利于学生主动学习,以全面提升学生学习知识和运用知识的能力。

　　本教材共有六个项目,主要内容有初识学前儿童心理发展、探寻学前儿童认知心理发展、体验学前儿童情绪与情感发展、促进学前儿童动作与意志发展、完善学前儿童个性发展和提升学前儿童社会性发展,对3～6岁学前儿童在认知、言语动作、情绪情感、意志、个性和社会性等各个领域的发展特点、影响因素及培养措施等进行了系统介绍,与学前儿童家长、学前儿童教育工作者和全社会对学前儿童身心发展特点和规律知识的强烈需求相呼应。本教材的主要特色有:

　　1.以生为本,厘清框架脉络,重点突出。一是教材在每个项目开篇设有"项目导航""项目概述"和"心灵寄语",加强学生对每个项目内容的认识和理解;二是每个任务设有"任务情境""任务目标""任务分析""任务实施"和"任务评价",利于学生强化职业角色,明确学习目标及内容,巩固学习成效;三是教材额外为每个项目配置了"思政导学"内容,以引导学生树立求真务实的科学研究精神,培养"幼有所育"的家国情怀和使命担当(思政导学、课程标准、国家相关政策索引以及书中习题答案等可发送邮件至tlxlzx@126.com索取)。

　　2.内容实用,注重理实一体,宜教宜学。一是教材内容紧密对接幼儿园教师资格考试大纲,项目及任务内容按照知情意发展、共性与个性发展、了解和培养的"三位一体"内在逻辑层次进行搭建,既契合学科知识的系统性,也符合学生的学习规律;二是教材中设有丰富的"案例分享""知识链接"等,可供师生讨论和导入新的学习内容,切实提升学生运用知识和分析问题的能力;三是结合幼儿园教师资格考试教学活动设计考核要求,针对小班、中班和大班学前儿童编写了19个相关技能的"书证融通"案例,促进理实一体化。

　　3."互联网＋"助力学生主动学习,拓展知识。为丰富教材的内容及形式,提高学生的学习兴趣,本教材以二维码的形式呈现大量的配套数字化资源,内容包括文本、视频等,学生通过扫描二维码即可获取查看,交互界面友好,既拓展和丰富了教材的内容信息,又极大地提高了学生学习的兴趣。

"学前儿童心理发展"是本、专科院校学前教育、早期教育等专业的基础课程,本教材旨在为学前儿童教育、保育和管理工作者奠定必备的知识和技能基础,为设计和开展学前儿童教育、保育和管理活动提供理论依据,为解决工作实际问题提供理论指导。因此,本教材不仅适合以上各专业学生的学习,也适合学前儿童家长、幼儿园教师和学前儿童管理工作者日常学习和参考。

本教材的编写人员主要由学前教育教学与研究一线的专业人员组成。铜陵职业技术学院陈树担任本教材主编,负责教材大纲和课程标准的撰写,以及全书的修改和统稿工作。教材具体编写分工情况如下:项目一的任务一由陈树编写,项目一的任务二由王君编写;项目二的任务一由潘美文编写,项目二的任务二由周煜编写,项目二的任务三由邵华云编写,项目二的任务四由王静编写,项目二的任务五由胡可伊编写,项目二的任务六由杨萍编写;项目三的任务一由朱龙凤编写,项目三的任务二由芦正芳编写;项目四的任务一由方莹编写,项目四的任务二由张成成编写;项目五的任务一由张瑾编写,项目五的任务二由胡玉霞编写,项目五的任务三由张岑岑编写;项目六的任务一由陈华编写,项目六的任务二由马娟编写,项目六的任务三由汪燕然编写,项目六的任务四由张燕编写。本教材引用了一些专家、学者的资料和研究成果,在此表示衷心的感谢!另外,本教材的编写也得到了华中科技大学出版社和全体编者所在单位领导的大力支持,在此一并表示感谢!

本教材在编写中力求保证质量,但由于编者学识水平和能力有限,难免存在遗漏或不妥之处,期待广大师生、读者批评指正,以便我们进一步完善和修订,不胜感激。

2023 年 4 月

目录

项目一 初识学前儿童心理发展 (1)
任务一 学前儿童心理发展实践认识 (2)
  子任务一 学前儿童心理发展的基本概念和学习意义 (2)
  子任务二 学前儿童心理发展的主要内容和总体特征 (4)
  子任务三 学前儿童心理发展的研究原则和研究方法 (7)
任务二 学前儿童心理发展理论认识 (15)
  子任务一 学前儿童心理发展的影响因素 (16)
  子任务二 学前儿童心理发展的主要理论 (17)

项目二 探寻学前儿童认知心理发展 (26)
任务一 学前儿童感知觉发展 (27)
  子任务一 学前儿童感知觉的发展 (28)
  子任务二 学前儿童观察能力的培养 (37)
任务二 学前儿童记忆发展 (41)
  子任务一 学前儿童记忆的发展 (42)
  子任务二 学前儿童记忆能力的培养 (52)
任务三 学前儿童想象发展 (58)
  子任务一 学前儿童想象的发展 (59)
  子任务二 学前儿童想象能力的培养 (65)
任务四 学前儿童言语发展 (71)
  子任务一 学前儿童言语的发展 (72)
  子任务二 学前儿童言语能力的培养 (80)
任务五 学前儿童思维发展 (86)
  子任务一 学前儿童思维的发展 (87)
  子任务二 学前儿童创造性思维的培养 (96)
任务六 学前儿童注意发展 (99)
  子任务一 学前儿童注意的发展 (100)
  子任务二 学前儿童注意品质的培养 (107)

项目三 体验学前儿童情绪与情感发展 (114)
任务一 学前儿童情绪发展 (115)

　　　　子任务一　学前儿童情绪的发展 ·· (115)
　　　　子任务二　学前儿童积极情绪的培养 ··· (119)
　　任务二　学前儿童情感发展 ··· (125)
　　　　子任务一　学前儿童情感的发展 ·· (125)
　　　　子任务二　学前儿童积极情感的培养 ··· (128)

项目四　促进学前儿童动作与意志发展 ·· (133)
　　任务一　学前儿童动作发展 ··· (134)
　　　　子任务一　学前儿童动作的发展 ·· (134)
　　　　子任务二　学前儿童动作能力的培养 ··· (141)
　　任务二　学前儿童意志发展 ··· (145)
　　　　子任务一　学前儿童意志的发展 ·· (146)
　　　　子任务二　学前儿童良好意志品质的培养 ·· (151)

项目五　完善学前儿童个性发展 ·· (157)
　　任务一　学前儿童个性心理倾向发展 ··· (158)
　　　　子任务一　学前儿童个性心理倾向的发展 ·· (158)
　　　　子任务二　学前儿童积极个性心理倾向的培养 ··· (162)
　　任务二　学前儿童个性心理特征发展 ··· (166)
　　　　子任务一　学前儿童个性心理特征的发展 ·· (167)
　　　　子任务二　学前儿童良好个性心理特征的培养 ··· (172)
　　任务三　学前儿童自我意识发展 ·· (177)
　　　　子任务一　学前儿童自我意识的发展 ·· (178)
　　　　子任务二　学前儿童健康自我意识的促进 ·· (182)

项目六　提升学前儿童社会性发展 ·· (187)
　　任务一　学前儿童人际关系发展 ·· (188)
　　　　子任务一　学前儿童人际关系的发展 ·· (188)
　　　　子任务二　学前儿童良好人际关系的培养 ·· (197)
　　任务二　学前儿童性别角色发展 ·· (201)
　　　　子任务一　学前儿童性别角色的发展 ·· (201)
　　　　子任务二　学前儿童性别角色的培养 ·· (205)
　　任务三　学前儿童社会性行为发展 ··· (209)
　　　　子任务一　学前儿童社会性行为的发展 ·· (209)
　　　　子任务二　学前儿童亲社会行为的培养 ·· (213)
　　任务四　学前儿童社会道德发展 ·· (217)
　　　　子任务一　学前儿童社会道德的发展 ·· (218)
　　　　子任务二　学前儿童社会道德的培养 ·· (220)

参考文献 ·· (226)

中英文名词对照索引 ·· (228)

项目一
初识学前儿童心理发展

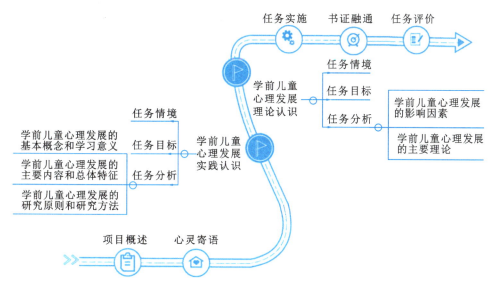

3~6岁儿童还未真正意义上进入学校,此时的儿童处于学前期,接受的教育是学前教育。学前教育主要培养的是儿童语言、认知、专注力、思维逻辑等方面的能力以及性格,而这一时期的儿童接受能力比较强,如果在教育之初就形成了良好的思维习惯,对于儿童未来发展的重要性则是不言而喻的。本项目通过介绍3~6岁学前儿童心理发展实践认识和理论认识,旨在让学习者掌握学前儿童心理发展的基本概念、总体特征和影响因素,熟悉学前儿童心理发展的主要内容、研究方法,了解学前儿童心理发展的学习意义、研究原则和主要理论,从而尊重学前儿童心理发展客观规律,正确认识学前儿童,真正热爱学前儿童,切实做好学前儿童的教育工作。

花儿开放需要一定时间,孩子成长需要一个过程。在教育的百花园中,百花吐艳离不开园丁的细心照护和爱心奉献,希望同学们将来能用心守护每一朵"花蕾",让他们开出独特、芬芳而美丽的花朵。

任务一　学前儿童心理发展实践认识

任务情境

妈妈给3岁的明明买了积木。有一天,妈妈和明明在玩积木时,明明伸手推倒了积木。在这之后,明明同样不断地垒积木,然后又将其推倒。

问题:
1. 你认为明明的行为是破坏行为吗?该如何理解他的这种行为?
2. 我们应当怎样应对明明的这种行为呢?

任务目标

知识目标
1. 掌握学前儿童心理发展的基本概念、总体特征。
2. 熟悉学前儿童心理发展的主要内容、研究方法。
3. 了解学前儿童心理发展的学习意义、研究原则。

能力目标
1. 能重复学前儿童心理发展的总体特征。
2. 能运用科学的方法对学前儿童心理进行研究。

素质目标
1. 能领悟学习学前儿童心理发展的理论意义和实践意义。
2. 能尊重学前儿童心理发展客观规律,做好学前儿童照护工作。
3. 能养成求真务实的科学研究精神,坚定文化自信。

任务分析

子任务一　学前儿童心理发展的基本概念和学习意义

一、学前儿童心理发展的基本概念

(一)学前儿童

我们首先根据国际和国内医学、心理学、教育学以及社会学的概念,结合我国的实际情况来界定学前儿童的概念。

目前,我国学前教育界和发展心理学界对学前儿童这一概念的认识并不完全一致。例如,许多人在翻译英语资料时,把学龄前儿童(preschool children)、学前儿童(young children)以及童年早期(early childhood)等不同内涵和外延的概念都译成学前儿童。

按照国内外现行的医学以及心理学的分类,广义的"学前儿童"是指从出生到上小学之前(0~6岁)或从出生开始到上小学之前的儿童,狭义的"学前儿童"是指进入幼儿园伊始到上小学之前(3~6岁)的儿童,本教材主要将3~6岁的正式进入小学阶段前的儿童统称为学前儿童。

(二)心理发展

心理,又称心理现象,是指人的心理活动及其表现形式。心理学通常把心理现象分为心理过程和个性心理(图1-1)。心理过程是指人的心理活动过程,主要包括认知过程(如感觉、知觉、记忆、思维、想象)、情感过程和意志过程;个性心理体现的是人与人之间在心理上的差异,主要包括个性心理倾向(如需要、动机、兴趣、理想等)、个性心理特征(如能力、气质、性格等)和自我意识系统。发展,是指个体身体、生理、心理、行为方面的发育、成长、分化成熟、变化的过程。

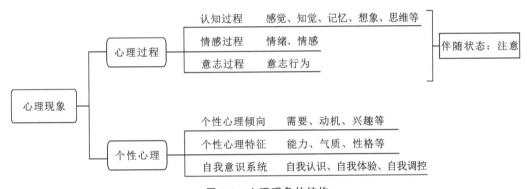

图1-1 心理现象的结构

所谓心理发展,是指个体在整个生命历程中所发生的一系列积极的心理变化,是心理从不成熟到成熟的整个成长过程。目前,心理发展的过程主要有两种观点:一种是"渐进论"的观点,认为从学前儿童到成人的心理发展是一个逐渐积累的连续量变过程;另一种是"阶段论"的观点,认为个体的心理发展不是一个连续量变的过程,而是经历系列有着质的不同的发展阶段的非连续过程。心理发展主要表现在四个方面:一是从混沌未分化向分化、专门化的发展;二是从不随意性、被动性向随意性、主动性的发展;三是从认识事物的表面现象向认识事物的内部本质的发展;四是从不稳定向稳定的发展。

(三)学前儿童心理发展

学前儿童心理发展,是指3~6岁学前儿童随着年龄和经验的增长,在认知、情绪与情感、动作与意志、个性和社会性等方面发生的积极、有序、系统、持续的变化过程。

二、学前儿童心理发展的学习意义

学习学前儿童心理发展不仅具有深刻的理论意义,而且具有重要的实践意义。

(一)学习学前儿童心理发展的理论意义

习近平总书记在党的二十大报告中提到,"坚持运用辩证唯物主义和历史唯物主义,才能正确回答时代和实践提出的重大问题"。学习学前儿童心理发展可以为学习辩证唯物主义哲学和普通心理学提供大量的理论依据。

学前儿童心理发展体现了辩证唯物主义的各种规律,学习学前儿童心理发展,有助于我们进一步理解辩证唯物主义的原理。学前儿童心理发展使我们进一步认识到,在外界环境作用下,人脑中产生了心理,这有助于理解辩证唯物主义中提到的世界在本质上是物质的,物质第一性、意识第二性的哲学命题;学前儿童心理发展也揭示了学前儿童认知能力从感觉到思维的全过程,可以充实和进一步论证辩证唯物主义认识论中关于感性认识与理性认识的基本原理。因此,学习和研究学前儿童心理发展,可以帮助我们形成科学的世界观和人生观。

(二)学习学前儿童心理发展的实践意义

学前儿童期是个体心理发展最为迅速的时期,也是早期教育的黄金时期。

学习学前儿童心理发展相关知识,可以使我们更好地倾听学前儿童内心的声音,贴近他们的世界,从而科学地选择教育内容和活动,正确引导学前儿童心理发展。首先,对于家长来说,学习学前儿童心理发展的知识,可以更加科学地进行家庭教育,增进亲子关系,促进学前儿童个性发展;其次,对于学前儿童相关领域的工作者来说,掌握学前儿童心理发展的特点和规律,可以更好地进行回应性照护,设计并开展恰当的游戏活动,促进学前儿童的认知、言语、动作、个性和社会性等方面的发展。

子任务二 学前儿童心理发展的主要内容和总体特征

一、学前儿童心理发展的主要内容

学前儿童期心理发展的主要内容包括认知、情绪与情感、动作与意志、个性以及社会性发展等方面。学前儿童期的心理发展需要引起照护者的重视,以促进学前儿童心理的健康发展。

(一)认知发展

3~6岁学前儿童认知的发展包括感知、记忆、想象、思维、言语等心理过程及其注意的发展。比如,感知觉是个体心理发展中发生最早、成熟最快的心理过程,是其他高级心理活动产生和发展的基础,而且学前儿童对事物的认识、对周围环境的融入就是从感知觉开始的。

(二)情绪与情感发展

学前儿童的行为充满情绪色彩。情绪往往直接影响学前儿童的行为,愉快的情绪让他们产生积极的行为,如愿意思考、愿意交往、愿意帮助别人等,也让他们易于被别人接受。学前儿童若长期处于某种情绪状态,其情绪就会逐步稳定,形成对事物特定的情感特征,并进一步成为学前儿童性格特征的组成部分。因此,学前期的情绪经历对学前儿童的成长非常重要。

(三)动作与意志发展

学前儿童动作的发展和学前儿童心理发展有密切关系,特别是意志行为。婴儿会出现吃脚、吮吸手指等动作,通过此种行为,意识到这些属于身体的一部分。此外,3~6岁学前儿童意志的发展,受其心理发育和心理活动发展水平的限制,往往表现为外露的意志行动,随着认知能力的提高,其意志的自制力、自控力也逐渐发展。

(四)个性发展

心理学研究发现,学前期是个体个性形成和发展的重要时期。2岁前,婴儿各种心理成分还没有得到充分发展,比如语言和思维能力发展水平较低,这一阶段,他们的心理活动是零碎的、片段式的,还没有形成系统,因此个性也没有发展起来。2岁左右,个性逐步萌芽,3~6岁学前儿童的个性开始形成,并且具有独特性、整体性、稳定性、社会性等特点。

学前儿童期是儿童个性开始形成的时期,因为这时期个性的各种心理成分开始发展,特别是性格、能力、自我意识等已经初步发展,由此产生的一系列自身独有的行为反应,表现出明显的、稳定的倾向性,个性特征初具雏形。

(五)社会性发展

学前儿童期的心理发展还会出现不同的个性,有些学前儿童较为活泼,有些学前儿童较为安静。在日常生活中,学前儿童亲身经历成人是如何满足自己的需要,给自己以安慰、援助等,这个过程中包含了大量学习亲社会行为的机会。因此,学前儿童与成人的交往、成人给学前儿童行为提供的榜样和强化非常重要。

二、学前儿童心理发展的总体特征

(一)具有普遍性和个体差异性

由于环境和生活实践等方面的影响,不同的学前儿童在心理发展的时间和内容上表现出共同的特点,发展带有一定的普遍性。如在动作发展的时间和顺序上,多数学前儿童3~4岁能够熟练走路和跑步,4~5岁能够跳跃和骑平衡车(图1-2),5~6岁能够熟练单脚跳(图1-3);在言语发展的顺序上,3~6岁学前儿童掌握同一类词的内容在不断扩大,词汇数量不断增加。

图1-2 学前儿童骑平衡车

图1-3 学前儿童单脚跳

与此同时,遗传素质、社会生活水平、教育条件、生活经历等方面的差异,使每个学前儿童在心理发展速度、心理活动内容、心理发展水平等方面都有着不同于他人的独特特点。例如,有的学前儿童对音乐有特殊的敏感度,有的学前儿童对色彩有深刻的理解。在性情方面也是如此,有的学前儿童好动,善于与人交往,言语表达流畅;有的学前儿童喜欢安静、独处,沉默寡言,不合群。学前儿童心理发展的不平衡性和差异性,要求教育活动的内容、形式等不仅要考虑学前儿童的年龄特征,而且要注意学前儿童的个体差异,这样才能因材施教。

(二)具有连续性和阶段性

学前儿童心理发展是一个连续的过程,前后发展之间有着密切的联系,同时,每一个阶段的发展都是后续的发展的条件或基础。如果学前儿童心理发展过程的某一阶段存在问题或缺陷,必然会对后续的相关心理发展产生不利的影响。例如,从学前儿童身体整体结构的发展而言,其顺序是大脑首先得到发展,而后是躯干和四肢的发展。在骨骼与肌肉的协调发展中,首先得到发展的是大骨骼与大肌肉,而后才是小骨骼与小肌肉群的发展与协调。所以,在学前儿童行动能力的发展中,先有走、跑、跳和骑等粗大动作的发展,然后才有写字、绘画等精细动作的发展。学前儿童思维能力的发展,遵循着先具体再到抽象的发展顺序。

同时,学前儿童心理发展在不同的年龄段之间会出现一些显著的、本质的差异。阶段性是指在儿童心理成熟的过程中会经过若干次质变,每一次质变都代表着一个阶段,这些阶段的发展趋势是从简单到复杂、从低级到高级、从混沌到分化。例如,学前儿童在简单词汇阶段与复杂词汇阶段之间、在独立行走阶段和奔跑攀爬阶段之间、在直观形象思维阶段与直觉行动思维阶段之间,都具有显著的阶段性特点。

(三)具有整体性和不均衡性

在学前儿童心理发展的过程中,各种心理因素之间并不是孤立的,一种心理因素的发展必然与其他心理因素的发展之间有着直接或者间接的联系,各种心理因素是相互联系也是相互制约的整体发展过程。例如,动作、认知、语言、情绪、个性、社会性的发展之间都有着非常密切的联系。学前儿童心理发展的不均衡性表现在两个方面:一是在不同的年龄阶段,发展的速度是不均衡的,年龄越小,发展速度越快;二是不同方向的发展也是不均衡的,例如,在心理方面,感知成熟在先,思维成熟和情感成熟在后。

(四)具有方向性和顺序性

心理发展的方向性是指心理发展总是朝着一定方向前进,这种方向性具体表现在心理发展趋势上:从简单到复杂、从具体到抽象、从无意到有意、从笼统到分化、从被动到主动、从零乱到成体系、从低级到高级。可见,心理发展就是个体的心理从不成熟到成熟的整个成长过程,心理发展始终遵循上述趋势和路线进行。学前儿童心理处于发展的起始阶段,各种心理活动相继发生,陆续出现,逐渐齐全。

心理发展的顺序性是指在心理发展过程中,表现出一种稳定的顺序,既不能逾越,也不会逆向发展,按由低级到高级、由简单到复杂的固定顺序进行。例如:思维的发展是先有直观动作思维,再有具体形象思维,最后才有抽象逻辑思维;记忆的发展是先有机械记忆,后有意义记忆;情绪情感的发展则从喜、怒、哀、惧等基本情绪发展到理智感、道德感和美感等高级的社会性情感;学前儿童行动能力发展,按照"直线行走—拐弯跑—单脚跳跃—骑车—避开障碍物"等的顺序,然后才有写字、绘画等精细动作的出现。

在学前儿童心理发展过程中,所表现出的这种方向和顺序是固定不变的。先前的发展变化,是其顺序序列中紧随其后的发展变化的基础,方向性和顺序性的特点使学前儿童心理发展成为一种连续的、不可逆转的过程。成人在对学前儿童进行教育时,必须遵循由具体到抽象、由浅入深、由简到繁、由低级向高级的顺序,循序渐进,不能揠苗助长,否则,不但不能收到应有的效果,还会损害学前儿童的身心健康。

子任务三　学前儿童心理发展的研究原则和研究方法

一、学前儿童心理发展的研究原则

学前儿童心理发展是研究学前儿童心理发展的基本规律和年龄特征的科学。对学前儿童的心理发展进行研究是科学性很强的工作,必须遵循一定的基本原则,概括起来主要有以下几点。

(一)客观性原则

客观性原则即实事求是原则,要求研究者从实际出发,不附加任何主观意愿,按照心理现象的本来面貌加以研究,揭示学前儿童心理发生、发展的客观规律。研究者不管是对学前儿童行为的直接观察、测试、实验,还是对养育者进行访谈或问卷调查,以及处理、分析研究资料,都要实事求是,切忌采取主观臆断和单纯内省的方法,应根据客观事实来探讨学前儿童心理活动规律。客观性原则是一切科学研究必须遵循的基本原则。

(二)发展性原则

发展性原则指的是用发展的观点对学前儿童的心理进行动态研究,不要孤立、静止地看待问题。因此在进行心理研究时不仅要了解学前儿童已经形成的心理特点,更要关注那些刚刚萌芽的新的发展水平及其发展趋势。研究者需要从学前儿童心理的发展、家庭环境和教育条件的变化等不同方面,揭示心理发生和发展的规律。

(三)科学性原则

科学性原则是指进行学前儿童心理发展的研究必须遵循事物发展的一般规律,通过反复的实践、严密的论证来获得知识。学前儿童是一个特殊的群体,他们的心理和行为存在着极大的不稳定性和偶发性,因此,在对他们进行研究的过程中,研究者须进行反复观察、深入分析,不能仅凭一次或几次的印象草率下结论。

(四)教育性原则

教育性原则是科学研究中伦理原则的体现,是指一切学前儿童心理的研究,都要贯彻伦理道德的要求,必须符合教育的目的,禁止损害学前儿童的身心健康。这个原则对学前儿童尤为重要,因为他们年龄较小,还没有足够的能力表达自己的想法、不适和诉求。从设计研究方法、安排时间到研究者的举止行为,都必须考虑对学前儿童的心理可能产生的影响,否则,对学前儿童的身心伤害会影响其一生的发展。

(五)全面性原则

全面性原则是指研究者必须关注学前儿童心理发展的各个方面,从各种影响因素出发,全面收集信息,对各种心理现象及其形成因素之间的相互作用关系进行整合研究,如实反映学前儿童心理发展的全貌。学前儿童心理的发展包括认知、个性和社会性等多个方面,任何一个方面的发展状况都会影响其他方面的发展,因此,研究者不能以偏概全,而应综合学前儿童各个方面的特点,进行全面性研究。

二、学前儿童心理发展的研究方法

学前儿童心理发展常用的研究方法包括观察法、实验法、测验法、调查法等。每种方法各有优缺点,在确定使用哪一种或几种方法时,应考虑到研究方法对学前儿童年龄特征的适宜性。

(一)观察法

观察法是指在自然条件下,也就是在学前儿童的日常生活、游戏、学习、社会交往过程中,通过感官或者仪器设备(如摄像机),有目的、有计划地观察其言语、表情、动作等外部表现,详细记录并进行分析,了解学前儿童心理活动特点的一种方法,也称自然观察法。

观察法是研究学前儿童心理发展常用的方法。学前儿童的年龄越小,其心理活动越具有不随意性和外显性,通过观察其外部行为就可以较好地了解其心理活动。其最大的优点在于,能观测到许多用其他方法无法测量的行为,考察儿童的真实行为,避免其他研究方法中有可能发生的一些问题(比如不理解指示语、做出反应时喜欢取悦于人、以自我为中心的思维方式等),有利于研究者获得真实可靠的资料。同时,观察法也有其自身的缺陷,比如在日常的自然状态下无法控制刺激变量,使得观察者处于被动地位,对所研究的对象无法加以控制。此外,影响某种心理活动的因素是多方面的,因此难以对观察结果进行精确分析,且观察结果容易受到观察者本人的影响。

在制订观察计划时必须充分考虑观察者对被观察学前儿童的影响,要尽量使学前儿童保持自然状态。观察法的具体形式较多,下面介绍几种常用的方法。

1. 日记描述法

日记描述法又称儿童传记法,是通过写日记的方式记录学前儿童在较长一段时间内的行为表现。这是一种纵向的观察描述,着重记录学前儿童出现的发展性变化。陈鹤琴(图1-4)率先在我国采用日记描述法研究儿童心理,通过对其长子陈一鸣持续808天的追踪研究,写成了中国第一部儿童心理学教科书——《儿童心理之研究》。

2. 轶事记录法

轶事记录法不像日记描述法那样连续记载学前儿童行为的发生发展,而是随时随地记录学前儿童有价值或者研究者感兴趣的行为事件,一般是观察对象的典型行为或异常行为,事后要进行分析。

3. 事件取样法

观察前选定要观察的某类行为或事件进行跟踪观察,全面完整地记录该类行为或事件发生的过程及其前因后果。该法可以用于研究特定行为或事件发生的背景和过程,了解前后情境、诱因与结果,以便找到适宜的教育方法。

图1-4 陈鹤琴给孩子们展示飞机模型

4. 时间取样法

时间取样法用于在一个规定时间内,以一定的时间间隔为取样标准,观察预先确定的行为,记录该行为出现的频率。该法主要用于了解某一方面行为或事件是否发生,该行为或事件的发生频率以及每次发生持续的时间。该法适用于经常出现的、容易被观察的行为。

5. 行为检核表法

行为检核表是观察并记录学前儿童行为的表格,列有各种行为活动,研究者在实际情境中逐项检核学前儿童的行为,然后整理统计,以了解学前儿童常出现何种行为。

运用行为检核表研究学前儿童心理时应注意以下几点:

(1)观察前观察者要做好准备。

在进入观察场景之前必须做好多项准备,确认观察目标是其中最核心的任务:观察者必须清楚自己为什么而观察。除此之外,还必须思考以下问题:要重点观察哪个发展领域或者哪些行为(身体、动作、社会、语言等);要花多长时间观察所选的行为(几分钟、一小时,或者持续观察多久);要观察谁(群体中的某个学前儿童、一个群体,还是某个特殊的学前儿童等);怎样记录观察,是采用检核表,还是持续记录、叙述性描述等;打算如何解释所观察到的现象(根据特定的理论,还是根据情境中已经发生的事情)。

(2)观察时尽量使学前儿童保持自然状态。

最好不让学前儿童知道自己是观察对象。我们可以根据观察目的和任务的不同,采用局部观察或者参与性观察。局部观察主要是为了让学前儿童不知道自己正在被观察,例如可以通过专门的观察窗或者单向玻璃来进行观察和记录;参与性观察是观察者以某种身份参与到学前儿童的活动中,在与学前儿童的共同活动中观察他们,这种观察能够使学前儿童表现自然,应该避免使学前儿童意识到自己正在被观察。

(3)观察记录要求详细、准确、客观。

观察记录不仅要记录行为本身,还应该记录行为发生的前因后果。由于学前儿童的心理活动主要表现于行动中,其自我意识水平和言语表达能力不强,因此必须详细记录,以便依靠客观材料进行分析。同时要注意的一点是,由于学前儿童和成人的表达方式不同,要避免以成人的言语记录,可通过采用适当的辅助手段,比如录音、录像等,使记录准确、迅速。

(4)观察应排除偶然性,一般在较长时间内系统地反复进行。

由于学前儿童心理活动的不稳定性,他们的行为表现出偶然性和突发性,因此对学前儿童的观察一般要反复进行。

(二)实验法

实验法是通过设计和控制学前儿童的活动条件,以发现由此引起的心理现象的有规律的变化,从而揭示特定条件与心理现象之间的因果关系。常用的实验法有两种:实验室实验法和自然实验法。

1. 实验室实验法

实验室实验法是在心理实验室里用专门的仪器设备进行心理研究的一种方法。此法在研究出生头几个月的儿童时被广泛运用,比如研究学前儿童感知觉的"视觉偏好实验"和"视觉悬崖实验"等。

此法的优点是对实验条件进行严格控制,可以提供精确的实验结果,有助于发现事件间的因果关系,常用于研究感知、记忆、思维、动作和生理机制等方面;缺点是难以研究道德、情感、社会性发展等较复杂的心理现象,实验情境带有极大的人为性质,导致实验结果有时难以推广到日常生活中。

2. 自然实验法

自然实验法是在学前儿童的日常生活、游戏、学习和社会交往等正常活动中,有目的、有计划地创设或改变某种条件,以引起并研究其心理变化的一种方法。比如在学前儿童集体游戏过程中,观察他们的言行,从中发现他们社会性发展的特点。

自然实验法的优点在于其实验情境是自然的,因此实验结果比较合乎实际,这点与观察法相同;它与观察法的不同在于研究者可以对某些条件进行控制,避免研究者处于被动的地位,这点与实验室实验法相同。因此,自然实验法兼具观察法和实验室实验法的优点,成为研究学前儿童心理的主要方法。自然实验法的缺点在于对实验条件的控制不如实验室实验法严格,因而难以得到精确的实验结果。

(三)测验法

测验法又称心理测验法,是指用一套标准化的题目(量表)按照规定的程序来测量某种心理品质的方法。测验法所运用的工具是标准化程度很高的量表,它不局限于文字形式,也有非文字形式(操作形式)。心理测验按测验的内容可分为能力测验和人格测验两大类,能力测验分为成就测验(判断个人在某方面所表现出来的实际能力)和性向测验(判断个人将来有可能表现出来的潜在能力),人格测验(也称个性测验)是测量个体行为的独特性和倾向性等特征。

测验法的优点是可以在较短的时间内迅速了解学前儿童的心理发展状况,结果准确,可以大范围使用;缺点主要表现在难以揭示变量间的因果关系,测验的题目也很难适应不同生活背景下的学前儿童,结果也可能被曲解。

(四)调查法

调查法是指通过书面或口头回答问题的方式,了解被测试者的心理活动的方法,主要有问卷法和访谈法两种。

1. 问卷法

问卷法是指根据研究目的,以书面形式把要调查的内容列成明确的问题,设计成问卷,通过研究对象的书面回答来收集资料的一种方法(图1-5)。在研究学前儿童心理发展时,问卷法往往是通过对学前儿童的父母或者教师进行调查,以考察养育者(家庭或者托育机构)的态度或者行为对学前儿童的心理发展可能产生的影响。

问卷法的优点是经济省时,收集数据效率较高。目前比较流行的在线网络问卷调查,能够在较短的时间内进行大规模的数据调查,不受天气、交通、地域等因素的限制,结果比较容易量化,更容易统计、处理和分析。问卷法的主要缺点是回答者由于种种原因可能对问题做出虚假或错误的回答,导致所得结果不可信;同时,很难保证回答者具有代表性。

图1-5 学前儿童绘本阅读推广调查问卷

2. 访谈法

访谈法是通过谈话来了解学前儿童心理活动的一种方法。在对学前儿童的研究中,访谈对象一般是学前儿童的家长、教师和熟悉学前儿童的其他主要照料者,也可以是能够基本流利地用语言与他人进行交流的学前儿童,要确保能够通过交谈来获得研究资料。

访谈法一般分为结构性访谈和非结构性访谈。结构性访谈又称为标准式访谈,由访谈者按照事先设计好的访谈提纲依次向学前儿童或其照护者提问。结构性访谈最显著的特点是标准化,能把调查过程的随意性控制在最小限度。非结构性访谈又称非标准化访谈,它是一种半控制或无控制的访谈。在这种访谈中,事先不制订统一问卷和提纲,只是结合一个访谈主题与范围,由访谈者与被访者就这个主题或范围进行比较自由的交谈。

访谈法的优点是简便易行,通过引导深入交谈可获得可靠有效的资料;采用团体访谈则不仅节省时间,而且参与者可放松心情、相互启发,有利于促进对问题的深入了解。访谈法的缺点是需要较多的人力、物力和时间,应用上受到一定限制;另外,无法控制被访者受访谈者的种种影响及内在担忧带来的干扰,以致回避隐瞒某些信息。

任务实施

一、任务描述

观察法是研究学前儿童心理发展最基本、最常用的方法。学前儿童的年龄越小,其心理活动越具有不随意性和外显性,通过观察其外部行为一般可以较好地了解其心理活动。

二、实施流程

尝试使用观察法对学前儿童行为进行观察、记录、分析,并撰写观察报告。可参照表1-1进行记录和分析。

表 1-1　学前儿童行为记录及分析表

观察记录	日期:	当日活动内容:
	日期:	当日活动内容:
	日期:	当日活动内容:
行为分析		

三、任务考核

该项任务的考核包含评估、计划、实施、评价4个内容,每个内容分别计25分,满分为100分。

> **情境解析**
>
> 1. 通过观察明明的行为发现,在他将积木推倒的过程中,他是乐在其中的。我们不能通过单一的推倒行为判断其为破坏,明明在这个过程中通过已知可控的反复动作获得安全感和成功感,这是学前儿童心理发展的需要。
>
> 2. 我们可以帮助明明堆积木,耐心地陪伴他,而不是简单粗暴地严厉制止他的行为。

书证融通

技能1 小班社会活动：宝宝懂文明

一、活动目标

(1)养成说"谢谢"等文明礼貌用语的好习惯，感受帮助别人的快乐。
(2)了解使用"谢谢"的情景，知道别人帮助自己之后要说"谢谢"。
(3)能够在情境中说出"谢谢""不客气"等礼貌用语。

二、活动准备

关于使用"谢谢"的视频、娃娃家的食物和玩具。

三、活动过程

1. 创设情境，导入主题

师："小朋友，文明国王发来一个请求卡，有两位文明宝宝走丢了，国王很着急，于是就给我们发来一些线索，请求我们帮助国王找到文明宝宝。小朋友来看一看、猜一猜文明宝宝是谁。"

2. 学习人际交往技巧

(1)播放视频，帮助学前儿童初步了解"谢谢"的使用情景。

①学前儿童观看视频，教师引导学前儿童了解小女孩说"谢谢"的原因以及学会小男孩的回答。

②教师小结：小女孩在小男孩帮助自己把玩具修好后对小男孩说了"谢谢"，小男孩回复"不客气"。原来我们走失的文明宝宝就是我们的"谢谢"和"不客气"宝宝。

(2)学前儿童分享在生活中听过的"谢谢"的小故事。

①鼓励学前儿童说出"谢谢"和"不客气"的使用经历。

②教师小结：原来"谢谢"宝宝就藏在我们身边，当我们帮助了别人，别人会对我们说"谢谢"，我们要对他们说"不客气"；当别人帮助了我们，我们要对别人说"谢谢"。

3. 创设情境，引导学前儿童正确使用"谢谢""不客气"

(1)情境一：小熊过生日，小朋友送给它好多礼物，小熊应该说什么？
(2)情境二：小熊给它的朋友端来了一大盘好吃的零食，朋友们接过好吃的零食时要说什么？小熊应该怎样回答呢？
(3)学前儿童自由联想自己看到过的"谢谢"的情境，自由交流。

4. 教师小结

师："小朋友，'谢谢'和'不客气'宝宝要和国王回家了，它们希望我们在以后的生活中也可以像游戏里那样做。当别人帮助你的时候，要及时说'谢谢'；当别人向你道谢时，要说'不客气'；当别人需要你的时候，你也要积极地帮助他人。"

四、活动延伸

教师组织学前儿童表演故事《别人的东西我不拿》。

一、达标测试

(一)最佳选择题

1.学前儿童心理发展的(　　)是指在儿童心理成熟的过程中会经过若干次质变，每一次质变都代表着一个阶段，这些阶段的发展趋势是从简单到复杂、从低级到高级、从混沌到分化。

A.普遍性　　　　　　B.发展性　　　　　　C.阶段性

D.不均衡性　　　　　E.连续性

2.学前儿童心理发展的研究原则不包括(　　)。

A.客观性原则　　　　B.开放性原则　　　　C.发展性原则

D.教育性原则　　　　E.全面性原则

3.学前儿童心理发展的研究方法不包括(　　)。

A.观察法　　　　　　B.实验法　　　　　　C.测验法

D.检索法　　　　　　E.调查法

(二)是非题

4.测验法是研究学前儿童心理发展最基本、最常用的方法。(　　)

5.一切学前儿童心理的研究，都要贯彻伦理道德的要求，必须符合教育的目的，禁止损害学前儿童的身心健康。(　　)

二、自我评价

学习3～6岁学前儿童心理发展知识对于促进学前儿童心理的健康发展具有重要意义。学前儿童心理发展的主要内容包括认知、情绪与情感、动作与意志、个性以及社会性发展等方面。通过学习本任务(表1-2)，学习者能对学前儿童心理发展有一个较为完整的了解，并能运用科学的方法进行研究和学习，从而初步具备相应的知识、能力和素质。

项目一　初识学前儿童心理发展

表 1-2　任务学习自我检测单

姓名：	班级：	学号：	
任务分析	学前儿童心理发展实践认识		
任务实施	学前儿童心理发展的基本概念和学习意义		
	学前儿童心理发展的主要内容和总体特征		
	学前儿童心理发展的研究原则和研究方法		
任务小结			

任务二　学前儿童心理发展理论认识

任务情境

婷婷与轩轩是邻居,婷婷比轩轩大1天。婷婷妈妈是全职妈妈,在婷婷才10个多月大时就鼓励她自己尝试走路。婷婷在11个月大时就能自己扶着墙开始走路了。轩轩主要由爷爷奶奶照看,爷爷奶奶总是换着抱轩轩,他们担心轩轩摔倒,不敢让轩轩自己走路。轩轩在11个月大时第一次站在地上,很害怕,比婷婷差远了。但是当他们13个月大时,他俩走得一样好了。

问题：
1. 为什么他们学走路的时间不一样,结果却一样呢？
2. 结合本节内容,思考案例体现了哪一个儿童心理发展理论？

任务目标

知识目标
1. 掌握学前儿童心理发展的影响因素。
2. 熟悉学前儿童心理发展的主要理论。

能力目标
1. 能够观察和描述学前儿童的行为和表现,以了解他们的心理发展阶段。
2. 能够应用心理发展理论知识,为学前儿童提供适当的教育和支持。
3. 能够分析和评估学前儿童的心理发展,以制订个性化的教育计划。

素质目标
1. 培养对学前儿童的关注和关怀,以促进他们的全面发展。
2. 培养对学前儿童心理发展的敏感性和理解力,以更好地满足他们的需求。
3. 培养对学前儿童个体差异的尊重和包容心态,以提供个性化的教育和支持。

子任务一 学前儿童心理发展的影响因素

影响儿童心理发展的因素是极其复杂多样的,我们讨论的重点是基本因素。这些基本因素可概括为客观因素和主观因素两大方面。客观因素主要指儿童心理发展必不可少的外在条件,主要是生物因素和社会因素。遗传因素和生理成熟是影响儿童心理发展的生物因素。主观因素则指儿童心理本身的特点。主、客观因素总是处于相互作用中。

一、客观因素

(一)遗传因素

遗传是一种生物现象。通过遗传,祖先的一些生物特征可以传递给后代。遗传素质是指遗传的生物特征,即天生的解剖生理特点,如身体的构造、形态,感觉器官和神经系统的特征等,其中对心理发展有重要意义的是神经系统的结构和机能特征。遗传对学前儿童心理发展的作用具体表现在两方面。

第一,遗传提供人类心理发展最基本的物质前提。人类在进化过程中,脑和神经系统的结构和机能达到高度发达的水平,具有其他一切生物所没有的特征。人类共有的遗传素质是学前儿童成长过程中形成人类心理的前提条件。由遗传缺陷造成脑发育不全的儿童,其智力障碍往往难以克服。这些事实说明了正常的遗传素质对儿童心理发展具有基础作用。

第二,遗传奠定儿童心理发展个别差异的最初基础。研究证明,血缘关系越近,智力发展越相似。同卵双生子是由一个受精卵分裂为两个而发育起来的,具有相同的遗传素质。

(二)生理成熟因素

生理成熟因素是指身体结构和机能生长发育的程度和水平。由于遗传及后天环境的差别,儿童生理成熟的时间、速度等方面都存在个别差异。脑的成熟是儿童心理发展最直接的自然物质基础,每个孩子的成熟度也不同。孩子大脑发育在1岁左右脑细胞接近成人,7岁左右脑重量接近成人。而孩子生理成熟影响着心理发展,比如:大脑发育成熟影响着思维水平的发展。

(三)社会因素

环境分为自然环境和社会环境,这里主要指的是社会环境,是人们的社会生活条件,其中教育条件是儿童社会环境中最重要的部分,早期隔离(剥夺)实验就证明了这一点。后期有研究人员觉得此项实验比较残忍,就换作用恒河猴进行实验(图1-6)。

二、主观因素

(一)儿童心理本身内部的因素

环境和教育不能机械地决定儿童心理的发展,它们只能通过儿童心理本身的内部因素来影响儿童心理发展的主观因素。儿童心理本身的内部因素,笼统地说包含儿童的全部心

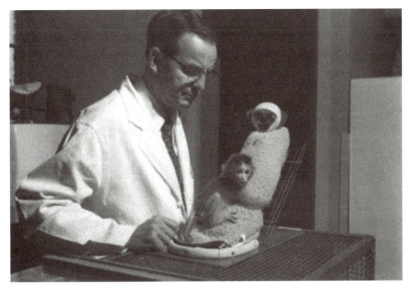

图1-6 恒河猴母爱剥夺实验

理活动,具体地说,包括儿童的需要、兴趣爱好、能力、性格、自我意识及心理状态等。例如:安静、迟缓的学前儿童更喜欢做一些细致的工作;冲动、热情的学前儿童更偏爱与人交往。

(二)儿童心理的内部矛盾

儿童心理的内部矛盾即新的需要和旧的心理水平或状态之间的矛盾,新需要否定旧水平,当水平提高后满足了需要,这种需要又被否定。需要和旧水平的斗争就是矛盾运动,儿童心理正是在这样不断的内部矛盾运动中发展。例如,3岁多的儿童掌握了直线行走,但是在走路过程中产生了拐弯、停下等需要,那时他还不会拐弯,这一矛盾促使他通过判断方向学会了拐弯。当他学会了拐弯,就发展到了新水平。这时又产生了跑的需要,走已经不能满足他的需要了。这样循环往复,不断出现问题、解决问题的过程中的矛盾运动,使得儿童的运动能力得到发展。

子任务二 学前儿童心理发展的主要理论

一、成熟学说的儿童心理发展理论

成熟学说简称成熟论,它是强调基因顺序规定着儿童生理和心理发展的理论,代表人物是美国心理学家格塞尔(Gesell)。

(一)发展的本质

格塞尔认为,儿童生理和心理的发展过程都是按基因规定的顺序有规则、有秩序地进行的。他将发展看作是一个顺序模式的过程,这个模式是由机体成熟预先决定和表现的。而成熟取决于基因规定的顺序,通过从一个发展水平向另一个发展水平突然转变而实现的,强调发展的顺序性和阶段性。

格塞尔认为,发展的本质是结构性的,只有结构的变化才是行为发展变化的基础。生理结构的变化按生物的规律逐步成熟,而心理结构的变化表现为心理形态的演变,其外显的特征是行为变化,而内在的机制仍是生物因素的控制。

(二)影响发展的因素

格塞尔认为,支配儿童心理发展的两个因素是成熟和学习。格塞尔根据自己长期临床经验和大量的研究,提出一个基本的命题,即个体的生理和心理的发展取决于个体的成熟程度,而个体的成熟取决于基因规定的顺序。他认为成熟与内环境有关,而学习则与外环境有关。儿童心理发展是儿童行为或心理形式在环境影响下按一定顺序出现的过程。这个顺序与成熟(内环境)关系较大,而与学习(外环境)关系较小,外环境只是给发展提供适当的时机而已。成熟是推动儿童发展的主要动力。没有足够的成熟,就没有真正的变化。脱离了成熟的条件,学习本身并不能推动发展。这是格塞尔在处理遗传与学习二者关系时的基本出发点。对于儿童的发展来说,学习并不是不重要,而是说,当个体还没有成熟到一定程度时,学习的效果是很有限的。

二、行为主义学派的儿童心理发展理论

(一)经典条件反射理论

行为主义创始人华生受到生理学家巴甫洛夫动物学研究的影响,认为一切行为都是刺激(S)—反应(R)的学习过程。与洛克的"白板说"一致,华生认为,环境是发展过程中影响最大的因素。他认为,成人能通过仔细控制刺激与反应的联结,来塑造儿童的行为;发展是连续的过程,随着儿童年龄的增长,刺激与反应的联结力度逐渐增强。

(二)操作性条件反射理论

斯金纳继承了华生行为主义理论的基本信条。根据斯金纳的理论,行为分为两类:一类是应答性行为,一类是操作性行为。前一类行为是由经典条件反射中刺激引发的行为。后一类行为是个体自发出现的行为,其发生频率会在紧随其后的强化作用下增大,如食物、称赞、微笑或一个新玩具;同样也能通过惩罚减小操作性行为发生的频率,如不同意或取消特权等。

斯金纳认为,强化作用是塑造行为的基础。儿童偶然做了某个动作而得到了教育者的强化,这个动作后来出现的概率就会大于没有受到强化的动作。强化的次数增多或强度增大,概率也随之增大,这就导致了人的操作行为的建立。如果在行为发展的过程中,儿童行为得不到强化,行为就会消退。所以,对于儿童的不良行为,如无理取闹和长时间啼哭,可以在这些行为发生时不予强化,使之消退;对于儿童好的行为,就应该给予强化,使之得以巩固。

(三)社会学习理论

班杜拉强调模仿,也就是观察学习。在他看来,儿童总是"睁大眼睛和竖起耳朵"观察和模仿周围人们有意的和无意的反应,其观察模仿带有选择性。通过对他人行为及其强化行

为结果的观察,儿童获得某些新的反应,或现存的反应特点得到矫正。他人的行为受到表扬或惩罚,会使儿童受到相应的强化。如看到一个同伴推倒了另一个同伴,并获得了想要的玩具,该儿童可能在以后尝试使用这个方法,这就是替代强化。除了观察学习过程中的替代强化外,个体还存在自我强化。当自身的行为达到自己设定的标准时,儿童就会用自我肯定或自我否定的方法来对自己的行为做出反应,如完成拼图游戏的学前儿童会为自己拍手叫好。儿童通过对他人自我表扬和自我批评的观察,以及对自己行为价值的评价,逐渐发展出自我效能感——认为自己的能力和个性使自己能够获得成功的一种信念。

三、认知发展的儿童心理发展理论

(一)关于心理发展机制的观点

皮亚杰认为,心理发展是在内因和外因的相互作用下,心理图式不断产生量变和质变的过程。皮亚杰认为,心理结构的发展涉及图式、同化、顺应和平衡。

图式是核心概念。所谓图式,就是动作的结构或组织,这些动作在相同或类似环境中由于不断重复得到迁移和概括。不同个体对于同一环境刺激有不同的反应,就是因为每个人的图式不同。皮亚杰认为,图式不是起源于先天的成熟和后天的经验,而是起源于遗传,后来在个体适应环境的过程中不断得到改变、丰富和发展。

同化则是主体将外界刺激纳入主体的图式中,是个体获得新经验的过程。顺应是指当有机体不能利用原有图式接受和解释新的刺激情境时,有机体改变自身图式,以适应新的环境。平衡,既是发展中的因素,又是心理结构。平衡是指同化和顺应两种机能的平衡。新的暂时的平衡,并不是绝对静止或终结,而是某一水平的平衡成为另一较高水平的平衡运动的开始。个体通过同化和顺应这两种形式达到机体与环境的平衡。这种不断的"平衡—不平衡—平衡"的过程,就是适应的过程,也就是心理发展的本质和原因。

(二)影响心理发展的因素

皮亚杰认为,影响心理发展的因素有四个:成熟、物理环境、社会环境、平衡。成熟是指机体的成长,特别是神经系统和内分泌系统的发展。儿童心理的发展必须依赖于先天的遗传因素和生理基础。物理环境包括物理经验和数学逻辑。社会环境是指影响个体心理发展的社会因素,包括社会生活、社会传递、文化教育、语言信息等。皮亚杰强调,社会环境对人的心理发展的影响,是以个体的认识结构为前提,通过社会互动作用而实现的。平衡是主体内部存在的机制,如果没有主体内部的同化顺应、平衡机制,任何外界刺激对儿童本身都不起作用。

(三)儿童心理发展阶段

皮亚杰依照儿童智慧发展的水平,将儿童心理的发展划分为四个阶段(图1-7)。

1. 感知运动阶段(0~2岁)

婴儿的学习限于最简单的身体动作和感官知觉方面——视觉、触觉、嗅觉、味觉和听觉。在这个阶段,儿童还没有语言和思维,逐渐形成客体永久性的概念。

2. 前运算阶段(2~7岁)

该阶段儿童能保持不在眼前的物体的形象,语言和符号的初步掌握使体验超出直觉范围(这一阶段是动物能达到的极限)。出现直觉思维(4~7岁)或表象思维,主要有四个特点:一是相对具体性,儿童开始依靠表象思维,但是还不能熟练运用运算思维;二是不可逆性,突出表现为缺乏守恒概念;三是自我中心性,具体表现为自我中心思维,儿童只能站在自己的经验中心来理解事物、认识事物;四是泛灵论,具体表现为儿童将一切物体都赋予生命的色彩。

3. 具体运算阶段(7~11岁)

儿童开始具有逻辑思维和运算能力,对大小、体积、数量和质量进行推论思考,把概念体系用于具体事物,逐渐能够运用守恒概念。在这一阶段中,最重要的一种运算是分类。

4. 形式运算阶段(11~16岁)

这一阶段,儿童不再依靠具体事物来运算,能够进行抽象概括,能够做出几种假设推测,并通过象征性的操作来解决问题。儿童达到了认知发展的最高阶段,同成年人的思维能力相当。

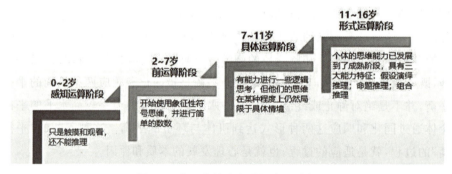

图1-7 皮亚杰的儿童认知发展阶段

四、社会文化历史理论的儿童心理发展理论

维果茨基(Lev Vygotsky)是苏联心理学家,主要研究儿童心理和教育心理,创立了文化—历史发展理论,强调社会教育在儿童心理发展中的作用,着重探讨思维与言语、教学与发展的关系问题。

(一)心理发展的实质

维果茨基认为,心理发展指的是一个人的心理(从出生到成年)在环境与教育的影响下,在低级心理机能的基础上,逐渐向高级的心理机能转化的过程。

低级心理机能,是个体依靠生物进化而获得的心理机能,是心理的种系发展的结果。低级心理机能是人类和动物共有的心理机能。低级心理机能的主要形式有感觉、知觉、机械记忆、不随意记忆、形象思维、情绪、冲动性意志等心理过程。

高级心理机能是人类特有的心理机能。高级心理机能是随意的、主动的;高级心理机能的反映水平是概括的和抽象的；高级心理机能的过程是间接的，是以符号或词为中介的。在起源上，高级心理机能是社会文化历史的产物，受社会规律制约；从个体发展上看，它是在人际交往中产生并不断发展的。高级心理机能的主要形式有思维、有意注意、抽象记忆、高级情感和理智性意志等。

（二）智力形成"内化说"

维果茨基是智力形成"内化说"的创始人，"内化说"是维果茨基心理发展观的核心思想之大成，工具论是"内化说"的理论基础。他认为，人类对心理工具的使用，使人的智力活动得以发展。起初，儿童不能运用语词来组织自己的心理活动，其心理活动是"直接的和不随意的、低级的和自然的"。只有在掌握了语词这个工具后，心理活动才变成了"间接的和随意的、高级的"。新的高级心理机能首先作为外部形式的活动而形成，然后才出现内化，转化为内部的能在头脑中默默进行的智力活动。内化，实际上就是概括化、言语化和简缩化。维果茨基认为，个体就是通过内化从情境中吸取知识、获得发展。儿童是在与环境的相互作用中学习的，那么环境就决定了儿童内化的内容。当儿童与成人或更有经验的同伴交流时，交流的内容就会变成儿童思考的内容，当儿童内化了这些交流内容时，他们就能使用内部语言来引导自己的思考和行为。

（三）教学与发展关系

维果茨基还分析了教学与发展的关系。他提出了三个重要问题：一是"最近发展区"的思想；二是教学要走在发展的前头；三是关于学习最佳期限的问题。

维果茨基认为，儿童至少有两种发展水平，一种是现有的发展水平，另一种是在教育影响下所能达到的发展水平。这两种发展水平之间的距离就是最近发展区（图1-8）。可以说，最近发展区是现实能力与潜在能力之间的差距，或者说，最近发展区是一种儿童无法依靠自己来完成，但是可以在成人的帮助下来完成的任务范围。教学创造着最近发展区，教学决定着这两种发展水平的动力状态。因此，教学要走在发展的前头。

图1-8 最近发展区的理论示意图

五、多元智能的儿童心理发展理论

20世纪80年代，美国发展心理学家、哈佛大学教授霍华德·加德纳（Howard Gardner）提出多元智能理论。几十年来，该理论已广泛应用于欧美和亚洲许多国家的学前儿童教育领域。加德纳指出，人类的智能是多元化而非单一的，主要由语言智能、逻辑智能、空间智能、运动智能、音乐智能、人际智能、内省智能、自然认知智能组成（图1-9），每个人都拥有不同的智能优势组合。

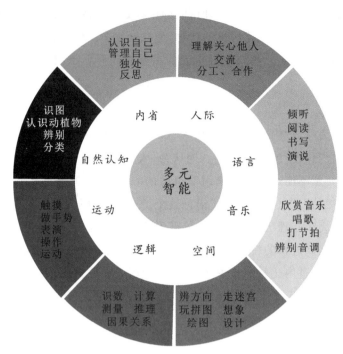

图 1-9　多元智能心理发展理论

语言智能是指有效地运用口头语言及文字表达自己的愿想并理解他人,灵活掌握语音、语义、语法,具备运用言语及其思维表达和欣赏语言深层内涵的能力。适合的职业是政治活动家、主持人、律师、演说家、作家、记者、教师等。

逻辑智能是指有效地计算、测量、推理、归纳、分类,并进行复杂数学运算的能力,包括对逻辑方式和关系、陈述和主张、功能及其他相关抽象概念的敏感性。适合的职业是科学家、会计师、统计学家、工程师、电脑软件研发人员等。

空间智能是指准确感知视觉空间及周围一切事物,并且能把所感觉到的形象以图画的形式表现出来的能力,包括对色彩、线条、形状、形式、空间关系的敏感性。适合的职业是室内设计师、建筑师、摄影师、画家、飞行员等。

运动智能是指善于运用整个身体来表达思想和情感,以及灵巧地运用双手制作或操作物体的能力,包括特殊的身体技巧,如平衡、协调、敏捷、力量、弹性和速度以及由触觉所引起的能力。适合的职业是运动员、演员、舞蹈家、外科医生、机械工程师等。

音乐智能是指能够敏锐地感知音调、旋律、节奏、音色等的能力。具备这项智能的人对节奏、音调、旋律或音色的敏感性很强,与生俱来就拥有音乐天赋,具有较高的表演、创作及思考音乐的能力。适合的职业是歌唱家、作曲家、指挥家、音乐评论家、调琴师等。

人际智能是指很好地理解别人和与他人交往的能力,包括善于察觉他人的情绪、情感,体会他人的感觉、感受,辨别不同人际关系的暗示以及对这些暗示做出适当反应的能力。适合的职业是政治家、外交家、领导者、心理咨询师、公关人员、推销员等。

内省智能是指根据自我认识做出适当行为的能力,包括认识自己的长处和短处,意识到自己的内在爱好、情绪、意向、脾气和自尊,喜欢独立思考。适合的职业是哲学家、政治家、思想家、心理学家等。

自然认知智能是指善于观察自然界中的各种事物,并对事物进行辨别和分类的能力,包括强烈的好奇心和求知欲、敏锐的观察能力,以及了解各种事物细微差别的能力。适合的职业是天文学家、生物学家、地质学家、考古学家、环境设计师等。

一、任务描述

维果茨基认为,儿童有两种发展水平,一种是现有的发展水平,另一种是在良好教育下所能达到的最高发展水平,这两者之间的距离就是最近发展区。

二、实施流程

中班的区域活动开始了,教师摆放了丰富的游戏材料,真真选择了建构区。只见真真一个人先拿来两个长长的积木立起来,再用一个长积木慢慢地、轻轻地架在上面,接着他用同样的方法紧挨着搭建了第二个。老师过来问:"你搭的是什么?"真真说:"我搭的是桥。"老师问:"这桥怎么上去呀?"真真没有回答,自言自语道:"昨天我只搭好了一个桥洞,今天能搭第二个了,我还想搭第三个、第四个……"真真连续搭好了四个桥洞,开心地说:"老师,快来看。"老师走过来,竖起大拇指说:"你真棒,可是我发现你的桥面不平,怎么办?"真真看了看,取了个厚一点的积木替换掉稍薄的那个。

三、任务考核

该项任务的考核包含理论、实践 2 项内容,每个内容分别计 50 分,满分为 100 分。

> **情境解析**
>
> 1. 基于双生子爬梯实验,格塞尔认为在儿童的成长和行为的发展中,起决定性作用的是生物学结构,而这个生物学结构的成熟取决于遗传的时间表。儿童学会走路的时间是 1 岁左右,轩轩虽然没有提前学走路,但到 13 个月生理成熟时就自然学会走路了。
>
> 2. 格塞尔认为,支配儿童心理发展的两个因素是成熟和学习。成熟是推动儿童发展的主要动力,当个体还没有成熟到一定程度时,学习的效果是很有限的。因此,婷婷虽然较早练习走路,但因为没有成熟到自己能走路的程度,所以在 13 个月大的时候,与没有学习的轩轩走路的水平差不多。

技能2　大班社会活动:哪里需要安静

一、活动目标

(1)感受社会行为规范的重要性,增强遵守社会行为规范的意识。
(2)认识"安静"标志,知道"安静"标志的含义。
(3)大胆分享自己关于"安静"标志的意见和想法,能够在看见"安静"标志时保持安静。

二、活动准备

各种场合下的"安静"标志图若干;纸、笔、剪刀、胶棒若干。

三、活动过程

1. 教师提问,导入活动

(1)师:"小朋友,想象一下,我们在午睡的时候,有个小朋友在大声地说话,这时候你感觉怎么样?"
(2)教师小结:我们在睡觉休息的时候,希望周围环境是安静的;当我们正在阅读一本有意思的图书的时候,也希望周围环境是安静的。可见,在很多场合下,我们都需要保持安静,不能打扰到别人。

2. 学前儿童认识"安静"标志

(1)教师出示各种场景下的"安静"标志图。
参考提问:这是什么标志?看到这个标志我们要怎么做?你在哪些地方还见过类似的标志?这些地方为什么要设立"安静"标志呢?
(2)教师小结:"安静"标志表示在场的每一个人都应该保持安静。

3. 教师组织学前儿童讨论

(1)班级中的哪些地方需要设立"安静"标志?
(2)为什么要在这些地方设立"安静"标志?设立"安静"标志后我们应该怎么做?

4. 学前儿童设计"安静"标志

学前儿童分小组设计"安静"标志,教师巡回指导,支持学前儿童的创作。

5. 教师评价学前儿童作品

教师展示学前儿童的作品,师幼进行讨论、评价,并将优秀作品张贴在班级中需要安静的地方。

四、活动延伸

教师布置亲子任务，让家长在生活中引导学前儿童认识一种社会行为规范的标志。学前儿童来园后和大家分享。

任务评价

一、达标测试

(一)最佳选择题

1. 4岁的瑞瑞不小心把碗里的葡萄干撒在桌子上后，很惊奇地说："哦,我的葡萄干变多了!"这说明他的思维处于(　　)。

　　A. 感知运动阶段　　　　B. 前运算阶段　　　　C. 具体运算阶段
　　D. 形式运算阶段　　　　E. 信任对怀疑阶段

2. 提出"最近发展区"这一概念的心理学家是(　　)。

　　A. 弗洛伊德　　　　　　B. 马斯洛　　　　　　C. 皮亚杰
　　D. 维果茨基　　　　　　E. 班杜拉

3. 午餐时一位小朋友因不小心将餐盘掉到地上，看到这一幕的亮亮对老师说："盘子受伤了，它难过得哭了。"这说明亮亮的思维特点是(　　)。

　　A. 自我中心　　　　　　B. 泛灵论　　　　　　C. 不可逆
　　D. 不守恒　　　　　　　E. 抽象性

(二)是非题

4. 格塞尔的双生子爬梯实验表明：遗传在儿童的发展中起着决定性作用。(　　)

5. 根据皮亚杰的观点，2～7岁的儿童思维处于形式运算阶段。(　　)

二、自我评价

学习3～6岁学前儿童心理发展知识对于促进学前儿童心理的健康发展具有重要意义。学前儿童心理发展的主要内容包括认知、情绪与情感、动作与意志、个性以及社会性发展等方面。通过学习本任务(表1-3)，学习者能对学前儿童心理发展有一个较为完整的了解，并能运用科学的方法进行研究和学习，从而初步具备相应的知识、能力和素质。

表1-3　任务学习自我检测单

姓名：	班级：	学号：	
任务分析	学前儿童心理发展理论认识		
任务实施	学前儿童心理发展的影响因素		
	学前儿童心理发展的主要理论		
任务小结			

项目二
探寻学前儿童认知心理发展

项目导航

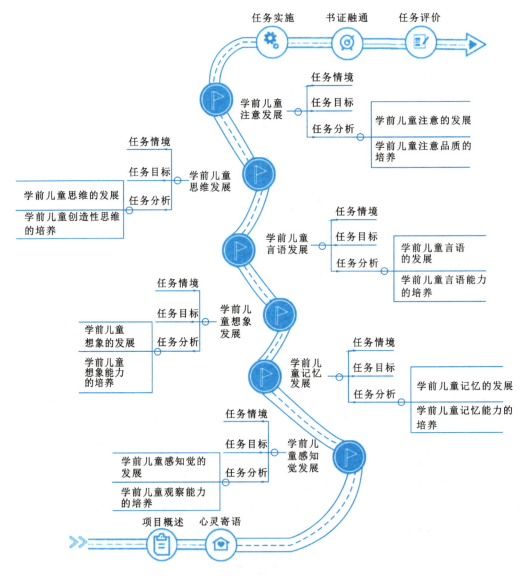

项目二 探寻学前儿童认知心理发展

本项目通过介绍 3~6 岁学前儿童的感知觉、记忆、想象、言语、思维和注意的发展,旨在让学习者掌握学前儿童认知心理发展的基本内容,熟悉学前儿童认知心理发展的主要内容、发展特点,提高学前儿童心理发展的各方面能力,从而尊重学前儿童认知心理发展客观规律,正确认识学前儿童、真正热爱学前儿童。

1.你的微笑和鼓励是孩子们每天的动力,你是他们的榜样和导师。
2.你的辛勤工作和奉献精神将为孩子们的未来铺平道路,你是他们成长的引导者。

任务一　学前儿童感知觉发展

任务情境

经常听到妈妈批评乐乐:"都这么大了,已经上幼儿园了,还总是穿错鞋子,我就不知道,你怎么总是穿反呢?左脚和右脚明明就不一样,穿反了也不舒服,怎么就穿不对呢?"乐乐拿着鞋子看来看去也看不懂怎么回事。

问题:
1.想一想乐乐为什么会出现这种情况?
2.妈妈应该怎样对待乐乐的行为?

任务目标

知识目标
1.掌握感知觉的概念、种类。
2.了解学前儿童感知觉发展的意义,熟悉学前儿童感知觉的发展特点。

能力目标
1.观察和描述儿童的感知觉能力,如注意力、观察力和反应能力等。
2.分析和解释儿童感知觉发展的过程和特点。
3.设计和实施适合儿童的感知觉发展活动,如观察游戏、听觉训练和触觉探索等。
4.能够评估和记录儿童的感知觉发展水平,如使用观察记录和评估工具等。

素质目标
1.培养儿童的观察力和注意力,提高他们对周围环境的敏感性。
2.培养儿童的感知觉探索和发现能力,激发他们的好奇心和求知欲。
3.培养儿童的感知觉协调和反应能力,提高他们的运动和认知发展水平。

子任务一　学前儿童感知觉的发展

一、感知觉的概念

人对事物的认识是从感知觉开始的,感知觉是认识活动的开端。在感知的基础上,人们才能发展记忆、想象、思维、言语等一系列复杂的心理活动。感知觉虽然是低级的心理机能,在很大程度上受遗传规律的制约,但却是不可或缺的,它们为高级心理活动的发展奠定了基础。

(一)什么是感觉

英国经验主义者 J. 洛克指出,感觉是一切知识的来源,它为知觉和其他复杂认识过程提供了最基本的原始材料。它是身体内部或外部的刺激直接作用于感觉器官,进而进入神经系统传递到大脑而产生的一种单一的心理映象。感觉是最简单的心理过程。随着科学研究的进展,人们对感觉的认识愈益深刻,在感觉的定义上亦达成共识:感觉是人脑对当前直接作用于感觉器官的客观事物的个别属性的反映。人们通过不同感官(视、听、嗅、触等)和感知周围环境的运动方式而做出反应并获得知识。用眼睛看到的多彩的世界、用耳朵听到的虫鸣鸟叫、用鼻子闻到的芬芳清新、用手摸到的冰冷感和柔软感都是我们日常生活中的感觉。

我们不仅能感受到身体以外的客观事物的状况,而且能感受到自己身体本身的情况。根据刺激物的来源不同,我们把感觉分为外部感觉和内部感觉。外部感觉是指身体外部刺激(如光线、声音等)作用于感觉器官所引起的感觉,包括视觉、听觉、嗅觉、味觉和触觉。内部感觉是由机体本身刺激所引起,反映机体位置、运动和内部器官状态的感觉,包括本体觉、平衡觉和内脏感觉(包括饿、胀、渴、窒息、疼痛等)。根据感受器的种类,感觉分为皮肤觉、本体感觉、化学感觉、平衡觉、听觉和视觉。其中,皮肤觉指感受皮肤的浅感觉,包括触觉、痛觉、温度觉;本体感觉指感受肌肉和关节活动的深感觉;化学感觉指因化学刺激而产生的感觉,包括味觉和嗅觉;平衡觉,一般也称为前庭觉,指内耳前庭器官感受线加速度和角加速度的深感觉;听觉指感受声波刺激的感觉;视觉指感受光波刺激的感觉。本书采用第一种分类方法。

(二)什么是知觉

知觉是人脑对直接作用于感觉器官的事物的整体属性的反映。当客观事物作用于人的感觉器官时,人不仅能反映这个事物的个别属性,而且可以通过感觉器官的协调作用,将感觉提供的信息进行加工,在大脑中将事物的各种属性联系起来,整合为一个整体,形成一个完整的映象。例如面对一个橘子,人们凭不同的感觉分析和感受到橘子的颜色(橙色的)、形状(圆形)、气味(香味)、味道(甜、酸)、大小、空间位置等个别属性,大脑可以综合这些单个属性信息,对多种属性和各部分之间相互关系的综合反映,再加上自身

知识链接 2-1:
感觉剥夺实验

经验,就形成了对橘子的整体映象,这个信息整合分析的过程就是知觉。知觉虽然已是大脑对体内外多种刺激的综合反映,反映的过程也复杂得多,但在尚未与思维、言语结合之前,仍然属于一种低级的心理机能。

根据内容划分,知觉主要包括空间知觉和时间知觉。空间知觉反映物体的空间特性如形状、大小、方位、深度(距离)等;时间知觉反映事物的延续性和顺序性。依据知觉过程中起主导作用的分析器可将知觉分为视知觉、听知觉、触知觉等。其中,视知觉的范围极广,涉及多种技能,主要包括对空间关系的知觉能力、视觉辨别能力、对图形与背景的辨别以及物体再认能力等方面。本书将采用第一种分类方法对知觉进行阐释。

(三)感觉和知觉的联系和区别

现实生活中,几乎不能把感觉过程和知觉过程严格区别,感觉和知觉的活动密切相连、缺一不可。因此,心理学界通常把感觉和知觉这两个认识过程称为感知觉,它们是人类一切心理活动的开端。感知觉是从最初的接收信号到做出分析、处理的过程,是在刺激物直接作用下所引起的分析器的分析综合活动的结果,包括意识、注意、定向、识别和理解五个过程。感知觉以客观现实为源泉,都是对客观事物具体形象的反映,属于认知过程的感性阶段。感知觉之间是连续的,知觉的产生以各种形式的感觉存在为前提。感觉是知觉的有机组成部分,是知觉的基础,知觉是感觉的深入和发展。对人类而言,很少有孤立单一的感觉存在,在心理学中往往因为研究的需要,才把两者区分开来进行分析。

但是,感觉与知觉的加工水平和心理活动的内容等方面均存在差异。第一,就时间先后而言,感觉先呈现未经整合的信息;随后知觉有组织地对感觉信息进行整合和赋予意义,因此,知觉在感觉之后。第二,就个体差异而言,感觉以生理反应为基础,个别差异较小;知觉是以心理活动为基础,个别差异大,对同一物体,个体间的知觉也未必相同。第三,就形成过程而言,感觉的产生是某一感觉器官活动的结果,受到客观刺激物理特性的影响;而知觉的形成在感觉的基础上,还需要个体结合知识经验,对感觉资料进行选择和组织,是各种感觉器官协同作用的结果。所以,感觉是对客观刺激的机械的、照相式的反映,而知觉则是客观刺激的主观映象。

二、感知觉的作用

(一)感知觉促进儿童大脑的发育

出生前后到学龄前期是人脑重量和质量增长最有决定性的时期,表现为神经元和突触数量的增加、神经网络框架及模式定型和完善。感知觉刺激作为最主要的环境刺激,是促进脑发育的重要前提。当一个盲人在某个年龄接受角膜手术后恢复了光明,他的眼睛可以正常接收光线,但是由于多年来没有接受视觉刺激,他的大脑视觉中心的发育可能已经受到了影响。这意味着即使他的眼睛功能正常,他在识别物体时也可能会遇到困难,因为他的大脑对于处理视觉信息的能力可能已经受到了限制。因此,即使他的眼球功能正常,他在识别物体时仍存在很大的困难。此外,研究显示触觉有助于刺激学前儿童的脑发育。有关动物胎儿的研究发现,触摸皮肤会使大脑分泌一些刺激身体生长的化学物质。这个效应也在人类研究中得到证实。

(二)感知觉启动和完善儿童运动

感知觉和运动信息间的联合对我们的神经系统具有基础性作用。学前儿童运动动机的启动常依赖感知觉信息的接收。如儿童看到感兴趣的物体,就可能跑过去看,再用手摸摸。此外,感知觉是儿童运动能力发展的重要因素,儿童运动的协调性和灵活性需要感知觉的参与。婴儿不断地将运动和感知觉信息相协调,从而学会如何保持平衡,如何迅速够到物体,如何穿越各种各样的表面和地形。相反,有研究表明感觉统合失调儿童的运动协调能力因子(如动作控制、精细动作)显著低于正常儿童。这提示感觉统合失调儿童容易发生运动协调能力发展不足甚至障碍,如存在动作笨拙、精细运动技能差等,或者写字时用力忽而过重,忽而过轻,字的大小不一,经常出线出格或将数字写颠倒,齐步走时同侧手脚一起活动,跑步时在无障碍情况下跌倒。

(三)感知觉是儿童认知能力发展的基础

信息加工理论把人的认知过程看作是信息的接收(输入)、编码、储存、提取(输出)和使用的过程,类似计算机的运作程序。在这个程序中,信息的输入是第一个环节,而人接收信息则依赖感知觉的参与。如果没有感知觉这一联系大脑和客观现实的通道,认知活动将无法顺利进行。皮亚杰认为对物体的触觉和视觉相配合,完成对物体的操控是早期认知发展的基本要素。学前儿童通过感知觉,逐步认识不依赖于自身而存在的客观世界。儿童知觉的辨别分类能力不仅是其生存所必需的基本生活能力,而且是其抽象概括能力乃至整个认知能力发展的基础,对数学能力、语言能力等的发展均有重要意义。实验研究得出:感觉剥夺会使人的思维过程混乱,注意力不集中,不能明晰地思考问题;造成想象能力的畸变,甚至出现幻觉;造成心理上的焦虑不安,甚至还会产生严重的心理障碍。因此,感知觉能力是儿童认知能力发展的基础。

(四)感知觉对儿童语言能力发展的作用

感知觉对儿童语言能力发展的影响贯穿于语言学习的整个过程,包括语言接收、语音矫正和语义理解。婴儿早期对语音的偏爱,分辨语音,降低对不相干语音的敏感性等,为其口头语言的发展奠定了良好的基础。卡哈尔不仅认为"物体恒常性和声音模仿对儿童的适应性行为及语言表达和接收有重要影响",还强调"物体恒常性及对物体属性的感知是语言获得的重要里程碑"。学前儿童开始有意识发音后,需把自己的发音与他人的发音比较后,方能逐渐形成正确的发音。在语义理解时,儿童可通过视觉、触觉、嗅觉、味觉、运动觉等多感官协调参与,丰富对词义和语义的理解。

(五)感知觉对儿童情感和社会交往能力发展的作用

人作为一个社会化的产物,离不开赖以生存的人类社会环境。在感觉剥夺的实验中,由于被试暂时离开了正常的社会生活环境和条件,他们产生了这样或那样的心理变化。这些变化与正常情况下人的心理状态是有差异的。感觉统合失调的儿童往往表现出性格胆小懦弱、退缩紧张、爱哭爱闹,有的则表现出性格古怪不合群、攻击行为较多且固执的倾向。此类儿童往往不能适当地表达自己的情感体验,情感倾向冷漠偏执,与人交流常常产生障碍,影响社会交往的正常发展。此外,感知觉是与他人进行交互影响的基础,与他人的情感和交流必须通过感知觉通道。如只有通过感知觉接收对方的信息(性别、长相、身份信息等),方能与他人进行信息交换而维持交往过程。而且,感知觉是与他人进行交流的重要方式。如,在儿童与同伴交往过程中,理解、同情、分享、互助、合作等亲社会行为是重要的社会交往方式。

三、学前儿童感觉的产生与发展

感知觉是人一生出现得最早、发展得最快的认识过程,通过这个过程人们获取外界环境中的各种信息,与客体相互作用从而积累经验,促进个体心理的发展,促进个体社会性的发展。当然,在这个过程中,个体不是被动、机械地变化,而是一个主动、积极、有选择性的过程,是个体感知系统与环境反复接触并通过自身调节逐渐增长能力的过程。皮亚杰的认知发展阶段论认为,个体认知开始发展时期即为感知运动阶段。学前儿童通过自己的感觉和动作来了解世界。学前儿童这个时期没有思考能力,也就是事物不被感觉到时,学前儿童无法意识到事物的存在的能力。比如,只有当学前儿童抱着玩具娃娃时,她才能进行"娃娃家"的游戏,把娃娃拿走后,学前儿童就会停止游戏,处于东张西望、无所事事的状态。

知识链接 2-2:
感觉统合失调

(一)视觉的产生与发展

1. 视觉的产生

眼睛是视觉产生的物质器官。当外界物体反射的光线进入眼球内部,经过晶状体和玻璃体的折射,在视网膜上形成清晰的物像,物像刺激了视网膜上的感光细胞,这些感光细胞产生的神经冲动传到大脑皮层的神经中枢,就形成了视觉。

知识链接 2-3:
客体永久性

人们常把眼睛比作人体的"照相机",眼睛的构造和功能与照相机有许多相似之处。照相机是改变镜头与底板之间的距离拍摄出清晰的照片,而人是通过改变晶状体曲折力来看清不同距离的物体,即发挥眼的调节功能来完成。新生儿从呱呱坠地的那一刻起就能够睁开眼睛进行视觉活动。但是,新生儿的视觉调节能力还比较差,眼睛就像一架定好焦距的照相机,只能清晰地反映处于某一特定距离范围内的物体。据研究,这个理想的刺激位置是距眼睛大约20厘米处。超过这个距离,无论物体是近还是远,新生儿都无法清晰地看到它。出生两周后,新生儿能较长时间将视线集中在物体上;3~5周的婴儿能注视到1~1.5米处的物体;3个月的婴儿可以注视4~7米处的物体;6个月的婴儿可以注视更远距离的物体,比如天空中的鸟儿、白云等。

此外,研究者们通过大量研究普遍认为,人类双眼视觉发展的关键期是0~3岁。比如,班克斯和同事对27名双眼视觉经历异常的被试进行研究,结果发现人类的双眼视觉发展关键期开始于出生后几个月,在1~3岁达到高峰。他们还对斜视儿童进行研究,结果发现出生后斜视的儿童,3岁前接受手术治疗,视觉能力可能与正常儿童相当;若手术延误,则双眼视觉就会受到不利影响。

2. 视敏度的发展

视敏度是指眼睛能区分对象的形状和大小微小细节的能力,俗称"视力"。视敏度反映的是视觉器官辨认外界物体的敏锐程度,一个人能辨认的物体细节的尺寸越小,视敏度越高,反之视敏度就低。1961年,美国心理学家范茨在特制的观测室研究了婴儿的视敏度,结果发现,新生儿视敏度在20/200到20/600的范围内,只有正常成人视敏度的1/10。还有的研究采用"视动眼球震颤法"研究视敏度,结果发现,新生儿视力相当于成人的20/150,即正常人在距离150米处所能看到的视觉特征,新生儿在20米处才可看到。由于测量仪器和方法的不同,研究者们对新生儿的视敏度的具体数值估计不尽相同,但均认同两个观点:其一,视力可能是新生儿感觉中发展最差的部分,新生儿的世界有点昏暗而又模糊;其二,新生儿视敏度改善非常迅速,随着年龄的增长不断发展(图2-1)。

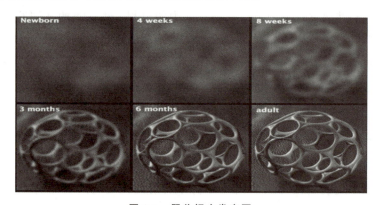

图2-1 婴儿视力发育图

视力的发展还存在很大的个体差异。在儿童身上存在着比较常见的视力障碍,比如近视、弱视、斜视。因此,保护视力对所有儿童来说都是非常重要的任务。从学前儿童期开始就要注意用眼卫生,养成良好的用眼卫生习惯;重视营养均衡,保证营养全面,给眼睛提供充足的营养物质;保证充足的睡眠,让眼睛得到充分放松和休息;加强体育锻炼,增强血液循环和新陈代谢,增强眼睛的抵抗力;定期检查视力,以便及时发现、处理问题。

3. 颜色视觉

人眼不仅能辨别物体的形状、大小,还能辨别各种颜色。这种辨别颜色的能力称作颜色视觉,又称"色觉"。有研究指出:人从环境中获得的信息大约80%是通过视觉感受器传递给大脑的,而色彩感知觉(即色觉)在视觉活动中发挥着重要作用。伯恩斯坦等认为出生后约4个月时,婴儿的颜色视觉的基本生理功能已近乎成人水平。另外,有实验表明,婴儿不仅能辨别彩色和非彩色,而且表现出对彩色的视觉偏好。3~6岁学前儿童在颜色偏好上对某一种或几种颜色表现出一种情绪的倾向性,小班学前儿童尤为显著。大多数的学前儿童更加偏爱暖色和亮色。学前儿童颜色感知能力随年龄增长而变化,且总体呈上升趋势。

个体颜色视觉正常发展是认识颜色的基础。研究者无法借助言语交流了解1岁前儿童的颜色感知具体情况,往往只能通过"偏爱法""去习惯化法"了解婴儿颜色视觉的发展。当学前儿童可以用语言和成人进行交流之后,可以采用以下三种方法来了解他们识别颜色的能力。第一，配对法。向儿童出示几种颜色的卡片，然后让他们在许多颜色卡片中选出相同的颜色与其配对。配对正确，就说明儿童已经能够辨认出这种颜色。第二，指认法。向儿童出示若干颜色卡片，成人说出某种颜色的名称，让儿童根据名称指出或拿出相应的卡片。判断对了，就说明他们不仅能辨别这种颜色，而且能听懂（理解）标志该颜色名称的词。第三，命名法。成人每向儿童出示一张颜色卡片，就请他们说出该颜色的名称。说对了，不仅说明他们能识别这种颜色，而且掌握了该颜色的名称。三种方法由易到难，学前儿童在认知颜色过程中，先会配对，再会指认，再到笼统命名，最后到命名颜色深浅。

（二）听觉的产生与发展

1. 听觉的产生

外界的声波经外耳道传到鼓膜引起振动，鼓膜的振动由听小骨传到内耳的耳蜗，引起听觉感受器的兴奋，兴奋沿着神经传到大脑皮质的听觉中枢，由此产生了听觉。听觉是人类非常重要的感觉，俗话说"十聋九哑"，表明"听"是言语沟通的关键，"听懂"是口语交往的前提。如果没有听觉，即使有健全的发音器官，也是很难学会说话的。

知识链接 2-4：
色觉异常

研究发现，儿童在胎儿时期就已经产生了听觉能力。在怀孕的第 7 个月，胎儿就对外界事物有了明显的听觉反应，胎儿对靠近母亲腹部所产生的声音出现紧闭眼睑等反应。出生后，婴儿听力飞速发展，国外有研究者通过大量的资料发现：新生儿在听力范围内可以分辨声音响度、持续时间、方向、频率和音调的差异。婴儿很早就能辨别母亲的声音，有研究发现出生 1~3 天后的婴儿听到母亲的声音时，吸吮的速度比听到其他女性的声音吸吮速度快。

有研究证实：婴儿已具备分辨语音的能力。4~6 个月的婴儿听觉不断改善，婴儿更加积极主动地听周围的语音，注意力集中于母语中的语音变化。1 岁左右，随着学前儿童掌握了一些字词，他们对与母语不相干的语音差别不敏感。

2. 听觉的发展

学前儿童的耳朵正在发育过程中，咽鼓管比成人的短而粗，且位置水平，倾斜度小，所以咽、喉、鼻腔感染时，咽鼓管容易充满液体造成堵塞，带来病毒、细菌的生长，产生中耳炎。因此，在学前儿童卫生保健方面需要加强注意。在日常生活中，让人舒适的声强为 15~35 分贝，60 分贝以上的声音会使人难受，长期处于 80 分贝的噪声刺激下，可能产生噪声性耳聋。因此，要为学前儿童创造良好的生活环境，避免噪声的危害。重视听力检查，听力较差的儿童要及时就医，在专业指导下采取相关措施加以改善。

（三）触觉的产生与发展

触觉也称皮肤觉，是皮肤受到机械刺激引起的感觉。不同部位肤觉的感受性不同。如学前儿童的嘴唇、手掌、脚掌、前额和眼睑等部位的触觉敏感性较高，后背、大腿等部位的触觉感受性相对较低。婴儿最擅长用嘴来感受外部环境，嘴巴是孩子的第一个敏感区。一项实验发现，新生儿接触不同形状的奶嘴，嘴和舌会做出不同的动作，表明他们靠触觉就可以

知识链接 2-5：
听觉障碍

分辨物体。在另一项实验中,婴儿要吮吸(但是看不到)两种橡胶奶嘴,一个光滑、一个粗糙,再给他们看两种奶嘴放大后的图片。结果宝宝很愿意看被自己吮吸过的奶嘴,而不是未接触的那个。因此,婴儿不仅可以用嘴来分辨不同形状,还能形成对物体兼具触觉和视觉的形象。手的触觉偏好是出生后两年内明显的变化之一。无条件反射之一——抓握反射体现了新生儿本能的触觉反应。大约在五个月,产生手眼协调动作,婴儿用手打开探索事物、认识世界的大门。另外,肤觉的感受性呈现性别差异,一般而言,女性的肤觉敏感性高于男性。

(四)味觉、嗅觉的产生与发展

味觉是由能溶于水的物质作用于舌刺激味蕾产生的感觉,包括甜、酸、咸、苦四种基本味觉。有充分的证据表明,婴儿在子宫内就有味觉,他们对羊水中的化学物质非常敏感。新生儿自出生起就具备味觉,能区分不同的味道,产生了味觉偏好。通过他们的面部表情可发现婴儿更喜欢甜味,甜味能让他们面部肌肉更加放松,从哭泣中平静下来。

嗅觉是有气味的挥发性物质的分子作用于鼻子产生的感觉,在遗传上属于原始感觉,可以帮助找到并摄取维持生命必需的物质。在一项研究中,把薄荷提取物放在29周之后的早产儿鼻子周围,孩子会有吸吮、皱眉或者转头的明显反应。许多实验表明,新生儿几乎能和成人一样区分很多气味。但是,相比于成人,新生儿更加依赖嗅觉。通过辨认气味,新生儿很快和母亲或者其他看护人建立情感的连接,强化了这种依恋关系,给新生儿带来安全感。

四、学前儿童知觉的产生与发展

(一)空间知觉

1. 形状知觉

形状知觉是对物体的轮廓、边界的整体感知。研究发现,出生仅一周的新生儿就能分辨呈现于眼前的不同图形,两个图形仅在一个维度上不同更易被辨认。分辨能力在出生后的头几个月里发展非常迅速。婴儿已对人脸表现出极大的兴趣,1~3个月的婴儿能辨认自己的母亲,6个月左右就可以精确辨认和区分不同陌生人的面孔。随着年龄的增长,婴儿愈倾向于注视复杂度较高的物体。学前儿童形状认知能力的发展在空间认知能力中处于超前地位。

学前儿童辨认几何图形的正确率从高到低依次是圆形、正方形、三角形、长方形和梯形。在学前末期,几乎所有的学前儿童都能正确地进行各形状间的分类,基本上可以从不同颜色、形状的图片中,按不同特征给几何图形分组,形状认知能力的发展已趋于稳定(图2-2、图2-3)。

2. 大小知觉

大小知觉是指个体对外界物体大小的反映,包括对长度、面积、体积等特性进行量化的感知过程。研究发现:18个月前的婴儿处于识别大小的初期,此时婴儿虽不能理解大小的含义,但逐渐能从生活经验中找到适合自己需要的大小的物体,如手能握住或双臂能合抱的物体;18~24个月的学前儿童按照语言指示选择相应大小的皮球的正确率从20%上升到

60%;2岁4个月至2岁8个月的婴儿已经能正确地用相应的词汇表达大小概念,如大苹果、大皮球;3岁的学前儿童用语言区分物体大小的正确率已达100%;3~4岁的学前儿童能区分大小的三个等级,且具备了"同样大"的概念;5~6岁儿童辨别图形的大小不受图形摆放的空间规律的影响。大小知觉能力的发展是不断完善和精确的渐进过程。

图2-2　形状认识——七巧板

图2-3　教幼儿认识几何图形

3. 方位知觉

方位知觉是指个体对自身在空间中所处的位置及对空间中物体间的方位关系的感知。方位关系包括上下、左右、前后、里外等。研究发现,新生儿(出生1~2天)就可以在某种程度上辨认方位。比如,声音从哪个方向传来,婴儿就会看向哪个方向。1个月以前的婴儿依靠视像扩大、运动视差等单眼线索感知运动物体的方位。7个月左右的婴儿依赖相应位置、相应大小等单眼线索对静态物体进行方位知觉。

学前儿童方位认知能力发展有不同层次,对上下方位概念的掌握已趋于平稳,对左右方位的掌握有一个较长的渐进过程。实验表明:3岁时儿童能正确辨别上下;4岁能辨别前后;5岁开始能正确辨别以自身为中心的左右方位(比如知道自己的左右手、脚、耳朵、眼睛),7~9岁时能辨别以他人为基准的左右方位,以及两个物体之间的左右方位(比如与别人面对面,能区分对方的左右手,但经常出错);9~11岁能灵活地掌握左右概念(比如准确辨别自己和他人的左右,还能正确指出并列的三个物体的相对位置)。儿童左右方位认知能力的发展水平在学前期很低,而在发展顺序上处于较高层次。因此,在教学实践活动中成人应有意识地引导学前儿童对左右方位的知觉。比如,语言表达涉及左右方位的指示语时最好配合动作的示范,面向学前儿童做示范动作时应是镜面示范,动作要以学前儿童的左右为基准。

4. 深度知觉

深度知觉是对同一物体的凹凸程度或不同物体远近距离的知觉。个体深度知觉是通过一系列深度线索结合而形成的,包括机体内部所产生的生理线索。有些线索只需要一只眼睛,称为单眼线索;还有的线索需要双眼配合参与,称为双眼线索。这些线索提供了关于被感知物体的空间位置和距离信息。

美国心理学家沃克和吉布森为了研究深度知觉,进行了著名的视崖实验。实验装置的中央是一个能容纳会爬的婴儿的平台,平台两边的厚玻璃上,铺着同样黑白相间的格子布料。其中一边的布料与厚玻璃紧贴,视觉上感觉不到深度,称为"浅滩";另一边的布料与厚玻璃相隔数尺距离,造成视觉上的深度,形成"悬崖"。实验时,把婴儿放置于平台中间板上,让母亲们分别站在"浅滩"一侧和"悬崖"一侧,引导婴儿爬过来。结果显示,36名婴儿(6~14个月之间)中,9名拒绝离开中间板,27名婴儿都爬过"浅滩"。只有3名婴儿极为犹豫地爬过视崖边缘,大部分婴儿拒绝爬过"悬崖"。实验揭示了婴儿已经意识到视崖深度的存在,但结果并不否定经验在深度知觉发展中的作用。现有实验表明,具有丰富爬行经验的婴儿对于深度、距离的认知更加优于刚刚学会爬行的婴儿。

(二)时间知觉

知识链接2-6:
视崖实验

时间知觉是个体对客观事物运动发生的先后顺序和持续时间长短的辨认,是对客观事物延续性和顺序性的反映。因为人体没有专门感受时间的器官,时间本身就是抽象的概念,所以,对时间和时间关系的知觉需要借助抽象思维和更高水平的认识活动。这就决定了儿童认识时间具有一定的难度,需要借助一些媒介。比如,新生儿建立了吃奶的条件反射,可能是婴儿最早依靠生理上的变化来感受时间的。

随着学前儿童记忆、言语、思维等高级心理认知的发展,学前儿童积累的生活经验越来越丰富,特别是孩子入园以后,科学合理地安排和组织一日生活,形成有规律的生活作息,能更好地帮助学前儿童发展时间观念。比如,学前儿童认识到早上要从家里去幼儿园,中午在幼儿园吃饭、午休,下午家长来园接回家,晚上是休息睡觉的时间。儿童对时间单元的知觉和理解有一个"由中间向两端""由近及远"的发展趋势。研究表明,儿童先能理解的是"天"和"小时",然后是"周""月"或"分钟""秒"等更大或更小的时间单位。在"天"中,最先理解的是"今天",然后是"昨天""明天",再后才是"前天""后天"。对于"正在""已经""就要"三个与时间有关的常用副词的理解,同样也是以现在为起点,逐步向过去和未来延伸的。

随着年龄的增长,学前儿童越来越能理解和利用时间标尺。研究表明,5岁儿童不会使用时间标尺,时间知觉极不准确、极不稳定。6岁儿童一般不会使用时间标尺,再现长时距不准确、不稳定,基本上与5岁儿童相似,但再现短时距的准确度和稳定性高于5岁学前儿童。7岁儿童开始使用时间标尺,但主要是使用外部的时间标尺,使用内部时间标尺的人仍属少数。8岁儿童基本上能主动地使用时间标尺,时间知觉的准确度和稳定性都大为提高,有开始接近成人的倾向。

五、学前儿童观察力的特点

《现代汉语词典》把"观察"解释为仔细察看事物或现象。作为一个科研名词,观察是指有目的、有计划、比较持久的知觉活动,是知觉的高级形态。观察的过程是经由视觉、听觉、嗅觉、触觉等各种感官察觉并结合心智去注意、发现一些新意义的活动。比如,科学家发现星光星色各有不同;发现天气随时在改变,但在变化中又存在某些规律。观察是人们认识世界的重要方式。人们在观察过程中体现出来的稳定的品质和能力即为观察力。

(一)观察的目的性逐渐加强

研究表明,3岁前的儿童很难按照成人的要求主动支配自己的知觉,他们的知觉往往是被动的,受到外界刺激物的影响以及情绪的支配。此时儿童的观察多是随意性的、情境性的,遇到什么就观察什么,当外界刺激改变,观察就发生变化,缺乏稳定性、目的性。比如,老师带学前儿童在户外观察花朵,此时飞来了蝴蝶,学前儿童就去追蝴蝶。蝴蝶飞到草丛里不见了,学前儿童又去观察草丛。特别是小班学前儿童,在观察过程中常常忘记了观察的任务。到了学前中后期,学前儿童观察的目的性逐渐增强,能够控制自己的情绪,专注于按照老师的要求进行观察。

(二)观察的时间日益延长

有实验表明,3~4岁学前儿童观察图片的时间不足7分钟,5岁的学前儿童增加到8分钟左右,6岁的学前儿童观察图片的时间可达到12分钟左右。由此可以看出,学前儿童观察持续的时间随着年龄的增长不断延长。

学前儿童观察持续的时间还与学前儿童观察目的是否明确和观察的兴趣有关。学前儿童观察目的性不强或者没有目的,观察就变得随意、不稳定。对于感兴趣的事物,学前儿童自然而然就被吸引过去,强烈的好奇心会驱动着他持续地观察、探索。比如,家里买了新的玩具,学前儿童总是要去看一看、摸一摸,动手去摆弄、操作玩具。因此,我们可以结合年龄特点,为学前儿童提供感兴趣的事物,循序渐进地延长他们持续观察的时间。

(三)观察的精确性不断提高

学前儿童的观察往往是笼统的、粗略的,看到事物的大致轮廓就不再观察,不能细致、准确地发现事物之间的细微差别。对于面积大的、造型奇特的、颜色鲜艳的、位置突出的、动态变化着的事物容易观察到,而对于事物的部分、细节方面容易忽略。比如,学前儿童在建构区玩雪花片,遇到两个雪花片插不到一起,学前儿童就直接把雪花片交给老师,请老师帮忙插好。此时,正是我们发展学前儿童观察力的契机。学前儿童是学习的主体,我们要发挥他们的积极性和主动性。比如,老师不是直接帮忙插好雪花片,而是引导学前儿童细致观察,通过对比找出两个雪花片插口变形的异常之处,提高观察的精确性,从而分析出雪花片插不进去的原因,然后再进一步解决问题。

(四)观察的系统性、概括性增长

相关研究表明,小班学前儿童在观察过程中,眼球运动的轨迹是杂乱无章的,他们不会沿着图形的轮廓有顺序、有方向地去观察。随着年龄的增长,中、大班的学前儿童观察的组织性、系统性增强。因此,学前儿童观察到的不再是零散的、孤立的图像,对于事物整体性的把握和事物各部分之间的关系的理解越来越深刻。从认识事物部分到认识整体,再到认识事物的空间关系和因果关系,随着年龄增长,学前儿童能逐渐把握事物的特点和规律。

子任务二　学前儿童观察能力的培养

要使儿童头脑灵,先使他们眼睛明。观察是学前儿童认识世界的主要途径,观察力是孩子认识客观事物或现象的基本能力,是智力的基础,更是体现孩子智力水平高低的标志之一。2012年,教育部颁布的《3~6岁儿童学习与发展指南》在"科学"领域(不包括数学部分)有15处提到"观察",突出"观察"在科学研究中的重要性,并明确了各阶段学前儿童在观察

方面需要达到的要求,以及教师应该教给学前儿童的观察方法和观察要领。

一、引导学前儿童明确观察目的和任务

明确观察目的是观察活动有效的重要保障。明确的目的能提高学前儿童观察的针对性、积极性和主动性。相反,目的模糊会造成观察活动中学前儿童无所事事,不知道该做什么或者脱离观察活动。学前儿童观察的任务往往来自成人,因此,老师在布置任务时要注意表达的清晰、准确,让学前儿童听得到、听得懂。比如,让学前儿童观察花朵,老师可以明确提出:请小朋友们仔细看看一共有几朵花,每朵花分别是什么颜色,一共有几种颜色。这样有利于学前儿童明确观察的目的,提高观察效果。

二、激发学前儿童的观察兴趣

学前儿童天生就是好奇好动,对周围环境充满探索欲望。我们要尊重、保护学前儿童的天性,做好倾听者、观察者,发现学前儿童的兴趣,引导学前儿童把偶然间产生的好奇发展为不断探索的求知欲;做好引导者、支持者、合作者,为学前儿童提供丰富、有趣的材料,引导学前儿童探索发现。比如,户外活动中,学前儿童偶然间发现了一只蜗牛,其他学前儿童也被吸引过来,老师没有阻拦孩子们,而是通过提问——蜗牛有脚吗,它是怎么走路的,蜗牛是如何从壳里进进出出的……进一步激发学前儿童的观察兴趣。另外,学前儿童的接受能力和认知水平具有明显的差异性、阶段性,因此不同年龄的学前儿童所达到的观察水平不一样。教师在激发学前儿童兴趣时既要关注学前儿童现有的知识经验,同时观察对象不能过于复杂抽象,要符合不同年龄阶段学前儿童的需求。

三、教给学前儿童有效的观察方法

有了观察的兴趣和积极态度,学前儿童的观察活动才成功了一半。正确的观察方法,能支持学前儿童顺利有效地进行观察活动,对其观察能力的提高有很大的帮助。比如,在绘本阅读中,学前儿童以读图为主,我们可以教给学前儿童观察画面的方法:从远到近、从上到下、从左到右、从整体到局部等。又如,在美术活动中画蝴蝶时,先观察最明显的特征(翅膀和美丽的色彩),再观察其他部分的一般特征,这样既能很快激起学前儿童的观察兴趣和积极性,又能提高美术活动的质量。再如,引导学前儿童观察同类事物或现象时,要让孩子们进行对比、分析,像认识轿车、货车,它们都是汽车,但是它们的造型、功能差别很大,从而形成关于车的准确细致、完整的形象。

一、任务描述

观察时,要根据观察目标,选择恰当的观察时机和观察情境,做好观察记录,结合儿童认知发展水平进行分析和评价。

二、实施流程

观察目的:了解并分析儿童观察的细致性和有意性。

观察对象:苗苗、小山、小磊、晓晓。

观察记录:

情境一:今天,苗苗到小园地去为小白菜浇水。回来后,她急切地告诉老师"菜叶上有小洞洞"。经检查,原来白菜开始长蚜虫了。

情境二:今天带儿童到百货商店去参观,要求小朋友们看售货员是怎么说、怎么做的,顾客是怎么做、怎么说的。小山、小磊、晓晓三位小朋友却对货柜里的货品更感兴趣,再三提醒他们,仍时常分心。

三、任务考核

该项任务的考核包含对情境一和情境二的儿童行为观察分析,每个内容分别计 50 分,满分为 100 分。

> **情境解析**
>
> 1.乐乐出现穿反鞋子的情况是因为他在认知和运动发展方面还不够成熟。学前儿童的认知能力和空间感知能力尚未完全发展,他们可能还没有掌握如何正确辨别左右脚,或者记忆力还不够强,容易忘记鞋子的正确穿戴方式。
>
> 2.妈妈应该以耐心和理解的态度对待乐乐的行为。她可以通过亲身示范和引导,教乐乐如何正确穿鞋子,并帮助他记忆左右脚的区别。同时,妈妈可以鼓励乐乐自主学习和练习,给予他足够的时间和机会来提高自己的认知和运动技能。重要的是要给予乐乐积极的反馈和赞扬,让他感到自己的努力和进步是受到认可的。妈妈还可以为乐乐提供适合的鞋子,以帮助他更容易辨别左右脚。

书证融通

技能 3 活动设计:发现五感的乐趣

一、活动目标

(1)帮助学前儿童认识和发展五种感觉:视觉、听觉、触觉、嗅觉和味觉。

(2)培养学前儿童对感官刺激的敏感性和观察力。

(3)通过互动和探索,提高学前儿童的语言表达能力和合作意识。

二、活动准备

(1)准备五个感官体验站:视觉站(展示不同颜色和形状的物品)、听觉站(播放不同的声音)、触觉站(提供不同材质的物品)、嗅觉站(提供不同气味的物品)、味觉站(提供不同味道的食物)。

(2)准备相应的物品或材料,如彩色纸、乐器或音乐录音、织物、香水或花朵、水果等。

三、活动过程

(1)引导学前儿童坐好,向他们介绍五种感觉:视觉、听觉、触觉、嗅觉和味觉。通过简单的语言和示范,让他们对这些感觉有基本的了解。

(2)将学前儿童分成五个小组,每个小组到一个感官体验站体验相应的感官刺激。每个小组可以在每个站点停留一定时间,体验不同的感觉。

(3)在每个体验站点,引导学前儿童观察、探索和描述他们的感受。鼓励他们使用适当的词汇和语言表达他们的感觉。

(4)在活动结束时,邀请学前儿童回到座位,分享他们在各个感官体验站点的感受和观察结果。

(5)引导学前儿童一起总结他们对五种感觉的认识和体验,鼓励他们提出问题和分享自己的想法。

四、活动延伸

组织学前儿童参观附近的公园、动物园或自然景点,进一步在自然界中观察和感受五种感觉,并且可以鼓励学前儿童在日常生活中注意和记录他们的感官体验,如观察不同颜色的花朵、听不同的声音、尝试新的食物等。

一、达标测试

(一)最佳选择题

1.当儿童看老师时,老师成为知觉对象而显得格外清晰,而对黑板等其他物体对象感觉模糊,这就是知觉的(   )。

A.选择性 B.整体性 C.理解性
D.恒常性 E.主导性

2.儿童时间定向上最为重要的是(   )。

A.日常生活事件 B.日历、钟表上的时间信息
C.天气变化 D.生活制度 E.父母提醒

3. 在幼儿园,小班儿童经常将左脚的鞋子穿在右脚上,将右脚的鞋子穿在左脚上,这是( )的发展水平差异造成的。
   A. 形状知觉　　　B. 生活习惯　　　C. 方位知觉
   D. 距离知觉　　　E. 动作发展

(二)是非题

4. 3岁儿童方位知觉的发展程度是能以自身为中心进行辨认。( )
5. 学前儿童的感知觉是一种自然而然的过程,不需要外界的刺激和经验。( )

二、自我评价

人对事物的认识是从感知觉开始的,感知觉是认识活动的开端。在感知的基础上,人们才能发展记忆、想象、思维、言语等一系列复杂的心理活动。通过学习本任务(表2-1),学习者能对学前儿童感知觉发展有一个较为完整的了解,并能运用科学的方法进行研究和学习,从而初步具备相应的知识、能力和素质。

表2-1　任务学习自我检测单

姓名:	班级:	学号:
任务分析	学前儿童感知觉发展	
任务实施	学前儿童感知觉的发展	
	学前儿童观察能力的培养	
任务小结		

任务二　学前儿童记忆发展

任务情境

朵朵三岁半了,妈妈为了培养她对国学的兴趣,就在家里对她进行早期经典诵读训练。朵朵进步很快,没多久就能够背诵很多唐诗宋词了,爸爸妈妈都夸她记性好、聪明。妈妈也经常在朋友面前要朵朵表演,朋友都对朵朵伸出大拇指。后来妈妈外出学习了两个月,回来之后再检查,那些诗词歌赋朵朵基本忘记了,但对于半年前去"世界之窗"喂孔雀的情景,小朵朵的印象却十分深刻。这是为什么呢?

问题:为何朵朵能记得半年前喂孔雀的场景,却不记得两个月前背过的诗词?

任务目标

知识目标

1. 了解记忆的概念及记忆表象。

2.熟悉记忆的分类及过程。

3.掌握儿童记忆发展的特点。

4.掌握培养儿童记忆能力的方法。

能力目标

1.分析和解释儿童记忆发展的过程和特点。

2.设计和实施适合儿童记忆发展的活动,如记忆游戏、记忆训练和记忆策略的教授等。

3.评估和记录儿童的记忆发展水平,如使用观察记录和评估工具等。

素质目标

1.培养儿童的记忆力和记忆策略,提高他们的学习和应用能力。

2.培养儿童的思维和推理能力,促进他们的认知和创造性思维发展。

3.能养成求真务实的科学研究精神,坚定文化自信。

子任务一　学前儿童记忆的发展

一、记忆的概念

记忆是人脑对经历过的事物的反映。所谓经历过的事物,是指过去感知过的事物,如见过的人或物、听过的声音、嗅过的气味、品尝过的味道、触摸过的东西、思考过的问题、体验过的情绪和情感等。这些经历过的事物都会在头脑中留下痕迹,并在一定条件下呈现出来,这就是记忆。例如,去幼儿园的小朋友回到家后,回想起在幼儿园学到的知识、做过的游戏以及老师说过的话等都是记忆的表现。当别人再提起时或在一定的情境下,这些情境、人物和体验过的情绪就被重新唤起,出现在头脑中。

记忆同感知一样也是人脑对客观现实的反映,但记忆是比感知更复杂的心理现象。感知过程是反映当前直接作用于感觉的对象,它是对事物的感性认识。记忆反映的是过去的经验,它兼有感性认识和理性认识的特点。

二、记忆表象及其特征

(一)表象

表象分为记忆表象和想象表象两类。通常所说的表象,是记忆表象的简称。表象是指在头脑中的客观事物的形象,即感知过的事物不在面前而在头脑中呈现出来的形象,如老师在家里休息时仍有小朋友活泼可爱的形象在脑中浮现,这种形象就是表象。

表象是在感知觉的基础上产生的,因此可根据表象形成过程中起主导作用的感觉器官的种类,将表象分为视觉表象、听觉表象、味觉表象、嗅觉表象等。

(二)特征

1. 直观形象性

表象所反映出来的东西和原物体有相似之处,有一定的逼真感,这就是表象的直观形象性。然而由于此时客观事物不在面前,而是通过回忆浮现出来的,因此它所反映的,仅仅是事物的大体轮廓和一些主要特征,没有感知时得到的形象那样鲜明、完整和稳定。如虽然见过南京长江大桥,脑中有长江大桥的表象,但那仅是对大桥的轮廓和大致的长度有印象,远不如亲自从大桥上走过那么具体、鲜明。

2. 概括性

表象的概括性反映着同一事物在不同条件下经常表现出来的一般特点,它不是某一次感知所留下的个别特点,如表象中"房子"的形象,一般很难在现实生活中找到对应物,但它又确实具备了房顶、墙壁等"房子"所共有的特征,它是各种各样房子的积累,概括成了"房子"的表象。

表象和思维都具有概括性,但表象的概括用的是形象,思维的概括用的是语词;表象概括的既有事物的本质属性,又有非本质属性,而思维概括的都是事物的本质属性。因此,我们可以把表象看作是由感知向思维过渡的中间环节。

三、记忆的分类

(一)根据记忆的内容分类

根据识记材料的内容不同,可以把记忆分为形象记忆、运动记忆、情绪记忆、语词逻辑记忆。

1. 形象记忆

形象记忆是指以感知过的事物形象为内容的记忆。这些形象记忆不仅仅是视觉的,也可以是听觉的、嗅觉的、味觉的、触觉的等。例如,我们脑海中保持的天安门的形象、说起酸梅时的回味,就都属于形象记忆。

2. 运动记忆

运动记忆是以过去做过的动作为内容的记忆。儿童学会的各种动作,掌握的各种生活、学习、劳动及运动技能,都需要运动记忆。儿童最早出现的就是运动记忆。如吃奶时身体被抱成一定姿势,形成条件反射,是儿童最早出现的记忆。一个人从小学会游泳,长大后即使多年不游,也能较快地恢复,这是过去习得的运动技能得以保持的结果。动作一旦掌握并达到一定的熟练程度,会保持相当长的时间,这是动作记忆显著的特征之一。

3. 情绪记忆

情绪记忆是指以体验过的某种情绪和情感为内容的记忆。例如,对过去的一些美好事情的记忆,对过去曾经受过的一次惊吓的记忆,或对过去曾做过的错事的记忆等都属于情绪记忆。情绪记忆的印象有时比其他记忆的印象表现得更为持久、深刻,甚至终生不忘。如被关过"小黑屋"的孩子,对这种恐惧的情绪经历不易忘却。

4. 语词逻辑记忆

语词逻辑记忆是以概念、判断、推理为内容的记忆。例如,我们对儿童发展心理学概念的记忆,对数学、物理学中的公式、定理的记忆等都属于逻辑记忆。它是人类所特有的,具有高度理解性、逻辑性的记忆,对我们学习理性知识起着重要作用。这种记忆出现得比较晚,是随儿童言语的发生、发展而逐渐形成的。

(二)根据记忆保持时间的长短分类

根据记忆保持时间的长短分类,可以将记忆分为瞬时记忆、短时记忆与长时记忆。

1. 瞬时记忆

瞬时记忆又称感觉记忆,是指客观刺激物停止作用后,它的形象在人脑中只保留一瞬间的记忆。就是说,刺激停止后,感觉印象并不立即消失,仍有一个极短的感觉信息保持过程,但如果不进一步加工的话,就会消失。

在感觉记忆中呈现的材料如果受到注意,就转入记忆系统的第二阶段——短时记忆;如果没有受到注意,则很快消失。

2. 短时记忆

短时记忆是指获得的信息在头脑中储存不超过 1 分钟的记忆。例如,我们打电话通过 114 找寻到需要的电话号码后,马上就能根据记忆拨出这个号码,但打完电话后,刚才拨打过的电话号码就忘了,这就是短时记忆。我们听课时边听边记下教师讲课的内容,靠的也是短时记忆。短时记忆的内容若加以复述、运用或进一步加工,就被输入长时记忆中,否则,很快消失。

3. 长时记忆

长时记忆是指 1 分钟以上甚至保持终生的记忆。短时记忆的内容经过复述可转变为长时记忆,但也有些长时记忆是由于印象深刻一次形成的。

记忆的三种类型若按信息加工的理论来划分,它们的关系是:外界刺激引起感觉,其痕迹就是感觉记忆;感觉记忆中呈现的信息如果受到注意就转入短时记忆;短时记忆的信息若得到及时加工或复述,就转入长时记忆。我们可以参考图 2-4 所示的记忆理论模型进行学习。

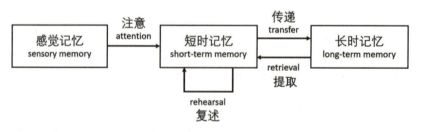

图 2-4 记忆的理论模型

四、记忆的过程

记忆过程可以分为识记、保持、回忆(再认和再现)三个基本环节,具体如下。

(一)识记

1. 识记的概念

识记是一种反复认识某种事物并在脑中留下痕迹的过程,也就是把所需要信息输入大脑的过程。

2. 识记的种类

识记可以从不同的角度划分成不同的种类。

(1)根据识记有无明确的目的性和自觉性,可把识记分为无意识记和有意识记。

无意识记是指事先没有预定目的,也不需要任何意志努力的识记。例如,童年时看过的一部有趣的电视剧,至今记忆犹新。其实,当时在观看时并没有要记住它的意图,它是自然而然地成为我们记忆中的内容的。人的许多知识是由无意识记获得的,所谓的"潜移默化"就是这个意思。在教学中如果恰当运用无意识记,可使学生在轻松愉快之中获得应有的知识技能。但是,无意识记具有很大的选择性,只有在人们的生活中具有重要意义的、与人的活动任务和人们的兴趣、需要、强烈的情感相联系的事物才容易被记住;又由于无意识记缺乏目的性,在内容上往往带有偶然性和片面性,因而,单凭无意识记难以获得系统的知识技能。

有意识记是指按照一定的目的任务和需要,积极组织思维活动的一种识记。例如,语言教学中儿童背诵诗歌、小学生临考前的复习,都是有意识记。这种识记有一定的紧张度,但它能使人获得系统的知识和技能。日常的学习和工作主要依靠有意识记。教师在教学中应根据教学目的,向儿童提出具有识记要求的内容并组织相应的活动,使他们把精力集中在学习材料上,以取得最佳的记忆效果。

此外,人总是在活动中进行识记的,因此,无论是无意识记还是有意识记,只要识记的对象成为活动的对象或活动的结果,识记的效果就会变好。

(2)根据识记是否建立在理解基础上,可把识记分为机械识记和意义识记。

机械识记是指在对识记材料没有理解的情况下,依靠事物的外部联系、先后顺序,机械重复地进行识记。例如,人们记地名、人名、地址等,常常是利用机械识记。机械识记虽是一种低级的识记途径,但在生活学习中是不可缺少的。

意义识记是指在对材料进行理解的情况下,根据材料的内在联系,运用有关经验进行的识记。运用这种识记,材料容易记住,保持的时间也长,并且容易回忆。意义识记的效果要比机械识记来得好,因此,在教学中,凡有意义的材料,必须让儿童学会积极开动脑筋,找出材料之间的内在联系;对于无意义的材料,应尽量赋予其人为的意义,以保证记忆的效果。

(二)保持

1. 保持的概念

保持是对识记过的事物在头脑中贮存和巩固的过程,是实现回忆的保证,是记忆力强弱的重要标志之一。

识记过的事物在头脑中并不是像物品放在保险柜中一成不变地保持着原样,识记的材料会随时间的推移和后续经验的影响而发生量与质的变化。量的变化主要指内容的减少,记忆内容的减少是一种普遍现象,人们经历的事情总要忘掉一些。质的变化是指内容的加工改造,改造的情况因每个人的经验不同而不同。心理学家曾做过这样的实验:拿一张画,给第一个人看后要他默画;再将第一个人画出来的画拿给第二个人看……这样依次下去,直至第 18 个人为止。再将识记的画与回忆的画做比较,发现有如下特点:有些重画的比识记的画概括了、简略了;有的更完整、更合理了;有的更详细、更具体了;有的夸张了;有的某些部分突出了,等等。在保持过程中,质和量的变化是一个复杂的、有意义的内部活动过程,是心理活动主观性的一种表现。

2. 遗忘及其规律

遗忘是对识记过的东西不能回忆,或者是错误地回忆。遗忘是与保持相反的过程。这两个性质相反的过程,实质上是同一个记忆活动的两个方面:保持住的东西,就不会被遗忘;而遗忘了的东西,就是没有被保持。保持越多,遗忘越少。记忆力强的人总是能保持得很多而遗忘极少。从现代心理学的观点看,遗忘甚至可以促进人的精神健康,提高工作和学习的效率。例如,与同伴发生口角引起的不愉快的情绪体验,就不应该耿耿于怀、长久不忘,而应该将它主动地排解、遗忘。

遗忘这一现象有个发展过程,在世界范围内最早对这个过程做系统研究的人,要首推德国心理学家艾宾浩斯。在实验中,他用无意音节做学习材料,用重学时所节省的时间或次数为指标测量了遗忘的进程。实验表明,在学习材料记熟后,间隔 20 分钟重新学习,可节省诵读时间 58.2% 左右;1 天以后再学可节省时间 33.7% 左右;6 天以后再学习节省时间就缓慢地下降到 25.4% 左右。依据这些数据绘制的曲线就是著名的艾宾浩斯遗忘曲线(图 2-5)。在艾宾浩斯之后,许多心理学家用无意义材料和有意义材料对遗忘的进程进行了研究,结果都证实艾宾浩斯遗忘曲线基本上是正确的。

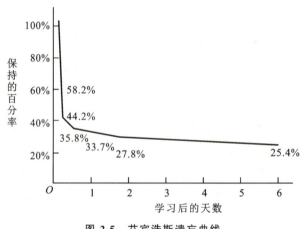

图 2-5 艾宾浩斯遗忘曲线

从艾宾浩斯遗忘曲线中可以看出,遗忘的进程是不均衡的。识记后在头脑中保持的材料随时间的推移是递减的,这种递减在识记后的短时间内特别迅速,遗忘较多;随着时间的进展,遗忘逐渐趋缓;到相当时间后几乎不再遗忘。因此,遗忘的规律是先快后慢。所以学习后及时复习是十分必要的。

从遗忘的原因看,遗忘有两类:一类是永久性遗忘,对于已经识记过的材料,由于没有得到反复强化和运用,在头脑中保留的痕迹便自动消失,如果不重新学习,记忆不能再恢复;另一类是暂时性遗忘,对已识记过的材料,由于其他刺激的干扰,头脑中保留的痕迹受到抑制,不能立即再认或再现,但干扰一旦排除,消除这种抑制,记忆仍可得到恢复。例如,考试时由于疲劳或紧张,考生会对原先很熟悉的问题不知从何答起,过了一段时间才想起来,这就是暂时性遗忘。

(三)回忆

1. 回忆的概念

回忆是人脑对过去经验的提取过程。它包含着对过去经验的搜寻和判断。回忆是识记、保持的结果和表现,是记忆的最终目的。

2. 回忆的水平

回忆有两种不同水平,即再认和再现。

(1)再认。再认是指过去经历过的事物重新出现时能够识别出来,我们能够听出曾经听过的歌曲,叫出曾经熟识的人的名字,这都是再认的表现;又如,考试中的选择题就是通过再认来回答的。

人们并不是在任何情况下都能再认的,对事物再认的精确度和速度也不都是一样的。再认取决于以下两个条件:一是识记的巩固程度;二是当前呈现的事物同经历过的事物及环境条件相类似的程度。当事物被识记得相当牢固,且新旧事物及环境条件一致性高时再认就容易;反之就困难。当再认发生困难时,如提供更多的线索则有助于再认,其中,环境和言语的线索能起到重要作用。

(2)再现。再现是指过去经历过的事物不在面前时,在脑中重新呈现其映象的过程。根据再现是否有预定目的,可以把再现分为无意再现和有意再现。

无意再现是事先没有预定目的,也不需要意志努力的再现。在日常生活中,我们常会因为一些事情的影响,自然而然地想起其他的一些事情,"触景生情"就是典型的无意再现。而有意再现则是一种有目的的、自觉的再现。学生考试时回忆以往学过的材料、儿童复述故事时回忆以前听过的故事内容等,都是有意再现。

再认和再现都是过去经验的恢复,是从记忆中提取信息的两种不同水平的形式,它们之间没有本质的区别,只有保持程度上的不同。能再现的一般都能再认,能再认的不一定能再现。任何年龄的人,再认效果都比再现的效果要好,但年龄越小,两者差异越大。

五、学前儿童记忆发展的特点

进入儿童期以后,由于神经系统逐渐成熟,口头语言迅速发展,生活经验不断丰富,儿童记忆能力有了新的发展,主要表现出如下特点。

(一)识记速度快,遗忘速度也快

知识链接 2-7:记忆方法之思维导图

儿童很容易记住一些新的学习材料。一来因为他们的神经系统具有极大的可塑性,很容易在大脑皮层上留下记忆痕迹;二来因为他们缺乏经验,许多事物对他们来说都是新鲜的,能够引起他们的惊讶、兴奋等情绪体验,从而加深对新事物的印象,而且较少受以往经验的干扰。有趣的是,他们记得快,忘得也快,记忆的潜伏期较短,这一特点集中反映在"幼儿期健忘"这一有趣现象上。

知识链接 2-8:幼儿期健忘

儿童记忆保持时间随年龄的增长而增加。我国心理学家朱智贤的研究表明,在再认方面,2 岁能再认几个星期以前感知过的事物;3 岁能再认几个月以前感知过的事物;4 岁能再认 1 年以前感知过的事物;到 7 岁时,再认保持的时间可达到 3 年。在再现方面,2 岁能再现几天前的事物;3 岁能再现几个星期以前的事物;4 岁能再现几个月以前的事物;到 5～7 岁时,儿童再现保持的时间可达 1 年以上。

(二)儿童记忆的正确性差

儿童记忆存在正确性差是儿童记忆的另一显著特点,它主要表现在以下两方面。

1. 记忆的完整性较差

知识链接 2-9:记忆恢复现象

儿童的记忆常常支离破碎、主次不分,年龄越小,这种情况越明显。他们回忆学习过的语言材料(故事、儿歌等)时,常常漏掉主要情节和关键词语,而只记住那些他们自己感兴趣的某个环节。比如,在听完陈伯吹先生的《一只想飞的猫》之后,小班不少孩子只能复述"小猫一跑,克朗朗!克朗朗!……把它吓坏了!'啪'的一声,气球炸了,小猫掉下来了!……"这样几个带有拟声的、他们听讲时就笑了起来的句子。至于小猫如何变得勇敢起来的过程,几乎无人提及。大班的情况有了很大的变化,他们开始能够区分开主次,以主题贯穿情节。但在回忆自己的生活经历时,仍表现出记忆不完整的特点。儿童用语言再现记忆材料时表现出的这个特点,与其言语发展水平也有密切的关系。

2. 记忆内容易混淆

儿童的记忆有时似是而非,常常混淆相似的事物。他们认识了一个幼儿园的"园"字,常常把结构有某种相似性的"团"字也再认为"园"字;整体认识了"眼睛"两个字,就会把单独出现的"睛"字再认为"眼"字。更有甚者,儿童还可能真假难辨,把想象的东西和记忆的东西相混淆,当想象的事物为儿童强烈期盼的事物时,这种情况便时有发生。比如,一个儿童看到别的小朋友有个很大的变形金刚,特别想要。妈妈安慰他说,爸爸回来时会给他带一个更好的。一天早上起床后,孩子的第一句话就是:"我爸爸给我买的变形金刚太棒了!"然后到处找:"我的变形金刚呢?妈妈,你帮我收到哪儿了?"强烈的情绪加上反复的想象,加深了儿童头脑中的印象,以至于连他自己也弄不清哪些是虚构的事,哪些是真实存在的事。

精确性是一个很重要的记忆品质,失去了这一点,其他品质(如持久性)也就丧失了它的价值。儿童记忆的精准性,一般而言,是随其年龄的增长而提高的。儿童记忆的精准性不足,常常被成人误解为故意撒谎,这其实是不对的。但是,成人有意地采取措施来激发儿童记忆的精准性则是非常必要的。

(三)无意识记效果较好,有意识记逐渐发展

儿童期虽是心理活动的有意性开始发展的时期,但水平较差,记忆也是如此。儿童的有意记忆(包括有意识记)虽已有发展,但仍是以无意识记为主。儿童期所获得的知识经验,大多数是在日常生活和游戏等活动中无意识地、自然而然地记住的,特别是儿童初期,儿童的识记还难以服从于一定的目的,而主要取决于事物本身是否具有鲜明、生动、新奇的特点,是否能够引起儿童的兴趣和强烈的情绪反应。

儿童记忆虽以无意识记为主,但其效果并不一定差。当然,这里所说的"差"与"不差"都是相对而言的。就成人的两种记忆而言,有意记忆的效果总体上显著优于无意记忆,而儿童却不尽然,甚至有的研究认为,儿童无意记忆(识记)的效果有可能超过有意记忆。有这样一项研究:用15张图画卡片做两组实验:一组要求儿童按图片上所画的物品性质,将它们分放在桌子的适当位置(假定的厨房、花园、卧室等),放完后要求儿童回忆图片内容,考察其无意识记的效果;另一组则直接向儿童布置识记图片的任务。结果表明,儿童无意识记的效果优于有意识记,小学生、中学生则相反。也有人对这一研究提出异议,认为第一组的无意识记中加上了积极的知觉和思维动作(按物品性质摆放),才出现儿童无意识记效果优于有意识记的情况,如果取消这一环节,只让他们观看图片一段时间而不交代识记任务,其效果绝不会优于第二组(有意识记组)。这种批评不无道理。但无论如何,若将儿童无意识记效果与有意识记相比,其差别总要小于成人这两类记忆效果之比,这也就是儿童"无意识记效果较好"的含义。

在另外的一些实验研究中也得出类似的结论。把画有儿童熟悉的各种物体并涂有不同颜色的图片呈现给儿童,要求他们记住所画的物体。过后,一方面要求儿童回忆图画中的物体(有意识记),另一方面要求他们回想图画中的颜色(无意识记)。结果发现,有意识记的效果随年龄增长而逐渐提高,无意识记则有相反的发展趋势。若从这两种记忆效果相比较的角度看,年龄越小,差别越小;反之,差别越大。

 案例分享2.1

儿童买货

某实验要求儿童按照要求到"商店"去买皮球、牛奶、铅笔、娃娃、糖果等5样东西。结果3～4岁的孩子走到"商店",就认为他的任务完成了,既没有事先有意识地记住要"买什么",到"商店"时也没努力回忆应该做什么事;4～5岁的孩子来到"商店",能迅速复述要买什么,不过遗忘了也就算了,不再设法回忆;5～6岁的孩子接受任务时,会要求教师把任务交代得慢一点,而且边听嘴里边轻轻重复,如果遗忘了就会请求成人提示。

儿童的有意识记一般发生在学前中期,四五岁时才能观察到。这是由于在这个时期言

语对儿童行为的调节有一定的作用。五六岁的儿童,记忆的有意性有了明显的发展,这是儿童记忆发展过程中重要的质变。这时儿童不仅能努力去识记和回忆所需要的材料,而且能运用一些简单的记忆方法,如自言自语、自我重复等加强记忆。上述情景中大班儿童边听任务边重复,并在遗忘时请求提示,这是很明显的有意记忆的表现。在幼儿园中,教师经常要求小朋友背诵一些简单的儿歌,到了中、大班,要求儿童复述故事,让他们回忆周末去了哪里、做了些什么等,这些都是有利于儿童有意记忆发展的。有意识记最初都是被动的,往往由成人提出识记的任务,如寻找某件东西等,以后儿童才能逐步自己确定识记任务,主动进行记忆。

(四)形象记忆占优势,语词逻辑记忆逐渐发展

知识链接 2-10:
偶发性记忆

在儿童的记忆中,形象记忆占主要地位,他们最容易记住的是那些具体的、有直观形象的材料;其次,易记住那些关于某些事物的名称、事物的形象和行动的语词材料;最难记住的是那些概括性比较高、比较抽象的语词材料。

有人对儿童形象记忆和语词记忆的效果进行了比较研究,让不同年龄的孩子分别识记 10 张画有物体形象的卡片和 10 个词,其结果见表 2-2。

表 2-2 儿童形象记忆与语词记忆的效果比较(一)

年龄/岁	平均再现量		
	物体形象	语词	两种记忆效果比较
3~4	3.9	1.8	2.1∶1
4~5	4.4	3.6	1.2∶1
5~6	5.1	4.3	1.1∶1
6~7	5.6	4.8	1.1∶1

表 2-2 表明,儿童识记物体形象的效果比识记语词的效果好,年龄越小越是如此;另外,儿童形象记忆与语词逻辑记忆的能力都随年龄增长而提高,但是语词记忆发展得更快,表现为两种记忆效果的差别随着年龄增长而逐渐缩小。

为什么儿童形象记忆和语词记忆的效果随年龄的增长而逐渐接近呢?这与儿童两种信号系统的特点及其协同活动的发展有关。随着年龄的增长,在儿童的头脑中,形象和语词都不是单独起作用的,都不是某一个信号系统的孤立活动,而是两个信号系统的共同活动,因而,形象和语词的联系越来越密切。形象记忆和语词记忆的区分也只能是相对的,在形象记忆中,固然是事物生动的形象起主要作用,但标示事物名称的词也起着一定的作用;同样,在语词记忆中,词虽然起主要作用,但词所代表的事物的形象也是重要的记忆材料。所以,随着儿童年龄的增长,两种记忆的效果逐渐接近。

有的研究发现,儿童记忆熟悉的事物和熟悉的词,都比记忆生疏的事物和生疏的词的效果好,见表 2-3。

表 2-3　儿童形象记忆与语词记忆的效果比较(二)

年龄/岁	平均再现量			
	熟悉的物	熟悉的词	生疏的物	生疏的词
4～5	4.3	2.4	1.9	0.1
6～7	6.1	4.0	3.7	2.1

儿童记忆熟悉的事物比生疏的事物效果好,原因在于前者有语词参与。对于熟悉的事物,儿童一般都掌握了它们的名称,因此,在记忆中形象和语词是紧密联系在一起的;同样地,儿童在记忆熟悉的词时,由于他们对这些词所代表的事物往往也是熟悉的,一提到词,它所代表的事物的形象就会呈现在头脑中,成为语词记忆的形象支柱,因此,记忆效果明显优于记忆生疏词。由此,形象与语词的结合,有利于提高记忆效果。

当儿童能够将语词与形象自觉地结合起来的时候,两种记忆已经有点难解难分,孰优孰劣自然也更难判断了。

(五)较多运用机械识记,意义识记效果优于机械识记

机械识记即所谓"死记硬背",它与意义识记的根本区别在于对忆材料的理解程度和组织程度不同。

成人大量地运用意义识记,相比之下,儿童较多运用机械识记。这是因为儿童的知识经验比较贫乏,理解能力较差,缺少可以利用的旧经验去"同化"(吸收)新材料,也不善于发现材料本身的内在联系,因此,常常只能孤立地、机械地去识记,而且,确实能够记住一些根本不理解的东西。

例如,儿童记一则故事,往往是从头到尾逐字逐句地死记硬背;有的儿童不理解数的意义,却能够流利地从 1 数到 100 甚至更多。特别是小班的儿童在这方面的表现尤为突出。他们在学习儿歌、识记歌词时,往往都是凭借儿歌和歌词的音调进行机械的模仿来识记的。

但是,也不能简单地认为儿童只有机械识记而没有意义识记,因此没有必要引导儿童进行意义识记,这是十分错误的。事实上,儿童在识记与自己的经验有关的事物时,常常运用意义识记,而且意义识记的效果比机械识记好得多。许多事实说明,4 岁后的儿童在记忆过程中能够对识记材料进行明显的理解性改造。例如,儿童在复述自己熟悉的故事时,往往不是逐字逐句地死背,而是经常进行着或多或少的逻辑加工,有时用自己熟悉的词代替较生疏的词,有时则可能省略或加入某些情节,或对细节程度进行改动。这说明儿童的意义记忆开始发展。

有这样一个实验:实验者在速示器上依次向儿童呈现一套 10 张不规则图形和另一套 10 张常见物体的图形,如红旗、灯、西瓜等,并事先提出识记要求,事后则要求儿童在 1 分钟内再现。实验结果发现,儿童对自己熟悉和理解的常见物体的图片正确再现的百分数,普遍高于对不熟悉和不规则的图形正确再现的百分数,见表 2-4。

表 2-4　儿童意义识记和机械识记效果比较

年龄		4 岁	5 岁	6 岁	7 岁
正确再现率/(%)	常见物体图形	47	64	72	77
	不规则图形	4	12	26	48

另一类实验发现，儿童识记按类别呈现的单词（如猫、狗、兔、鸡——动物类；苹果、西瓜、葡萄、香蕉——水果类；卡车、电车、飞机、轮船——交通工具类，等等）比随机呈现的单词（属于各种不同类别的词混合在一起，随机排列）效果好。因为按类别呈现，儿童容易发现和理解单词之间的逻辑联系，进行意义识记，因而效果较好。

为什么意义识记比机械识记效果好？首要原因是意义识记使记忆材料相互联系，把原本孤立的小单位组织起来，形成较大的信息单位（记忆组块），从而减少了需要识记的材料的数量。例如，识记"149162536496481100"这个 18 位数，如果机械地记，这是含 18 个单位的信息，如果理解了"这个数是 1 到 10 的平方的循序数列"，那么信息单位立即降低到 1 个。其次，意义识记记住的是可作为回忆线索的关键部分，因此可根据线索进行检索以帮助回忆。

在儿童的记忆活动中，机械记忆和意义记忆并不是相互对立、相互排斥的，而是相互渗透、相互联系的。对于那些生疏的、难理解的材料，儿童机械识记的成分多；而对于那些熟悉的、容易理解的材料，儿童意义识记的成分就多。这要视各种条件以及当时的识记任务而定，所以不能把这两种方法绝对地对立起来。要提高儿童的记忆能力，不能让儿童一味停留在反复背诵上，要帮助儿童理解识记对象，尽量使儿童在理解的基础上识记，以提高记忆的效率。

子任务二　学前儿童记忆能力的培养

记忆力是智力的重要组成部分，人们常用"过目不忘""博闻强识"等与记忆力有关的词形容聪明人。如何根据儿童记忆发展的特点来提高记忆效率，是儿童发展心理学关心的问题，这对于提高儿童教育教学的质量和促进儿童的发展都具有重要的意义。在对儿童的教育实践中，可以从以下几方面来努力。

一、保证活动生动，发挥儿童无意记忆的功能

儿童的记忆以无意识记为主。凡是直观形象又有趣味，能引起儿童强烈情绪体验的事和物，大多数都能使他们自然而然地记住。因此，教师在教学活动中应多为孩子提供一些色彩鲜明、形象具体并富有感染力的识记材料，语言生动有趣，绘声绘色，使教学内容本身成为记忆的对象，引起儿童的情感共鸣，提高记忆效果。

另外，在学习一些抽象的概念和知识时，更应以具体的玩具和教具来协助演示，以一定的形象为支柱，使儿童加深对抽象的词语、概念的记忆，从而提高记忆的效率。例如，学习数字的组成、加减法等知识时，由于教学内容比较抽象，单凭老师语言讲解，儿童是很难理解

的。这时,可结合教具演示、讲解,将抽象的知识寓于具体形象的教具中,这样儿童就能理解,如果再让他们自己亲自动手操作,他们很快就能掌握知识。又如,音乐课上运用图片或实物等教具向儿童解释歌词,能帮助儿童记住歌曲内容,并达到教学目的。其他各领域活动也是如此,恰当地运用多种类型的教具,易使儿童轻松地记忆知识点。

二、明确记忆目的,促进儿童有意记忆的发展

意义识记的发生和发展,是儿童记忆发展过程中最重要的质变。为了培养儿童意义识记的能力,在日常生活和各种有组织的活动中,教师和家长要有意识地向儿童提出具体、明确的识记任务,促进儿童意义识记的发展。

例如,伊斯托米娜的研究(1947)指出:儿童在玩"开商店"游戏时,担任"顾客"的角色,必须记住应购物品的多种名称,角色本身使儿童意识到这种识记任务,因而也就努力去做,记忆效果也有所提高。伊斯托米娜的实验还指出,活动动机对儿童意义记忆的积极性和效果都有很大影响。把儿童带到实验室里,简单地要求他们完成记忆任务,儿童对这种活动缺乏积极性,记忆效果往往比较差。而在游戏中,由于儿童对游戏有浓厚的兴趣,产生了强烈的情绪反应,因而意义识记的数量和质量都超过实验室条件下的有意识记。同时,还发现在完成现实生活的实际任务中,由于儿童的正确识记和回忆都能得到成人或集体的实际强化(肯定、赞扬等),而这种强化在游戏中一般是没有的,所以儿童意义识记的效果甚至可超过游戏的效果,见表2-5。

表2-5 儿童在三种不同动机下意义识记的效果

年龄/岁	实验室实验	游戏	完成实际任务
3~4	0.6	1.0	2.3
4~5	1.5	3.0	3.5
5~6	2.0	3.3	4.0
6~7	2.3	3.8	4.4

注:所用的实验材料是6个词。

实验证明,学前期尤其是儿童初期,如果成人不提出具体的目的任务,儿童是不会主动地记忆什么的,而向儿童提出具体的要求,有利于调动他们记忆的积极性,从而增强记忆效果。值得注意的是,在向儿童提出明确的记忆要求时,对儿童完成记忆任务的情况要给予及时的肯定和赞扬,提高儿童记忆的积极性与主动性。

三、指导理解识记材料,提升儿童意义识记的能力

在学前儿童时期,虽然孩子的机械识记多于意义识记,但意义识记的效果比机械识记的效果好。儿童往往对熟悉的、理解了的事物记得很牢。培养并发展儿童的有意记忆能力是非常重要的,为此就需要用各种方法尽量帮助儿童理解所要识记的材料。在理解的基础上记,在积极思维的过程中记,儿童识记材料就很容易,不仅效果好,也有助于儿童意义识记和

认识能力的提高。例如,用单纯重复跟读的方法教学前儿童背古诗《春晓》,需要三到四节课时间,由于对某些词、句的含义不够理解,儿童在背诵时经常出错。而一位有经验的教师在教儿童背诵前,先把诗的内容绘成美丽的图画,再以故事的形式向儿童讲述诗歌的内容,进而引导他们对诗中的"眠""晓""啼鸟"等进行讨论,结合儿童的生活经验帮助他们理解,结果短短一节课,儿童便顺利地记住了这首诗,而且经久不忘。

四、引导运用多感官参与,提高儿童识记的效果

为了提高儿童记忆的效果,可以采用协调记忆的方法,即在儿童识记时,让多种感觉器官参与活动,在大脑中建立多方面联系,这是加深儿童记忆的一种好方法。实验研究表明,如果让儿童把眼、耳、口、鼻、手等多种感官调动起来,使大脑皮质留下很多"同一意义"的痕迹,并在大脑皮质的视觉区、听觉区、嗅觉区、运动区、语言区等建立起多通道的联系,就一定能提高记忆效果。因此,应指导儿童运用多种感官参加记忆活动。例如,让儿童感受春天,家长和教师应尽量带孩子多看一看、摸一摸、闻一闻、尝一尝,通过多种感官从多方面获得感性认识。

有这样一个实验:同样教一个故事,当采取老师讲、儿童听的办法时,孩子只能记住20%~30%的内容,要完全记住故事内容,需要四五节课的时间;若采取老师讲、孩子听,还跟着动嘴说一说的办法,他们能记住30%~50%的内容,三节课的时间儿童就能记住故事的基本内容;如果采取老师讲,儿童不但听听、说说,并且在感官活动室用手拿活动教具表演的办法(图2-6),他们的记忆内容可达65%~80%,一般只需要两节课的时间,儿童就能较完整地讲述故事。因此,在教学中,调动儿童的各种感官投入记忆活动,可以促进他们记得又快又牢。

图 2-6　学前儿童的多感官互动室

五、帮助合理复习知识,提升儿童回忆的水平

儿童记忆的特点是记得快,忘得快,不易持久。因此,在引导儿童识记时,一定的重复和复习是非常必要的,这不仅是提高儿童记忆效果的重要措施,也是巩固儿童记忆,提高儿童记忆能力的最佳方法。根据遗忘"先快后慢"的规律,教师在教育活动中要帮助儿童及时复习,赶在大量内容遗忘之前将学习内容进行巩固。复习的次数要多,每次复习的间隔要短,以后次数可以逐渐减少,间隔也可以逐渐延长。这样做,可以收到事半功倍的效果。

一般来讲,让孩子复习巩固所学的内容时,不宜采用单调、长时间的反复刺激,应该在孩子情绪稳定时,采用多种有趣的方法进行,如讲故事、念儿歌、猜谜语、表演活动、做游戏以及比赛活动、散步和日常生活活动等,让儿童在活动中对需要记忆的材料进行巩固,否则容易引起儿童大脑疲劳,反而降低复习的效果。另外,内容、性质相似的材料在记忆和复习时要交错进行,避免互相干扰,以便提高儿童记忆的正确性。

六、教会多种记忆方法,激发儿童记忆的潜能

儿童记忆能力的强弱很大程度上取决于记忆方法的运用,教师在引导学前儿童获得各种知识技能的同时,还应该教给他们一些常用的记忆策略,要教会儿童利用甚至创造各种记忆的方法。

(一)归类记忆法

归类记忆法是把许多同类的事物归为一类,将记忆材料整理成为有适当次序的材料系统,这样可以扩大儿童记忆的容量,使材料记得更容易、更牢固。例如,把衬衫、汗衫、长裤、短裙等归类为衣服类,把糖果、饼干、蛋糕等归类为零食类,便容易记忆。

(二)比较记忆法

比较记忆法是对相似而又不同的记忆对象进行比较分析,找出它们的相同点和不同点,用以帮助记忆的方法。例如,引导儿童比较葱和蒜有什么相同点和不同点;在幼儿园数学活动中,引导学生将对数字"6"与数字"9"的记忆结合起来,记忆效果较好。

(三)整体记忆和部分记忆

整体记忆是将材料整体一遍遍地进行记忆,直到完全记住为止。部分记忆是将材料分成几个部分,一部分一部分记,最后合成整体记忆。如果材料数量不多,一般用整体记忆的方法;当材料较多或学前儿童运用已有的知识经验难以理解时,应用部分记忆效果好,通常最好的方法是两种方法并用。如在儿童进行故事复述时,先让其进行整体感知,然后着重强调故事对话较多或难度较大的部分,进行分步骤复述,最后全部复述,直到熟练流畅。

(四)联想记忆法

联想记忆法是利用事物间的联系,通过联想进行记忆的方法。有老师在给儿童讲解"国家"和"世界"这两个抽象的概念时,就采用空间上的接近联想的方法,从我们住的地方讲起:"左邻右舍住的　长排房了叫作胡同或街道,许多街道合起来就叫作区,许多区合起来叫作县或市,许多县和市合起来就是省,许多省合起来就叫作国家,各个国家都合在一起叫作世界。"

(五)歌诀记忆法

歌诀记忆法就是把要记忆的内容编成歌谣或歌诀进行记忆。据说,曾经有位私塾先生每天要学生背诵圆周率,从小数点后几位开始一直到了22位,把那些学生折腾得苦不堪言。不过忽然有一天先生发现那些学生都不怕背圆周率了,每个学生都倒背如流,原来那些学生竟然把圆周率变成了一首讥讽先生的打油诗。打油诗是这样的——"山巅一寺一壶酒,尔乐苦煞吾,把酒吃,酒杀尔,杀不死,乐尔乐",正好对应 3.14159,26535,897,932,384,626。在幼儿园活动中,幼儿教师也可以采用这种方法加强儿童的记忆,如在教他们认识数字时,幼

儿园就编了这样的数字歌:"1像铅笔细又长,2像小鸭水中游,3像耳朵听声音,4像小旗迎风飘,5像衣钩挂衣帽……"

总之,儿童记忆力的培养是需要循序渐进的,我们要引导孩子,让他们学会有效的记忆方法,促使他们去探索、交流,以达到提高记忆力的目的。只要我们做有心人,积极开发儿童的记忆力,儿童的记忆力就会迅速发展到一个新的水平。

知识链接 2-11:自传体记忆

任务实施

一、任务描述

通过测验相似材料对儿童记忆印象的干扰程度,了解儿童记忆的精确性。

二、实施流程

(1)测验内容:"哪些东西是看过的"。

(2)测验准备:2套儿童熟悉的10张物体形象小卡片。例如,小鸡、毛巾、苹果、铅笔等。

(3)测验步骤:

①取一套卡片逐一呈现给儿童(每张3秒,总计半分钟)。(指导语:现在我要给你看一些小图片,你要看清上面画的是什么,记在头脑中。)

②混合两套卡片,让儿童选出刚才看过的图片。不计时,选出10张为止。(指导语:这些图片中哪些是你刚才看过的?请你把它们挑出来。)

三、任务考核

该项任务考核标准是:计算挑选出的图片的正确率,根据正确率评定等级,正确率80%以上为好,50%~80%为中,50%以下为差。

情境解析

朵朵能记得半年前喂孔雀的场景而忘记两个月前背过的诗词,可能是因为记忆的保持和遗忘是受到多个因素的影响。喂孔雀的情景可能给朵朵带来了积极的情感体验,例如新奇、有趣或者愉悦,这些情感体验可以增强记忆的保持。而诗词背诵可能在朵朵的记忆中没有产生强烈的情感体验,因此容易被遗忘。其次,如果朵朵在背诵诗词后没有进行反复的巩固和复习,就容易遗忘。而喂孔雀的情景可能是一个独特而难忘的经历,因此在朵朵的记忆中保持得更久。此外,记忆的相关性也可能影响记忆的保持。如果朵朵在两个月后没有再次与诗词相关的信息进行接触和回忆,就容易淡忘。而喂孔雀的情景可能在朵朵的日常生活中得到过重复的提醒,因此在她的记忆中保持得更久。

> 书证融通

技能4 活动设计：我的记忆宝盒

一、活动目标

(1)帮助学前儿童认识和理解记忆的概念。
(2)培养学前儿童观察和记忆的能力。
(3)提高学前儿童的语言表达能力和合作意识。
(4)增强学前儿童对个人经历和回忆的重视和珍惜。

二、活动准备

(1)一个大型记忆宝盒(可以是一个装饰的盒子或一个特制的展示板)。
(2)一些图片、物品或卡片，代表学前儿童的个人经历和回忆，如家庭照片、玩具、特殊的礼物等。

三、活动过程

(1)引导学前儿童坐好，向他们介绍记忆的概念，并与他们分享一个自己的特殊回忆故事，鼓励学前儿童分享自己的回忆或经历。
(2)展示记忆宝盒，并解释它是用来保存学前儿童的回忆和经历的。鼓励学前儿童将自己的回忆物品带到活动中，放入记忆宝盒中。
(3)依次邀请学前儿童上前展示带来的回忆物品，并鼓励他讲述与物品相关的故事或经历。其他学前儿童可以提问或分享自己的观点。
(4)在每个学前儿童分享完后，引导全体学前儿童一起回顾和总结这些回忆，鼓励他们提出问题、分享自己的想法和观点。
(5)鼓励学前儿童用绘画、手工或书写等方式，记录自己的回忆和经历。可以组织他们制作个人回忆相册或绘画作品。
(6)在活动结束时，邀请学前儿童一起将记忆宝盒放回原位，并鼓励他们珍惜自己的回忆和经历。

四、活动延伸

组织学前儿童与家长一起制作家庭相册或家庭记忆盒，让他们一起回顾和分享家庭的美好回忆。

任务评价

一、达标测试

(一)最佳选择题

1. 在不理解的情况下,儿童也能熟练地背诵古诗,这是( )。
   A. 意义记忆　　　　　B. 理解记忆　　　　　C. 机械记忆
   D. 逻辑记忆　　　　　E. 形象记忆

2. 最能体现儿童记忆发展中质的飞跃的方面是( )。
   A. 无意记忆的发展　　B. 有意记忆的发展　　C. 机械记忆的发展
   D. 意义记忆的发展　　E. 时间记忆的发展

3. 儿童机械记忆和意义记忆效果的比较,是( )。
   A. 机械记忆效果好　　B. 意义记忆效果好　　C. 两者都在发展
   D. 两者不可比较　　　E. 都差不多

(二)是非题

4. 根据材料的意义和逻辑关系,运用有关经验进行的记忆是机械记忆。( )

5. 儿童看到小猫,想起听过的《小猫钓鱼》的故事,这是记忆现象中的再认。( )

二、自我评价

记忆是人脑对经历过的事物的反映,经历过的事物都会在头脑中留下痕迹,并在一定条件下呈现出来,这就是记忆。通过学习本任务(表2-6),学习者能对学前儿童记忆发展有一个较为完整的了解,并能运用科学的方法进行研究和学习,从而初步具备相应的知识、能力和素质。

表2-6　任务学习自我检测单

姓名:	班级:	学号:	
任务分析	学前儿童记忆发展		
任务实施	学前儿童记忆的发展		
	学前儿童记忆能力的培养		
任务小结			

任务三　学前儿童想象发展

任务情境

2岁的珊珊在一次家庭聚餐中看到大人们端酒碰杯觉得很好玩,就拿着自己的小水杯跑到大人的饭桌前,说:"干杯!"随即假装喝水。这时,大人们发现她的水杯是空的,可是她依然"喝"得很起劲,逗得大家哄堂大笑。

4岁女孩悠悠的妈妈说:"一天,孩子正在看《西游记》,我说看完这集后带她去洗澡,结果她头也不回地对我说:'妈妈,我不能和你一起洗澡,我还要和我的师父去西天取经呢!'我一和她急的时候,她就说:'俺老孙有金箍棒,我怕谁?'您说她是不是有些颠三倒四?"

问题:为何珊珊和悠悠会出现这种情况?

任务目标

知识目标
1. 了解想象的概念、作用与种类。
2. 熟悉儿童想象的发展特点。

能力目标
1. 观察和描述儿童的想象行为,如幻想、角色扮演和创造性表达等。
2. 分析和解释儿童想象发展的过程和特点。
3. 设计和实施适合儿童的想象发展活动,如戏剧游戏、绘画创作和故事编写等。

素质目标
1. 培养儿童的创造力和想象力,激发他们的创新思维和艺术表达能力。
2. 培养儿童的合作和沟通能力,提高他们与他人合作和交流的能力。
3. 培养儿童的自信心和自我认同,促进他们的个性发展和自我实现。
4. 能养成求真务实的科学研究精神,坚定文化自信。

任务分析

子任务一　学前儿童想象的发展

一、想象的概念与作用

(一)想象的概念

想象是对头脑中已有的表象进行加工改造而形成新形象的心理过程,是一种高级的认知活动。例如,让儿童以"○"为基础图像,在上面进行创作,则可以画成太阳、苹果、棒棒糖等图像。

想象中的形象似乎是我们从未感知过的,有些甚至是现实生活中根本不存在的。例如,《西游记》中的孙悟空、猪八戒,《聊斋志异》中的狐仙等都是客观现实中根本不存在的形象,但是这些形象我们可以在生活中找到原型,如孙悟空的灵感来源于猴子,猪八戒的灵感来源于猪等。可见人们通常是根据自己的感知经验,即记忆表象进行想象的。从这个意义上看,想象归根结底还是对客观现实的反映。

知识链接 2-12：
儿童奇幻想象绘本

(二)想象的作用

1. 想象在儿童的学习、游戏等实践活动中的重要意义

人们在认识客观事物的过程中,可以通过直接感知获得对事物的认识,但人不可能事事都去亲自实践,因此就有必要通过他人的描述间接地获得对客观事物的认识。人们在获取间接认识的过程中,没有想象是无法构建出新形象、新知识的。想象在儿童学习活动中可以帮助儿童掌握抽象的概念,理解较为复杂的知识,创造性地完成学习任务。如在学习数的组成概念时,教师可以运用直观的语言激发儿童的想象,让儿童通过实物获得表象。如"5可以分成3和2",通过语言的刺激,让儿童头脑中出现5个苹果分成3个和2个的分法,从而理解抽象的数的组成概念。

儿童的主要活动是游戏。在游戏中,儿童的想象起着极为重要的作用。在角色游戏中,角色的扮演、材料的使用、游戏的整个过程等都要依靠儿童的想象过程。如在"娃娃家"游戏中,爸爸妈妈使用纱布做成的包子、馒头,木棍代替的菜勺,炒菜、做饭、带孩子看病的活动,都是经过儿童假想而成的。如果没有想象,这种"虚构的"活动便无法开展。想象在儿童的游戏活动中起关键的作用,通过各种方法激发儿童的想象力,可以促进儿童游戏水平的提高。

2. 想象的发展是儿童创造思维发展的核心

对于儿童来说,创造思维的核心就是想象。我们评价儿童创造思维的水平也主要是从想象的水平出发的。丰富的想象是学前儿童创造思维的表现,如儿童画《月亮上荡秋千》和《我们生活的星球》(图2-7和图2-8)就充满了丰富的想象,因此才可能获得很高的评价。既然想象是儿童创造思维的核心,就应该充分发展儿童的想象力,从而更好地促进儿童心理的发展。

图 2-7 《月亮上荡秋千》　　　　图 2-8 《我们生活的星球》

3. 想象是维持儿童心理健康的重要手段

在儿童的日常生活中,我们常常可以看到这样的想象活动。比如,打针时,有的孩子一边卷衣袖一边大声宣称:"我是警察,我不怕打针!"明明一个人在玩,口中却念念有词:"宝宝别藏了,我已经看见你了!快过来看我的画!……你真的喜欢吗?我再画一张给你好不

好?"这类想象与儿童的情绪情感关系密切,故而称为情感性想象。仔细分析一下,前例中的想象是一种"自居"作用,后例则是一种特殊的游戏——假想的角色游戏,它们尽管表现形式不同,但在发挥着一个共同的功能——满足儿童的情感需要。

假想的同伴以及由此开展的角色游戏,使儿童暂时忘却孤独以及现实生活中的其他烦恼,自得其乐。当然,不仅是假想的角色游戏和"自居"具有上述作用,一切具有明显的情绪色彩的想象活动,如自由绘画、即兴表演等,都可以满足孩子的情感需要,维持其心理健康。

二、想象的种类

根据想象有意性、目的性的程度不同,可以将想象分为有意想象和无意想象。

(一)有意想象

有意想象也叫随意想象,是指按一定的目的,自觉进行的想象。人们在实践活动中为了实现某个目标、完成某项任务所进行的想象都属于有意想象。例如,作家创作小说、建筑师设计楼房等都是有意想象。

根据想象内容的新颖性、独特性和创造性的不同,有意想象又可分为再造想象和创造想象。

1. 再造想象

再造想象是根据语言的表述或图样、图纸、符号等的示意,在头脑中形成相应的新形象的想象过程。例如,没有领略过北国冬日的人们,通过诵读某些描写北国冬日风光的文章,可在脑海中形成北国风光的情境。再造想象有一定的创造性,但其创造性的水平较低。

2. 创造想象

创造想象是根据一定的目的、任务,但不依靠别人的描述而独立地创造出新形象的心理过程。例如,文学家塑造的新的人物形象、科学家的发明创造等,都是创造想象。创造想象具有首创性、独立性和新颖性等特点,它比再造想象更加复杂、更困难。

 案例分享 2-2

游戏打开了科学的大门

1609年,荷兰一家眼镜店老板汉斯的孩子,悄悄地拿了几块镜片,有老视的,也有近视的,和邻居孩子玩耍。有一个淘气的孩子,想了一个"异想天开"的游戏,他一只手拿着近视镜片,另一只手拿着老视镜片,把它们一前一后举在眼前向远处一望,不由得惊喜地发现,教堂的尖塔突然变得那么近啦!老板赶来一看,孩子们真是了不起,他们在游戏中竟发现了一种可以望远的透镜。汉斯就照着这个方法做了一架望远镜。后来望远镜传到意大利,伽利略就设计了一架天文望远镜,用来观察天上的星星,把人类的视线从地面转到了天上,从此为人类打开了宇宙的大门。

人们幼年时期许多美好的想象就像一粒粒种子,如果得到精心呵护,到成年的时候就能在自己的努力下长成参天大树。家长、幼儿教师应当鼓励、启发孩子大胆想象,并且常对孩子的想象给予赞叹,并以科学的视角引导孩子进一步想象。

(二)无意想象

无意想象也叫不随意想象,是指没有预定目的,在某种刺激作用下,不由自主地想象某种事物的过程。例如,看到地上茫茫的白雪,会不由自主地想到雪白的棉花、松散的白糖或其他物体。

梦是无意想象的典型形式,是人们在睡眠状态下,一种漫无目的、不由自主的奇异的想象。从梦境的内容看,它是过去经验的奇特组合。

三、学前儿童想象的发展特点

儿童最初的想象,可以说是记忆材料的简单迁移,具有记忆表象在新情景下的复活、简单的相似联想、没有情节的组合等特点。

2岁以后,儿童的想象得到了较大的发展,我们经常可以在儿童的绘画作品、语言交流中发现孩子们的天马行空,这是他们的想象显著发展的时期。此时,儿童想象发展的一般趋势是从简单的自由联想向创造性想象发展,具体表现在:从想象的无意性发展到开始出现有意性;从想象的单纯再造性发展到出现创造性;从想象的极大夸张性发展到合乎现实的逻辑性。

(一)无意想象为主,有意想象初步开始发展

在儿童的想象中,无意想象占主要地位,有意想象在教育的影响下逐渐发展。儿童想象的无意性主要体现在以下几个方面。

1. 想象无预定目的,由外界刺激直接引起

儿童的想象常常没有自己预定的目的,在游戏中的想象往往随玩具的出现而产生。如:看见小碗小勺,就想象喂娃娃吃饭;看见小汽车,就要玩开汽车;看见书包,又想象去当小学生。如果没有玩具,儿童可能呆呆地坐着或站着,难以进行想象活动。

2. 想象的主题不稳定

儿童想象进行的过程往往也受外界事物的直接影响,因此,想象的方向常常随外界刺激的变化而变化,想象的主题容易改变。例如:在游戏中,儿童一会儿喜欢玩这个,一会儿喜欢玩那个;绘画时主题也不稳定,刚说画一个红苹果,马上又画成一个人头了;正在用积木搭造某建筑物的儿童,见别的伙伴在用积塑片做皇冠,他便立即推倒正在搭建的建筑,玩起了积塑片。

3. 想象的内容零散、无系统

由于想象没有预定目的,主题不稳定,因此儿童想象的内容是零散的,所想象的形象之间不存在有机的联系。儿童绘画常常有这种情况,儿童会把他感兴趣的东西都画下来,画了"小人",又画"螃蟹";先画了"海船",然后又画了一把"牙刷",显然是一串无系统的自由联想。

4. 以想象的过程为满足

儿童的想象往往不追求达到一定目的,而只满足于想象进行的过程。儿童在绘画过程中的想象常常如此,儿童常常在一张纸上画了一样又画一样,直到把整张纸画满为止,甚至最后把所画的东西涂满黑色,自己口中念念有词,感到极大的满足。儿童在游戏中的想象更是如此,游戏的特点是不要求创造任何成果,只满足于游戏活动的过程,这也是儿童想象活动的特点。上述情景中的壮壮就是因为满足于想象的过程,才每天晚上都听《神奇校车》的。例如,听故事,大班儿童对听过的故事不感兴趣,而小班儿童则不然,他们对《小兔乖乖》《拔萝卜》等故事百听不厌。到了大班,儿童不仅仅满足于想象的过程,开始追求想象的结果。

案例分享 2-3

壮壮是小班的孩子,快4岁了,妈妈给他买了套《神奇校车》的漫画书,每天临睡前给他讲漫画里的故事,每次读到故事主人公坐上神奇的校车开始惊险刺激的旅行时,壮壮都激动不已。这套书里的故事壮壮听了一遍又一遍,每次都是同样激动的表情,弄得妈妈迷惑不解:"每天都是同样的故事,至于乐呵成这样吗?"

5. 想象受情绪和兴趣的影响

儿童的想象不仅容易被外界刺激所左右,也容易受自己的情绪和兴趣的影响。情绪高涨时,儿童想象就活跃,不断出现新的想象结果。比如,"老鹰捉小鸡"本应以小鸡被老鹰捉住而告终,可孩子们同情小鸡,又产生这样的想象:让鸡妈妈和鸡爸爸赶来,把老鹰啄跑,救回小鸡。

有意想象是在无意想象的基础上发展起来的。有意想象在儿童期开始萌芽,儿童晚期有了比较明显的表现。这种表现是:在活动中出现了有目的、有主题的想象;想象的主题逐渐稳定;为了实现主题,能够克服一定的困难。但总的来说,儿童有意想象的水平还是很低的。儿童的有意想象是需要培养的。成人可以提出一些简单的任务,让儿童为了完成这一任务而积极想象。例如,按主题讲故事和创编故事结尾,就是发展有意想象和创造性想象的好方法。

(二)再造想象占主要地位,创造想象开始发展

再造想象和创造想象是根据想象产生过程的独立性和想象内容的新颖性而区分的。一般来说,儿童最初的想象的再造成分很大,创造性成分很小,具体表现为以下几点。

1. 儿童的想象常依赖于成人的语言描述,并时常根据外界情景而变化

这一方面反映了儿童想象具有很大的无意性,同时也说明他们的想象以再造想象为主,缺乏独立性。如果教师不提示,小的孩子常常不能独立展开想象,进行游戏。但一般来说,想象在游戏中比较容易展开,因为游戏有可供操作的游戏材料,玩具的具体形象可以起到引发儿童想象的作用,符合儿童再造想象的特点。

2. 儿童的想象多半是对记忆表象的简单加工

儿童的想象常常是在外界刺激的直接影响下产生的,他们常常无目的地摆弄物体,改变着它的形状,当改变的形状正巧符合他们头脑中的某种表象时,他们才能把它想象成某种物体。另外,儿童想象很大程度上表现出复制性和模仿性。如孩子看到布娃娃,随手抓起并做出喂娃娃吃东西和哄娃娃睡觉的动作。实际上这是模仿妈妈的动作,是离不开他的生活经验的。因此,可以说,小班儿童的再造想象是以复制式再造想象为主的,这是较低发展水平的想象,独立性和创造性较少。

随着儿童知识经验的丰富和抽象概括能力的提高,他们的再造想象中逐渐出现了一些创造性的因素,儿童开始能够独立地去进行想象,虽然想象的内容还带有浓厚的再现性质,但其中也具有一些独立创造的成分,具有一定的新异性。如一位6岁儿童画的未来的交通工具是汽车顶上安有螺旋桨,就是对汽车和直升机的表象进行加工、改造形成的新形象。孩子自己解释为:去外地外婆家,就让它"飞"起来,到那个城市后,就降落到公路上,去外婆家的速度就快了。飞机、汽车是大家头脑中都有的形象,儿童把这些形象进行了新的组合加工,就形成了有一定独创性的画面。

另外,编故事和创造性绘画也是儿童创造性的表现。有的儿童能把过去听过的故事以及他生活经验中的各种事物加以分析、改造,编成新的故事;看图说话时,能说出和主题有关但画面上没有表现出来的情节;绘画时,不少儿童,尤其是大班儿童,能够完全不按老师的范例去画。通过良好的早期教育和训练,儿童的创造性可以达到相当高的水平。

3. 想象常常脱离现实,或者与现实相混淆

想象常常脱离现实或者与现实相混淆,这是儿童想象的一个突出特点。

知识链接2-13:
别剪掉天使的翅膀

儿童想象脱离现实主要表现为想象具有夸张性。儿童非常喜欢听童话故事,就是因为童话中有许多夸张的成分。儿童自己讲述事情,也喜欢用夸张的说法。如"我家来的大哥哥力气可大了,天下第一!"等,至于这些说法是否符合实际,儿童是不太关心的。由于认知水平尚处于感性认识占优势的阶段,因此儿童往往抓不住事物的本质。比如,儿童的绘画有很大的夸张性,如儿童画人时,常常不画人的鼻子、耳朵,只画上一双大眼睛,还有一排大大的扣子或一个大肚脐;把蝴蝶画得和小朋友一样大。

儿童的想象常常脱离现实,又常与现实相混淆,表现在以下三方面。

(1)儿童常常把自己渴望得到的东西说成已经得到。例如,儿童看到别人有漂亮的娃娃或玩具,他会说"我也有",可事实不是如此。

(2)把希望发生的事情当成已经发生的事情来描述。例如,一个孩子的妈妈生病住院,儿童很想去看妈妈,但是大人不允许。过了两天,儿童告诉老师:"我到医院去看妈妈了。"实际上并没有这么一回事。

(3)在参加游戏或欣赏文艺作品时,往往身临其境,把自己当作游戏中的角色,产生同样的情绪反应。例如,儿童看动画片《猫和老鼠》,总是为老鼠的逃脱而欢呼雀跃。

整个儿童期,儿童的想象是以无意想象为主,有意想象开始发展;以再造想象为主,创造

想象开始发展;同时想象还会和现实混淆。他们想象活跃,富于幻想,而且很大胆。但是,儿童的知识经验和语言水平都远不如成人,且表现的丰富性和准确性都比成人差,思维发展水平也不如成人,所以儿童想象的有意性、协调性、丰富性和创造性都不会超过成人。成人要特别注意,不要把儿童谈话中所提出的一切与事实不符的话,都简单地归之为"说谎",并予以严厉的责备。成人在理解了孩子想象的这些特点以后,要深入地了解,弄清真相。成人要小心呵护孩子的想象,孩子想象中的荒诞、不符合常情有时候恰恰是最有价值的,许多创造常常由此而来。假如出现想象的混淆,应在实际生活中耐心指导,帮助儿童分清什么是假想的,什么是真实的,从而促进儿童想象的发展。

子任务二　学前儿童想象能力的培养

想象力是一切发明创造的基础。爱因斯坦说:"想象力比知识更重要,因为知识是有限的,而想象力概括着世界的一切,推动着进步,并且是知识进化的源泉。严格地说,想象力是科学研究中的实在因素。"因为有了大胆的想象,科学才不断发展,才不断有新产品的出现。在科技日益发展的今天,在儿童教育实践中,如何培养儿童的想象力和创造性,已经成为教育中一个极为重要的课题。

一、丰富儿童的表象,扩大儿童的视野,丰富儿童的感性知识和生活经验

想象是在对头脑中原有表象加工改造的基础上形成的,也就是说,表象是想象的原材料。换句话说,想象的内容是否新颖,想象的发展水平如何,取决于原有的表象是否丰富。如在一次谈话活动中,当说到外出游玩,路上堵车了可以怎么办时,有的孩子说坐飞机,有的说坐飞艇,有的说坐地铁,还有的儿童说用任意门或用扫把,就可以像哈利·波特一样飞起来,想去哪儿就去哪儿,有的孩子还用手中的笔把自己的想法表现出来。儿童只有在电视里见过这样的画面才会产生这样的想象,可见,儿童的感性知识和生活经验对他们想象的发展是非常重要的,儿童的生活经历不同,想象的内容也有区别。

积累知识经验,是儿童想象力发展的基础。陈鹤琴先生(图2-9)认为,"大自然、大社会是我们的活教材"。他主张让孩子"多到大自然中去直接学习,获取直接的体验",让大自然启发孩子的想象力。因此,幼儿教师应常常带孩子走出活动室,看看美丽的花朵、摸摸大树、观察小动物等,这样孩子的兴趣一下子就会被激活,想象也就随之迸发。例如,引导大班儿童画"一片树林"时,就可以请孩子们到户外观察各种各样的树木,然后请儿童自由讲述他们看到了一些什么样的树,树干、树枝、树叶各是什么样子的。教师还可以通过幻灯片、照片等各种各样的手段去总结归纳,并与几何图形、夸张变形等

图2-9　陈鹤琴

相联系,鼓励儿童按自己的想象创造出一幅关于树林的作品。结果教师将会发现,孩子们画出了千奇百怪的树木。在此基础上,教师可以再请孩子在自己画的这片树林里进行添画,孩子们会更加兴致勃勃。不光树可以是我们不常见到的,动态的情景也可以是儿童通过自己的想象画出来的。可见,亲近大自然不仅能使儿童增添知识和经验,也可以促进其智慧的发展,丰富孩子们的整个精神世界。所以,在实际工作中,要指导儿童去感知客观世界,使其置身于大自然中,多让他们去听、去看、去触摸、去模仿、去观察,还可以通过参观、旅游等活动开阔儿童的视野,使其不断积累感性知识,丰富他们的生活经验,增加表象内容,为儿童的想象增加素材。

二、发展儿童的语言表现力,促进想象力的提高

儿童想象力的发展离不开语言活动。想象是大脑对客观世界的反映,需要经过分析综合的复杂过程,这一过程和语言思维的关系是非常密切的。通过语言,儿童得到间接知识,丰富想象的内容;通过语言,儿童可以自由表达自己的想象,而语言水平更直接影响想象的发展。儿童在表达自己想象的内容时,能进一步激发起想象活动,使想象内容更加丰富,因此,教师在丰富儿童表象的同时,要发展儿童的语言表达能力。如:在看图讲述时,可以让儿童在认真观察的前提下,丰富感性经验,展开自由联想,将所见内容用语言表述出来;在科学活动中,鼓励儿童用丰富、正确、清晰、生动形象的语言来描述现象和事物,还可以让儿童描述在大自然中看到的事物。

三、在文学艺术等活动中,创造儿童想象力发展的条件

幼儿园开展的一系列文学艺术活动都有助于儿童想象力的培养。

首先,通过故事续编、仿编诗歌、适时停止故事讲述等形式,鼓励儿童大胆想象,并用语言表述自己的想象,让他们在活动中体验创造的自豪和快乐,发展儿童创造性想象,培养爱动脑筋的习惯。语言活动中,通过学习故事、诗歌等可以丰富儿童再造性想象,激发儿童广泛的联想。比如在学习故事《小鼹鼠要回家》时,小鼹鼠在外面蹦蹦跳跳地玩,迷路了,怎么办呢?教师可以通过诱导启发式的提问,开阔儿童的想象,儿童会争先恐后地为小鼹鼠想办法。有的说:"小鼹鼠可以找警察叔叔啊!"有的说:"小鼹鼠可以拨打'110'啊!"有的说:"打辆出租车吧!"有的说:"雷锋叔叔就爱送迷路的孩子回家。"儿童们各抒己见,展开了丰富的想象,想象力也就得到不同程度的发展。

其次,美术活动更为儿童的想象插上理想的翅膀。特别是意愿画,让儿童无拘无束地发挥想象力,构思出奇特、新颖的作品。教学过程中教师要激发儿童的灵感,鼓励儿童大胆作画,让他们充分发挥自己的想象力创造出优秀的作品。比如画意愿画《梦》,有个小朋友画上了月亮和星星,并且画的月亮有个大缺口。看到月亮不像月亮,星星没有棱角,老师就问:"你怎么把月亮画成这样子啊?能告诉老师是为什么吗?"小朋友受到鼓励,表达了自己的想象:"我奶奶说,天狗吃月亮,这不是刚好从这儿咬了一口嘛。"小朋友边说边得意地指着缺口。老师恍然大悟,及时表扬了这个孩子,并给孩子讲述了月食的形成过程。

最后,音乐和舞蹈活动也是培养儿童想象力的重要手段。在音乐、舞蹈活动中,儿童可以通过感知、想象,理解所塑造的艺术形象,然后运用自己的创造性思维表达艺术形象。比如,音乐欣赏时老师放一段音乐,让儿童去听、去想、去思考,当教师播放情绪激昂的进行曲时,孩子们会雄赳赳气昂昂地大踏步前进,还说自己是小海军等;当播放一段轻音乐时,孩子们会很安静,有的说:"老师,我做了个梦,梦见自己变成了蝴蝶,在花丛中飞啊飞啊,我好美啊!"在优美的音乐中,儿童兴奋愉快,想象力得到发挥。所以说,音乐和舞蹈活动也为儿童提供了想象的空间,培养了儿童的想象力。

四、提供充分的玩具材料,通过游戏活动发展儿童的想象力

在游戏过程中,儿童可以通过扮演各种角色,发展游戏情节,展开自己的想象。比如他们在某次游戏中模仿成人生活,合理利用瓶盖、筷子等废旧材料,再用橡皮泥做成"鱼""土豆""鸡蛋",将绿纸和白纸粘起来当作"白菜",把橘子皮、番茄加工成一条一条新鲜的"猪肉"。在游戏中扮演营业员和顾客,用丰富的想象力煞有其事地做"买卖"。有的儿童把柜子下面的抽屉拿出来,坐在抽屉里,对老师说他要坐船,老师递给他一根"划船"用的棍子,他立刻把棍子当作桨,愉快地划起船来,一会儿又和别的孩子玩医生和病人的游戏……儿童在这样的游戏过程中,自然地置身于自己的想象中。

另外,游戏的过程中,玩具的作用也不可忽视。玩具为儿童的想象活动提供了物质基础,能引起大脑皮层旧的暂时联系的复活和接通,使想象处于积极状态。玩具容易使过去的经验再现,使儿童触景生情,从而展开各种联想,有时儿童可以长时间地沉湎于自己的玩具想象中。如拼图玩具、拆装玩具等,凡儿童自己动手玩的,他们大都可以想出多种玩法。例如,给孩子一个火箭玩具,孩子就会回忆起他看过的电影和动画片,参观科技馆见过的模型火箭,图画书中的火箭形象,想象自己坐飞船、上月球的图像;再如,儿童抱着布娃娃做游戏时,会把自己想象成"爸爸"或者"妈妈",还会自言自语地说"娃娃不哭,妈妈抱抱,娃娃睡觉"等。这些有趣的游戏,能够促使儿童想象活跃,促进儿童想象力的发展。

五、创设问题情境,训练儿童的发散思维,鼓励儿童讨论并自主解决问题

教师组织的活动能否成为儿童的问题情境,这与问题的选择有很大的关系。如果问题非常容易,儿童不假思索就能解答,那么这个问题就不能引起他们的思考活动,因而也就不能成为问题情境。但如果问题太难,超出儿童的理解范围,让儿童弄不明白问题到底是什么意思,也不能引起他们的思考,因而也不是儿童想象的问题情境。因此,为了发展儿童的想象,教师所组织的活动一定要符合儿童的实际水平,符合他们的思维特点。教师可经常创设一些开放式的问题向儿童发问,多和孩子一起从多个角度探讨问题。如在故事活动"小螃蟹找工作"中,儿童在对螃蟹的特征有了一定的了解之后,老师提问:"小朋友,小螃蟹适合什么样的工作呢?"因为这个问题没有固定的答案,也符合儿童的认知水平,所以孩子们回答得很积极。有的说小螃蟹有两个大钳子,可以干搬运工;有的说螃蟹在水里游,可以当渡船,等等。

教师还可以适时组织小组讨论。小组讨论的内容要选择儿童不太了解却非常感兴趣的内容,使儿童表达自己不同的感受和独特见解,促进儿童间相互学习、相互启发、取长补短,促进他们想象力、创造力的充分发挥。教师是小组讨论的组织者、引导者。教师要为儿童创设宽松、友好的氛围,特别是要包容儿童在讨论过程中的不当之处甚至错误,从而形成一种让儿童愿意想问题、敢于表达自己想法的氛围。

六、在日常生活中引导儿童进行想象

日常生活中想象力的培养,是教育活动形式的必要补充和延伸。实际上,给孩子更多自由选择的想象空间,对拓展他们的想象力很有帮助。因此,应该利用一切机会为儿童创设想象的有利环境,充分利用在园的一日生活环节,全方位、多角度地为他们提供丰富而宽松的空间,鼓励儿童大胆想象,从而使其得到更好的发展。另外,教师要指导家长在日常生活中创设良好的想象环境。例如,跟孩子一起玩有丰富想象力的游戏;多带孩子接触外面的世界,使孩子见多识广,获得并积累丰富的想象素材;让孩子设计布置自己的房间;多和孩子一起从多个角度探讨问题,多用开放式问题向孩子发问,给孩子提供更多发表自己想法的机会;开发儿童想象力的同时,训练孩子的语言能力;尽量给孩子买有多种玩法的玩具,并鼓励孩子自己发明更多新的玩法。

值得注意的是,当孩子向你讲述他的想法时,无论听起来多么滑稽可笑,甚至荒谬,也不要笑话他。要认真倾听,然后用平等的姿态说出你的观点,不求说服孩子,重在引发他的进一步思考和探索。如果家长们和幼儿园携手,积极为孩子营造自由想象的空间,那么他们必将成为极具创新意识的一代。

总之,儿童想象力的培养很重要,关系到孩子今后的发展。因此,在实际工作中,我们要创造各种条件,通过各种方式,调动孩子想象的积极性,充分发挥其想象力。

知识链接 2-14:
森林幼儿园

一、任务描述

了解并分析儿童想象的特点。

二、实施流程

(1)观察目的:了解并分析儿童想象的特点。

(2)观察对象:龙龙,4 岁半。

(3)观察地点:长沙烈士公园。

(4)观察记录:星期天,妈妈带着龙龙去逛公园。突然,龙龙被不远处的场景吸引住了,那是龙龙最喜欢的动物之一——恐龙的仿真场景。可当龙龙走近时,发现其中的一只"恐龙"奄奄一息地躺在地上,身上有一个很大的"伤口",并流了很多的"血"。龙龙伤心地哭了起来,并对妈妈说:"妈妈,我们救救它吧。"妈妈将龙龙带到"受伤"恐龙的身边并告诉他:"你看,这是假的,它的身体是用钢丝搭成的,然后裹着一层防雨布,血是用涂料染上的。"可是龙龙就是不听,也不相信,还是哭个不停。回家后,龙龙一晚都没有睡好觉。第二天,在幼儿园里,他告诉小朋友:"昨天,我看到了真的恐龙,它好可怜,病那么重了也没有人救它。"有的儿童说:"你在说谎,地球上已经没有恐龙了。"

三、任务考核

该项任务的考核包含对龙龙该行为的理论和实践分析内容,每个内容分别计50分,满分为100分。

情境解析

珊珊在家庭聚餐中模仿大人们端酒碰杯,并且假装喝水的行为,可能是因为她正在经历语言和社交发展的阶段,通过观察和模仿大人们的行为来学习和探索世界。

在这个年龄段,儿童会观察并模仿大人的行为,这是他们学习和发展的一种方式。珊珊看到大人们端酒碰杯,可能觉得这是一种有趣的活动,她想加入其中并展示自己的行为。此外,珊珊说"干杯",可能是在模仿大人们在聚餐中的对话,她可能还没有完全理解其中的含义,但她通过模仿来表达自己的参与和兴趣。

悠悠在看《西游记》后说出与情境不符的台词,也是孩子在语言和社交发展中的一种表现。在这个年龄段,孩子开始使用想象力和角色扮演,他们可能会将自己置身于虚构的情境中,并模仿其中的角色和台词。悠悠可能因为对《西游记》中的故事情节感兴趣,所以在看完后,她想象自己是唐僧的弟子,想要去西天取经。

总而言之,珊珊和悠悠的行为是正常的儿童发展表现,他们通过模仿和想象来学习和探索世界,这是他们语言和社交发展中的一部分。这种行为反映了他们对于成人行为和故事情节的兴趣,并展示了他们正在发展的想象力和语言能力。

> 书证融通

技能5 活动设计:奇幻想象之旅

一、活动目标

(1)帮助学前儿童发展想象力和创造力。
(2)培养学前儿童的观察和描述能力。
(3)提高学前儿童的语言表达能力和合作意识。
(4)增强学前儿童对想象力的重视和珍惜。

二、活动准备

(1)图片或玩具,代表不同的场景和角色,如城堡、飞船、动物等。

(2)故事书或绘本,以激发学前儿童的想象力。

(3)简单的记录表格,用于学前儿童记录他们的想象故事。

三、活动过程

(1)引导学前儿童坐好,向他们介绍想象力的概念,并与他们分享一个奇幻想象故事。鼓励学前儿童分享自己的想象故事或角色。

(2)展示不同的图片或玩具,让学前儿童观察并选择一个他们喜欢的场景或角色。鼓励他们描述这个场景或角色的特点和故事。

(3)鼓励学前儿童将自己的想象故事记录下来,可以用绘画、手工或书写等方式。可以组织他们制作一个小小的故事书或绘画作品。

(4)依次邀请每个学前儿童上前,分享他们的想象故事和角色。其他学前儿童可以提问或分享自己的观点。

(5)在每个学前儿童分享完后,引导全体学前儿童一起回顾和总结这些想象故事,鼓励他们提出问题、分享自己的想法和观点。

四、活动延伸

组织学前儿童参与角色扮演活动,让他们扮演自己想象的角色,自主编写喜爱的剧本,自由在剧场进行表演活动。

一、达标测试

(一)最佳选择题

1.小班儿童往往对某个故事百听不厌,其原因主要是(　　)。

A.想象受情绪影响　　B.想象的内容零散　　C.以想象过程为满足

D.想象具有夸张性　　E.想象的结果是美好的

2.(　　)是没有预定的目的,而是在某种刺激物的影响下不由自主地想象出某种事物形象的过程。

A.有意想象　　B.无意想象　　C.创造想象

D.再造想象　　E.空想

3.古代虽有"嫦娥奔月"的幻想,但绝不会有宇宙飞船的设想,这说明(　　)。

A.想象是超现实的、虚无缥缈的

B. 想象受社会历史制约,是对客观现实的反映

C. 人的想象是在劳动过程中发生和发展的

D. 想象是无目的、无计划的

E. 以上都不是

(二)是非题

4. 儿童想象的一个突出特点是常常脱离现实,或与现实相混淆。(　　)

5. 儿童的想象以再造想象为主,创造想象开始发展。(　　)

二、自我评价

想象是对头脑中已有的表象进行加工改造而形成新形象的心理过程,是一种高级的认知活动。想象在儿童的学习、游戏等实践活动中有重要意义;想象的发展是儿童创造思维发展的核心;想象是维持儿童心理健康的重要手段。通过学习本任务(表2-7),学习者能对学前儿童想象发展有一个较为完整的了解,并能运用科学的方法进行研究和学习,从而初步具备相应的知识、能力和素质。

表2-7　任务学习自我检测单

姓名:	班级:	学号:	
任务分析	学前儿童想象发展		
任务实施	学前儿童想象的发展		
	学前儿童想象能力的培养		
任务小结			

任务四　学前儿童言语发展

> **任务情境**

他都不会讲话,怎么交流呀?

壮壮(3岁6个月,男)的爸爸是做生意的,妈妈是家庭主妇,壮壮平时都由妈妈带。壮壮现在还没有开口说话,连爸爸妈妈都不会叫。他们去了很多医院检查,医生都说壮壮大脑、发音器官、耳朵都没问题。壮壮有依恋行为,能够与人眼睛对视。儿童心理研究者建议家长要多温和地跟壮壮交流。壮壮妈妈反问:"他都不会讲话,怎么交流呀?"原来,壮壮几乎没有说话的机会。

问题:为什么壮壮没有说话的机会?

任务目标

知识目标

1. 掌握言语的概念。
2. 了解言语的种类。
3. 熟悉儿童言语发展的特点。

能力目标

1. 观察和描述儿童的言语发展情况,包括语音、词汇、语法和交流等方面。
2. 分析和解释儿童言语发展的过程和特点,掌握言语发展的阶段和规律。
3. 设计和实施适合儿童的言语发展活动,如听说训练、故事讲述和语言游戏等。

素质目标

1. 培养儿童的语言表达和沟通能力,提高他们的口头表达和交流技巧。
2. 培养儿童的听力和理解能力,提高他们对语言信息的接收和理解能力。
3. 培养儿童的社交和合作能力,提高他们与他人交流和合作的能力。

子任务一 学前儿童言语的发展

一、言语概述

(一)语言和言语的概念

在19世纪初,语言学开始将语言和言语确定为两个彼此不同而又紧密联系的概念。

1. 语言的概念

语言是以语音为载体、以词为基本单位、以语法为构建规则的符号系统。它是一种社会现象,是人类社会历史发展的产物,并通过言语活动发挥其交际工具的作用。语言是人类重要的交际工具,也是正常成人赖以进行思维活动的工具,在儿童心理发展中具有概括作用和调节作用。语言是一种符号系统,它包括语音系统、词汇系统、语法系统。语言一经产生就有较大的稳定性,随社会的发展而发展。语言是语言学的研究对象。

2. 言语的概念

言语是人运用语言表达思想或进行交往的过程,是一种心理现象,它表明的是一种心理交流的过程,是受人心理现象调节的活动。因此,言语是人脑的功能,具有个体性和多变性,不仅每个人都有自己的言语风格,而且同一个人在不同的场合其言语的表达方式也不同。言语随着一个人的第二信号系统的产生发展而产生发展。言语是心理学的研究对象。

3. 语言与言语的联系

语言是工具(交际、思维的工具),言语则是对这种工具的运用。语言是社会现象,具有较大的稳定性;言语是心理物理现象,具有个体性和多变性。

言语不可能离开语言而存在。言语活动依靠语言作为工具进行,个人的言语能力,受其对语言掌握的程度的制约,儿童掌握语言的水平影响言语活动水平;离开语言这种工具,人们就无法表达自己的思想或意见,也就无法进行交际活动。

语言也离不开言语。语言是在人们的言语交流活动中产生发展的,一旦某种语言不再被人们用来进行交际,终究要从社会上消失;如果儿童没有言语活动机会,也就不能掌握语言。任何一种语言都必须通过人们的言语活动才能发挥其交际工具的作用。"语言"存在于"言语"中,"语言"本身是看不见、听不到的,人们看到和听到的只是它的表现形式"言语"。

(二)言语的种类

言语是个体对语言的运用过程,在这个过程中,运用的方式是多样化的,包括听、说、读、写等形式。我们可以根据某次言语指向对象,将言语大致分为外部言语和内部言语。其中,指向他人,主要用来交际的言语称为外部言语;指向自己,不是用来交际的言语称为内部言语。

1. 外部言语

一般而言,外部言语包括口头言语和书面言语。

(1)口头言语。口头言语是个体通过人的发音器官所发出的语言声音来表达自己的思想和感情的言语,以听、说为主。儿童的言语主要是口头言语。口头言语又可分为对话言语和独白言语。

①对话言语。对话言语指两个或两个以上的人直接交流时开展的言语活动,如聊天、座谈、辩论。对话言语是一种最基本的言语形式,其最大特点就是情境性。谈话时,交谈双方需要考虑谈话时的具体情境,正确理解彼此的内容并根据对方的谈话来调整自己的言语,谈话并不完全按预定计划完成。对话言语的另一个特点就是简缩性。交谈双方往往只用简单的句子,甚至个别单词就可以向对方清楚地表达自己的思想。这时,语言的语法结构和逻辑关系是否完善已经显得不那么重要了。

②独白言语。独白言语是指个体独自进行的较长而连贯的言语活动,表现为报告、讲座、讲课、演讲等多种形式。独白言语没有交谈者的言语支持,具有展开性。这就使它用词造句十分严谨,符合语法。所以,在独白之前谈话者往往需要精心准备,表达时要求发音清晰,语言连贯,语调有变化,还要适当地配以一定的表情和手势,让对方能够领会。所以,独白言语是比对话言语更复杂的言语,它的出现也比对话言语要晚一些。

(2)书面言语。书面言语是个体借助文字来表达自己的思想情感,或通过阅读来接受他人影响的一种言语活动。它包括三种形式:写作、朗读、默读。

书面言语进行时,无法与人面对面进行交流,无法与人互动,所以它比独白言语更具有展开性,是最严谨的一种言语。它需要用精确的词句、正确的语法和严密的逻辑来进行陈述,比口头言语的掌握要困难得多。因此,不管是从社会发展还是从个体发展的角度来看,书面言语的出现都要比口头言语晚得多。但是,书面言语可以有较长时间酝酿,它允许字斟句酌,反复推敲,也就能更准确地表达说话人的思想与情感。书面言语还可以突破时空限制,当我们不能面对面与人交流,或无法用口语表达自己时,选择用文字来进行沟通是一种理想的方式。它还可以帮助我们理解前人留下来的丰富的知识经验,是一种具有广泛使用价值的言语。

随着科技的发展,口头言语和书面言语的分界有模糊化的倾向。比如:微信平台、QQ软件,既可以通过语音交流,也可以通过书面言语交流,瞬间就可以转化。同样,这些平台,只要双方或者多方在线,也能够即时互动与应答,这使得书面言语也具有了对话言语的特征。

2. 内部言语

内部言语是在外部言语的基础上产生的,是指自问自答、指向自己的言语,即自言自语。内部言语虽然不一定出声,但是发音器官还是在活动着的。若用仪器记录,就能够记录到声带的振动。内部言语是认知活动特别是思维活动的外显,没有这种内部言语的支持,思维很难持续。而思维的内容通常与社会环境、与人的交往活动有关,因此,伴随思维活动的内部言语虽然不直接参与交际,但是它的内容很多都是人们言语交际活动的组成部分。

内部言语不似外部言语那样需要表达,所以速度快、比较简略、不够细致、不够完整,它只要确保思维沿着大致方向运转即可。正因如此,把内部言语转化成外部言语的时候,可能会发生困难。人们通常有这样的感受,想一个问题很快,但是要把想的东西都表达出来,逐句地说清楚,则费时较多。甚至,明明觉得想清楚了,但要表达的时候又说不清楚了。归根究底,还是思维的严谨性和深刻性有待提高,即想问题还想得不深不透。所以,要想比较顺利地将内部言语转化成外部言语,就需要培养思维的严谨和深刻的品质。

(三)言语的作用

言语与其他心理活动有着密切关系,在人的心理发展上具有重要意义和作用。

1. 概括作用

言语中的词,是客观事物的符号,它总是代表着一定的对象或现象。言语不仅标志着个别对象或现象,还可以标志某一类的许多对象或现象。当我们指着一个娃娃说"这是娃娃"时,"娃娃"一词只是某个娃娃的符号;但当我们说"娃娃是一种玩具"时,"娃娃"一词就不是指某一个娃娃,而是指各种各样的娃娃。"玩具"一词包括娃娃、积木、玩具汽车、皮球等东西。

言语的这种概括作用,促进了人的认识能力特别是思维能力的发展,使人加快了对事物的认识。人们不需要一个一个地认识事物,而可以根据一类事物的共同特征,成批地概括地认识同类事物。当成人指着一个布娃娃对儿童说"娃娃是一种玩具"时,虽然儿童看到的是布娃娃,但以后他无论接触到什么材料的娃娃,都会知道它是可以玩的玩具。

2. 交际作用

言语是人与人之间进行交际、沟通思想情感的桥梁,是人们相互影响的工具,也是传递世代经验的途径。人说出的有声言语或写出的言语都是外在的,能为他人所感知和接收的。而人通过感知、记忆、思维等心理过程产生的思想、愿望、情绪情感等,必须凭借言语才能表达出来,使人感知和理解。此外,前人的知识经验要传递,也必须依靠言语活动。这些都表明了言语的交际作用。

3. 调节作用

言语对人的心理和行为起着调节的作用。人在反映客观现实时,通过言语,不仅认识客观事物,也能认识自己的心理和行为,使人的心理活动具有自觉的性质。人在活动之前,可以在头脑中以词的形式预定行动目的,设想行动结果,订出行动计划;而在活动进行过程中,又能按照预定计划,用词调节自己的心理和行为,以达到预定目的和结果。年龄较小的儿童最初多按成人的言语指示做出各种行为或停止不适宜的行为;随着年龄增长,逐渐尝试按照要求自觉地用词调节自己的心理和行为。

言语活动是双向的过程,既包括对他人言语信息的接收和理解,也包括个人发出、表达思想的言语信息。言语的这两个过程并不完全同步,一般来说,接收性言语(感知、理解)的出现先于表达性言语。

人们通常将儿童能说出第一批真正能被理解的词的时间(1岁左右)作为言语发生的标志,并以此为界,将言语活动的发生发展过程划分为言语准备期、儿童言语的形成期和言语发展期三大阶段。

知识链接 2-15:
语言获得理论

二、3～6 岁学前儿童言语的发展

(一)口头言语的发展

随着言语器官、神经系统的成熟,在成人的教育影响下,儿童的言语发展进入了一个新的时期,即"言语的丰富化时期",口头言语在各方面都得到发展。儿童口头言语的发展,主要表现在语音、词汇、语法以及语言表达力的发展方面。

1. 语音的发展

生理上的成熟和言语知觉的发展使儿童发音能力也迅速发展。3～4 岁开始进入语音发展的关键期。儿童已能分辨外界差别微小的语音,也能支配自己的发音器官,这些使他们具备了掌握本民族语言全部语音的基本条件,甚至理论上可以掌握任何民族语言的语音。不过,在实际生活中,儿童对于有些语音却不一定能正确发出。具体表现为以下特点:

(1)儿童发音的准确率随着年龄的增长而提高,错误率随着年龄的增长而不断下降。3 岁儿童发音的准确率明显低于 4 岁儿童,3 岁儿童对音位有微小差别的音难以区分,如"n"和"l"。也对有些声母音位的发音方法还没有掌握,如,把"g"读成"d","zh""ch""sh"发成"z""c""s"或"j""q""x"。比如,儿童经常把"哥哥"叫成"多多","老师"叫成"老西"。还有三分之一的 3～4 岁儿童不能发出 f 音,因为 f 音是唇音,这些儿童不会用牙齿咬住下嘴唇,移动下颚。4 岁儿童基本上能掌握本民族全部语音。

(2)儿童对韵母发音的准确率高于对声母发音的准确率。

(3)语言的发展受生理因素影响,更受语言环境影响。儿童的发音问题,受教育影响更大一些。很多研究都表明,城市儿童发音要好于农村儿童。另外,方言对儿童发音也有很大影响。4 岁以后,儿童发音渐趋稳定,逐渐表现为方言化。因此,家长和教师必须重视儿童的正确发音,对这一时期的儿童一定要实施正确规范的语言启蒙训练。

(4)语言意识的发生。儿童语言意识是指儿童不仅能够正确评价别人发音的特点,还能有意识地控制和调节自身发音器官的活动。大约在 4 岁,儿童语言意识明显地发展起来。

2. 词汇的发展

言语是由词以一定的方式组成的,词汇是否丰富以及使用是否正确将直接影响言语表达能力。而词汇的发展可以作为言语发展的一个重要标志。词汇的发展可以从词汇的数量、词类范围的变化和词义的理解三方面来进行分析。

(1)词汇数量的增加。儿童期是人的一生中词汇量增加最快的时期,几乎每年增长一倍,具有直线上升的趋势。有资料表明,3岁儿童词汇为800至1100个,4岁为1600至2000个,5岁则增至2200至3000个,6岁时词汇可达3000至4000个。由于词汇的掌握比语音的掌握更受儿童的生活条件与教育条件的影响,因此,儿童个体之间掌握词汇的数量有很大的差异。

(2)词类范围的扩大。词从语法上可分为实词和虚词。儿童一般先掌握实词,再掌握虚词。实词中最先掌握的是名词,如周围人的名称、身体器官、衣服用品、交通工具等。先出现的实词内容也不断丰富,由单词句阶段名词居多的状况,逐渐增加动词、形容词、数词、量词、代词、拟声词、副词。虚词也逐渐发展齐全,出现介词、连词、助词和叹词。在儿童词汇中,最初名词的数量和比例最高。4岁以后,其他词的数量和比例也开始慢慢增加。

在词类扩大的同时,儿童词汇的性质和内容也在不断丰富。儿童不仅掌握了许多和日常生活直接相关的具体的词汇,也逐渐掌握了不少与社会现象有关的抽象词和概括词。如,开始儿童只能理解"积木""娃娃""奥特曼"等词,慢慢逐步掌握"玩具"这样抽象的词。

(3)词义逐渐确切和深化。词与思维是密切相关的,随着知识经验的丰富与思维的发展,儿童逐渐克服了0~3岁时期对词义的理解失之过宽或失之过窄的现象,理解逐渐确切和深刻。儿童往往先能够理解其中指代具体事物的名词,之后才慢慢理解一些指代抽象事物的名词。如"兔子"一词,开始理解为特指的某一只兔子,后来理解到它不仅意味着某一只兔子,还包括大小、颜色、种类不同的兔子,成为一种符号系统,使词具有了更为概括性的特性。同时,儿童口语中既能理解又能正确使用的积极词汇也在增加。

但是,由于受经验的限制,儿童对于许多词能理解却不一定能正确使用,出现乱用词或乱造词的现象,如"一条鱼"说成"一只鱼"。对于多义词,儿童通常不能掌握它的全部意义,只能掌握最基本和最常用的意义。如,妈妈说:"现在的小孩子太娇气,一点都不能吃苦。"儿子赶紧说:"我能吃苦,那天买的冰棍有点苦,我也吃了。我就是不能吃辣。"又如,一个3岁多的小女孩,长得很可爱,成人都很喜欢逗她玩。有一次,成人开玩笑地说:"这真是我们的一个开心果。"小女孩听完,转过身就拿出一袋开心果,放在成人面前。儿童对于词的转义几乎不能掌握。例如当小朋友太调皮时,老师严肃地对他们说:"再不坐好,就给你们点颜色看看。"小朋友一个个睁大眼睛,等着老师给他们看"颜色"。

3. 语法的掌握

词汇只是语言的建筑材料,人要用语言进行交际,还必须把词按一定的语法结构联结成句子。这时期儿童掌握句子的发展表现出以下趋势:

从不完整句到完整句。3岁的儿童,对语法结构掌握不准确,句子结构松散、不严谨,往往缺字漏词,或者词序紊乱。如果不了解他们说话时的情景,就很难理解他们所要表达的意义。如,儿童常将"你用筷子吃饭,我用勺子吃饭"说成"你吃筷子,我吃勺子",等等。3岁半以后的儿童,逐渐掌握句子成分之间的复杂而严格的关系,出现比较完整的句子。到6岁左右,98%以上的儿童会使用完整句。

完整句又分为简单句和复合句、陈述句与疑问句等其他多种句型。

(1)从简单句到复合句。2岁左右的儿童的口头言语中,简单句占绝对优势。儿童中期,简单句仍占多数,但随着年龄的增长,简单句所占比例在逐渐减小,复合句逐渐发展。只不过他们所说的复合句总体数量较少,而且结构松散,缺乏连词,只是简单句意义上短句与短句的结合。如,"妈妈上班,我上幼儿园"。4岁以后,逐渐出现了各种从属复合句,还学会用适当的连接词连接句子来反映各种关系。在各种连词中,"还""又""也"等并列连词出现较早。例如,兔子耳朵上面也是毛,尾巴上面也是毛,腿上也是毛。偏正复句出现稍晚一些,"如果……就……""只有……才……"之类容易被儿童所理解、运用。而"虽然……但是……"这样的转折复合句数量极少,4岁前几乎没有出现。4岁后也只是偶尔使用"但是""可是"这样的词。

(2)从陈述句到多种形式的句子。在整个儿童期的口头言语中,简单的陈述句仍然是最基本的类型,但其他句型如疑问句、否定句也开始发展起来。其中,疑问句产生较早。"妈妈呢?""这是什么?""做什么?"随着年龄增加,疑问句也在增加。5岁左右出现了许多因果关系疑问句:"为什么?"但由于受思维水平的限制,他们对一些复杂的句子(如被动句)不容易理解。如儿童把"宝宝被姐姐推着走"误认为"宝宝推姐姐走"。他们会说:"这是不对的,宝宝还不会走路,怎么能推姐姐走呢?"他们对双重否定句这种句式更难正确理解,如把"小朋友没有一个不喜欢听故事的"理解成"小朋友不喜欢听故事"。

4.口头言语表达能力的发展

随着词汇和语法结构不断发展,儿童口头言语表达能力也逐渐发展起来。

(1)对话言语的发展和独白言语的出现。儿童早前多半在成人陪伴下进行活动,因此,他们的言语往往是和成人对答,跟成人打招呼,请求或简单地回答问题。这种言语是典型的对话言语。随着年龄的增长,儿童对话言语进一步发展。儿童不但能提出问题、回答问题,还会提出要求、做出指示,还会在行动中与同伴进行商议,3~6岁儿童还会出现言语争论。这些都是对话言语的具体表现。

3岁之后,儿童开始出现一定程度的独立性。他们开始离开成人进行各种活动。这时,他们就需要独立地向成人或同伴表达自己的思想情感、交流知识经验。再加上儿童的认知能力特别是思维能力的发展,使得独白言语的出现成为可能。

不过,儿童独白言语的发展还是很初步的。3~4岁的儿童只能主动讲述自己生活中的事情,表达常常显得不流畅,叙述时常用"这个……这个……""后来……后来……""还有……还有……""嗯……嗯……"这些多余的词来缓解表达的困难。4~5岁儿童能独立地讲故事或讲各种事情。到了大班,一些儿童不但能进行系统叙述,还可以比较清楚地有声有色地讲述故事或描述事情。

(2)情境性言语的发展和连贯性言语的出现。对话言语最大的特点是情境性,所以3岁前的儿童的言语主要是情境性言语。3~4岁的学前儿童的言语仍延续这样的特点,他们不能按一定的逻辑顺序讲述一个故事。例如,一个3岁多的儿童讲"小猴子下山"的故事时说:"它把西瓜丢掉了……它看见兔子了……它把玉米丢掉了……还有桃子。"只是讲述了故事中一些较为突出的内容,而且断断续续,前后不具有一定的连贯性,并辅以各种手势动作和表情,好像别人知道要讲的内容一样,需要别人结合当时的情境边听边猜。4~5岁儿童的言语也还保持这样的特点。

随着年龄的增长,儿童连贯性言语逐渐得到发展。到了6~7岁,语言能力发展较好的儿童开始能把整个事情经过前后一贯地进行表述,能用完整的句子表述上下文的逻辑关系。到了7岁之后,儿童的语言的获取能力随着年龄的增长反而有所下降,因此0~6岁是儿童语言习得的关键期(图2-10)。正是在这个基础上,儿童能进行独白。连续言语和独白言语的发展,不但促进了儿童言语表达能力的提高,还有助于儿童逻辑思维能力和独立性的加强。当然,逻辑思维能力和儿童独立性加强,也是连贯言语和独白言语发展的重要条件。

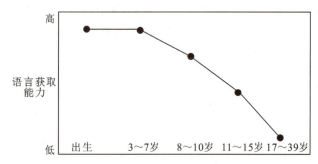

图2-10 儿童习得新语言的年龄曲线

(二)内部言语的出现

内部言语是言语的高级形式,它不是用来和人交际的言语,它是在外部言语基础上产生的。它的发音隐蔽,而且比外部言语更为概括和压缩。处于直觉行为思维状态下的儿童还不能"默默地"思考问题,总是边想边做边说,没有内部言语。4岁儿童,内部言语开始萌芽。据相关研究,儿童的内部言语随年龄增长而不断发展。在日常生活和游戏中,人们常常发现6岁左右的儿童在完成任务时,先在头脑中思考然后开始行动,这是内部言语发生的表现。在由外部言语向内部言语发展的过程中,常出现一种过渡形式的言语——小声的自言自语。这是一种介于有声的外部言语和无声的内部言语之间的言语形式。它既有外部言语的特点(说出声),又有内部言语的特点(对自己说话)。

儿童自言自语有两种形式:一种是"游戏言语",一种是"问题言语"。

案例分享2-4

一起过家家

一个小班儿童独自抱着娃娃"喂饭",边喂边说:"快吃快吃,不要把饭含在嘴里,要嚼嚼,再咽下去。哇,宝宝真乖。""喂"完饭,她把娃娃放在小床上,盖上被子,说:"吃完饭,要睡觉,闭上眼睛,不要乱动。你呀,说了不要乱动。被子都被你踢掉了,踢了被子就会生病,生病要打针的……"

案例分享2-5

堆积木

4岁的佳佳在堆积木时小声地自言自语:"这个怎么办?放哪儿?……不对,在这儿……还是不行……把它放这里吧……哈哈……火车,一个火车!"

这是一种什么言语?它具有什么特点?

(1)游戏言语。游戏言语是一种在游戏、绘画等活动中出现的言语,即一面做动作,一面用言语来补充和丰富自己的行动。这种言语比较完整、详细,有丰富的情感和表现力。如在小小警察初体验(图2-11)活动中可以看到儿童在边做边说:"这挺大机枪,嘟嘟……轰!打死了!……"对于3~4岁儿童来说,如果在游戏中不能"出声",游戏就会变得索然无味,自然游戏也就停止了。这就是幼儿园一到自由游戏时间就"热闹"起来的原因。这种言语往往不是同伴间的交谈,而是各说各的。

图2-11　小小警察初体验

(2)问题言语。问题言语是在活动中遇到困难或问题时产生的言语,常用来表示对问题的困惑、怀疑或惊奇。这种言语特点是比较简单、零碎,由一些压缩的词句组成。这时提出的问题并不要求别人回答,仅仅反映了儿童的思维过程。如在拼图时,儿童一边注视桌上的拼板,一边自言自语:"这个怎么办?放哪里?不对,不行……这像什么?"

儿童的自言自语最初是伴随活动进行的,具有反映行动结果和行为中重要转折点的作用。以后则可以出现在行动的开端,具有计划和引导行动的性质。它既是语言的练习活动,也是思维活动的过程,是儿童学习控制、调整和计划自己活动的开始。

对于不同年龄的儿童,这两种言语所占的比例是不同的。3~5岁儿童的"游戏言语"占多数,5~7岁儿童则"问题言语"增多。随着年龄的增长,原来承担自我调节功能的自言自语逐渐由内部言语替代。

(三)书面言语掌握的可能性

书面言语借助于文字而表达思想感情,传授知识经验,例如写作、朗读、默读等形式。尽管书面言语和口头言语的表达方式有不同特点,但二者都需要遵循基本的语法规则。儿童的口头言语已具有一定水平,他们已掌握了一些基本的语法规则,这就为儿童学习书面言语奠定了一定基础。同时,儿童形状知觉的发展,为他们学习汉语拼音、辨认字形提供了可能性。而视觉记忆、手眼协调也为他们握笔写字创造了条件。在实际生活中,成人看书讲故事、写字会激起儿童的新奇感,使他们产生阅读、写字的兴趣和愿望。所有这些,都使得儿童学习书面言语成为可能。但要注意的是,儿童生活经验和理解能力有限,小肌肉运动觉发育还不太成熟,大量系统识字和大量书写对他们来说还是一个很重的负担。因此,在对儿童进

行书面语言的教育时,最重要的并不是系统识字和书写,而应该是激发儿童对书面语言的学习兴趣,培养良好的学习习惯,即让儿童了解一些有关书面语言的信息,懂得书面语言的重要性,增强对书面语言的敏感性,建立良好的阅读习惯,为下一阶段在小学正式学习识字或写字做好准备。

子任务二 学前儿童言语能力的培养

在儿童期,儿童言语发展方面的成就是巨大的:他们已能掌握本民族的全部语音,词汇量迅速增加,使用的句型增多且语句完整,能连贯地表达自己的思想,并且随着内部言语的产生,言语的自我调节功能也得以发展。总之,儿童期是人生言语发展的一个重要时期。因此,无论是教师还是家长都应重视儿童言语的培养和训练,努力发展儿童潜在的言语能力。

一、重视发音技能的培养,提高儿童语音准确度

随着年龄的增长,儿童的发音能力在迅速发展,但儿童对声母的发音正确率较低,3岁儿童往往还不能掌握某些声母的发音方法。如:"g"音和"d"音,"n"音和"l"音常常混淆;平舌音"z""c""s"和翘舌音"zh""ch""sh"发音错误率也较高。因此,家长和教师不仅要以自己正确的发音为儿童做出示范并注意纠正儿童的错误发音,还要注意对儿童进行发音技能的训练。如教师可给儿童朗读顺口溜、诗歌或绕口令,要求儿童发音并注意其口型是否正确。对发音不准的儿童要有耐心,以消除他的紧张感;对具有发音障碍的儿童要予以鼓励,以提高他的积极性。此外,培养和训练儿童的发音技能不能只局限于个别发音的训练,还应注意儿童发音的清楚程度、语调以及对音的强弱控制能力。只有全面训练,才能真正提高儿童语音的准确度。

二、提供丰富的言语发展环境,促进言语的发展

言语本身是在交往中产生和发展的。儿童只有在广泛交往中,感到有许多知识、经验、情感、愿望等需要说出来的时候,言语活动才会积极起来。如果剥夺和限制儿童言语发展的环境,儿童将难以掌握语言。

(一)拓展生活空间,丰富儿童语言素材

生活是语言的源泉,没有丰富的生活,就不可能有丰富的语言。儿童生活范围狭小,内容单调,语言发展就迟缓,语言也就贫乏。因此,丰富儿童生活经验,扩大生活环境,以儿童的感性认识为切入点,丰富儿童的语言素材,是发展儿童言语能力的有效策略。如带儿童走进大自然、走进社区,使活动空间不断延伸,并创设丰富的活动内容,拓宽人际交流的空间。随着活动范围的不断扩大,儿童的阅历丰富了,词汇、句式也不断积累,句子表述逐渐完整,语言的理解能力也不断提高,语言也不断丰富。

(二)创造条件,让儿童体验语言交流的乐趣

言语本身就是在交往中产生和发展的,要为儿童创设自由、宽松的语言交往空间,尤其是和小朋友的交往;重视儿童在交往中用词的准确性和完整性,激发儿童自发、自信地参与语言交流的愿望。教师要帮助儿童体验语言交流的乐趣,具体方法如下:①每天花足够的时间与儿童交谈,如谈论他感兴趣的话题,询问和听取他对自己事情的意见等;②尊重和接纳儿童的说话方式,无论儿童的表达水平如何,都应该认真地倾听并给予积极回应;③鼓励和支持儿童与同伴一起玩耍、交谈,相互讲述见闻、趣事或看过的图书、动画片等;④日常使用方言和少数民族地区应积极为儿童创设用普通话交流的语言环境;⑤引导儿童清楚地表达,成人自身的语言要清楚、简洁。

(三)组织各种有利于言语发展的活动

儿童无论学习什么,都需要经过反复的实践练习,才能更好地理解掌握。因此,应经常组织学儿歌、朗诵会、故事会等,给儿童创造练习口语的条件和机会。采取的方式可以是儿童举手自愿朗诵、讲述,或是分小组进行,有时则用击鼓传花等形式让儿童轮流朗诵和讲述,尽量使每个儿童都得到练习和锻炼的机会。儿童可以讲老师讲过的故事、唱老师唱过的儿歌,也可以讲父母亲友教的故事。在这些活动中,儿童学习了更多新的词汇,学会用清楚、正确、完整、连贯的语言描述周围的事物,表达自己的情感和愿望。

三、教儿童礼貌用语,培养良好的语言习惯

培养儿童的礼貌言行要从以下几方面入手。

1. 教育儿童尊敬长辈

要求儿童能用礼貌语言主动、热情、大方地打招呼、称呼人,会问早、问好、道别。

2. 教育儿童遇到困难时学会求助

教育儿童在需要帮助时说:"请您帮我……"得到帮助后说:"谢谢。"教育儿童当自己不注意影响到别人时,主动诚恳地道歉;而当别人影响了自己时,能克制、谅解别人,会说"没关系,不要紧"。

3. 教育儿童当别人在谈话时,应不插嘴、不妨碍

教育儿童当成人和自己讲话时,要专心地听,不离开、不打断、不厌烦、不骂人,有应答;有急事需要及时谈时,要打招呼;别人向自己提出问题时,要认真地回答。

4. 教育儿童要有良好的语言习惯

讲话时声音要大,让大家能听见;速度要适中,不快不慢;语言要准确,吐字要清楚。说话时,要看着对方,不要东张西望、漫不经心。

进行这些文明礼貌的言行规范教育时,我们应始终坚持"正面教育与具体行为相结合",使儿童直观地理解礼貌用语的含义,学会正确使用。如称呼问题,我们教给儿童根据不同年龄、不同场合,用礼貌语言称呼别人。看见老年人,知道称呼"爷爷、奶奶";看见像学生一样的人,知道称呼"大哥哥、大姐姐";班上来了参观、访问的人时,知道问"客人好"等。通过反

复地教育,儿童掌握了许多人称名词,逐渐会合乎情理地称呼人了。

总之,在培养儿童的语言时,要把握每个儿童的实际,掌握儿童学习语言的规律,有计划地进行培养和训练,让儿童多看、多听、多说、多练,培养良好的语言习惯,创设良好的语言环境,那么儿童的语言一定会健康地发展。

四、培养儿童初步的阅读理解能力

教师和父母可以经常和儿童一起阅读,引导他们以自己的经验为基础理解图书的内容。引导儿童仔细观察画面,结合画面讨论故事内容,学习建立画面与故事内容的联系。和儿童一起讨论或回忆书中的故事情节,引导他们有条理地说出故事的大致内容。在给儿童读书或讲故事时,可先不告诉他们名字,让儿童听完后自己命名,并说出这样命名的理由。鼓励儿童自主阅读,并与他人讨论自己在阅读中的发现、体会和想法。

在阅读中发展儿童的想象和创造能力。鼓励儿童依据画面线索讲述故事,大胆推测、想象故事情节的发展,改编故事部分情节或续编故事结尾。鼓励儿童用故事表演、绘画等不同的方式表达自己对故事的理解。鼓励和支持儿童自编故事,并为自编的故事配上图画,制成图画书。

引导儿童感受文学作品的美。有意识地引导儿童欣赏或模仿文学作品的语言节奏和韵律。给儿童读书时,通过表情、动作和抑扬顿挫的声音传达书中的情绪、情感,让儿童体会作品的感染力和表现力。

五、成人良好的榜样示范

模仿是儿童的天性,儿童正处于言语学习的关键期,成人的语言对儿童的言语学习影响非常大。儿童的发音、遣词用句甚至说话的神情、语调都酷似他们的母亲或其他亲近的人。成人良好的榜样示范,对儿童言语的发展起着潜移默化的作用。因此,成人必须规范自己的言语,主动纠正错误,为儿童提供积极、正面的影响。

1. 成人应注意语言文明,为儿童做出表率

(1)在与他人交谈时,认真倾听,使用礼貌用语。

(2)在公共场合不大声说话,不说脏话、粗话。

(3)儿童表达意见时,成人可蹲下来,眼睛平视儿童,耐心听他把话说完。

2. 以身作则,帮助儿童养成良好的语言行为习惯

(1)成人要经常表现出必要的文明礼节,并能结合情境与儿童一起践行一些必要的交流礼节。如成人对长辈说话要有礼貌,引导儿童也有礼貌地与客人打招呼,得到帮助时要说谢谢等。

(2)成人注意并提醒儿童遵守集体生活的语言规则,如轮流发言,不随意打断别人讲话等。

(3)成人注意并能提醒儿童注意公共场所的语言文明,如不大声喧哗。

六、培养"前读写"兴趣,做好早期阅读准备

儿童期在书面语言方面处于准备期。在为读写做准备时,应以培养"前读写"兴趣为重点,对读写要求不要过于严格,要多鼓励儿童,提高他们学习的积极性,肯定他们的学习态度和成绩,提高他们的识字兴趣和识字能力水平。

教师和家长要共同协作,帮助儿童进行阅读准备,培养儿童的初步阅读能力。如在幼儿园设立专门的图书角,投放适宜的儿童读物,组织儿童分享读书收获,及时提醒和督促儿童纠正不正确的阅读方式,养成良好的阅读习惯。

  任务实施

知识链接 2-16:幼儿口吃的成因及干预

一、任务描述

通过测验儿童对图片内容观察的专注程度,表达的完整性、条理性以及概括图片内容的水平,分析该儿童观察力和口语表达能力的水平状况。

二、实施流程

(1)测验内容:看图讲述。
(2)测验准备:图片一套,记录与评定的表格。
(3)测验步骤:
①让儿童观察图片。(指导语:老师要请你看 3 张图片,你要一张一张认真看,看完了要讲给我听。)
②请儿童讲述(逐张)。(指导语:这张图上画了些什么?)
③请儿童把 3 张图片加以概括,进行叙述。(指导语:现在老师要你把三张图片连起来,编成一个故事。)

三、任务考核

依照记录表格的评分标准进行评分(表 2-8)。

表 2-8 儿童观察水平和口语表达能力的评价

等级	好	中	差
目的性	观察三幅图都专注	基本专注,偶尔分心	左顾右盼,心不在焉
顺序性	按照一定的顺序	基本有序,偶尔跳跃	无序
细致性	人、物、方位均可观察到位	主要人、物、事情无遗漏	遗漏重要部分
理解性	能编出完整故事	基本上能讲情节	不能编,只罗列

情境解析

壮壮没有说话的机会可能有以下几个原因：

1. 家庭环境。壮壮的爸爸是做生意的，而妈妈是家庭主妇，壮壮平时由妈妈照顾。如果在家庭中，成人没有给予足够的语言刺激和交流机会，孩子就会缺乏语言模型和语言环境。

2. 缺乏语言模型。如果壮壮的父母很少与他交流，或者他所接触到的语言模型存在发音错误或者语言表达不清晰，这也会影响他的语言发展。

3. 缺乏语言刺激。语言发展需要丰富的语言刺激和环境。如果壮壮没有接触到丰富多样的语言形式和内容，比如故事书、诗歌、歌曲等，他就无法扩展自己的词汇量和语言表达能力。

4. 缺乏语言教育意识。壮壮的妈妈反问："他都不会讲话，怎么交流呀？"这表明壮壮的家庭可能缺乏对语言发展的重视和教育意识。

综上所述，壮壮没有说话的机会可能是由于家庭环境缺乏语言刺激和交流机会，缺乏正确的语言模型和教育意识。为了促进壮壮的语言发展，家长可以积极与他交流，提供丰富的语言刺激和环境，并寻求专业的语言发展支持和指导。

技能6　活动设计：快乐游戏

一、活动目标

(1) 帮助学前儿童发展语言表达能力和沟通技巧。
(2) 培养学前儿童的听力和观察能力。
(3) 增强学前儿童的合作意识和团队合作能力。
(4) 增强学前儿童对言语活动的重视和积极参与。

二、活动准备

(1) 图片或卡片，代表不同的物品、动物或人物。
(2) 简单的字卡，包括常见的动物、水果、颜色等。
(3) 简单的记录表格，用于学前儿童记录他们的发言和观察。

三、活动过程

(1) 引导学前儿童坐好，向他们介绍活动的目的和规则。鼓励学前儿童积极参与，尊重他人的发言。

(2)展示一张图片或卡片,让学前儿童观察并描述其中的物品、动物或人物。鼓励他们使用形容词、名词和动词进行描述。

(3)将字卡洗匀,发给每个学前儿童一张字卡。鼓励他们根据自己的字卡,选择一个词语与其他学前儿童进行对话或描述。

(4)鼓励学前儿童用自己的话语描述和解释他们所看到的图片或卡片。其他学前儿童可以提问或分享自己的观点。

(5)在每个学前儿童发言完毕后,引导全体学前儿童一起回顾和总结这些发言和观察,鼓励他们提出问题、分享自己的想法和观点。

四、活动延伸

组织学前儿童参与角色扮演活动,让他们扮演不同的角色,并进行对话和交流。教师也可组织学前儿童参与绘画、手工或剪纸等艺术活动,让他们用图画和手工作品表达自己的想法和观点。

任务评价

一、达标测试

(一)最佳选择题

1.儿童开始出现内部言语的年龄大约是(　　)。

A.2 岁　　　　　　B.3 岁　　　　　　C.4 岁

D.5 岁　　　　　　E.6 岁

2.(　　)借助于文字而表达思想感情,传授知识经验,例如写作、朗读、默读等形式。

A.书面言语　　　　B.口头言语　　　　C.自言自语

D.内部言语　　　　E.对话言语

3.4 岁的军军在拼图过程中,常会这样自言自语:把这个放到哪里呢……不对,应该这样……这是什么……对,就应该把它放在这里……军军的这类言语属于(　　)。

A.游戏言语　　　　B.问题言语　　　　C.对话言语

D.连贯言语　　　　E.书面言语

(二)是非题

4.儿童期男孩比女孩的语言发展要慢一些,这主要是由教育造成的。(　　)

5.言语按活动的目的和是否出声,分为外部言语和内部言语两类。(　　)

二、自我评价

言语是人运用语言表达思想或进行交往的过程,是一种心理现象,它表明的是一种心理

交流的过程,是受人心理现象调节的活动。通过学习本任务(表 2-9),学习者能对学前儿童言语发展有一个较为完整的了解,并能运用科学的方法进行研究和学习,从而初步具备相应的知识、能力和素质。

表 2-9 任务学习自我检测单

姓名:	班级:	学号:	
任务分析	学前儿童言语发展		
任务实施	学前儿童言语的发展		
	学前儿童言语能力的培养		
任务小结			

任务五 学前儿童思维发展

小鸡一定会长大

4 岁的熙熙在奶奶家玩耍,听到一家人在聊天的时候奶奶抱怨她自己养的小鸡长得太慢,于是熙熙就去把小鸡埋在沙土里,而且只把小鸡的头留在外面,还用水去浇。他回到屋里时,还告诉奶奶:"奶奶,这样你养的小鸡一定会长大的。"

问题:熙熙为什么会认为这样小鸡一定会长大?

知识目标

1. 了解思维的含义。
2. 熟悉思维的过程和种类。
3. 掌握儿童思维发展的一般规律。

能力目标

1. 观察和描述儿童的思维发展情况,包括感知、注意、记忆、思维和解决问题等方面。
2. 分析和解释儿童思维发展的过程和特点,掌握思维发展的阶段和规律。
3. 设计和实施适合儿童的思维发展活动,如观察实验、逻辑推理和创造性思维活动等。

素质目标

1. 培养儿童的记忆和思维能力,促进他们的信息处理和思维能力的发展。
2. 培养儿童的问题解决能力,提高他们的逻辑思维能力。
3. 能养成求真务实的科学研究精神,坚定文化自信。

项目二 探寻学前儿童认知心理发展

> **任务分析**

子任务一 学前儿童思维的发展

一、思维的概念

思维是什么？恩格斯曾说："思维着的精神是地球上最美的花朵。"人类社会发展至今，思维创造了很多的奇迹。我们在日常生活中常说"我要再想想""你再考虑考虑"这样的话，这里的"想"和"考虑"就是思维。从心理学上说，思维就是人脑对客观事物间接的概括的反映。这与我们之前学习到的感知觉的概念有相同之处但又不完全相同，相同的是它们都是人脑对客观事物的反映，不同的是感觉和知觉反映的是直接作用于感觉器官的事物，而且反映的是表面的特征和外部的联系，而思维是间接地概括地反映事物，而且反映的是事物内在本质的特征与联系。在生活中，我们都有这样的经历，早晨起来推开窗户看外面地上湿漉漉的，我们就会脱口而出地说一句"昨天夜里下雨了"。实际上我们并没有直接感知到下雨，我们是通过湿漉漉的地面间接推断出昨天夜里下了雨的。再比如，我们看到蚂蚁搬家、蜻蜓低飞，可以推断出天要下雨，这也是间接反映事物的表现。

思维的特点除了上面说到的间接性，还有一个特点就是概括性。思维的概括性就是在大量的感性材料的基础上，把同一类事物的共同特征、内在规律、本质属性抽取出来，加以概括的过程。比如，铅笔、钢笔、圆珠笔、中性笔、毛笔等，它们造型不一，形态各异，质地也不一样，但是它们有一个共同的特征，就是它们都可以用来写字，所以可以概括出笔的本质属性——笔是"用来书写的工具"。思维的概括性使我们的认识活动摆脱了对具体事物的依赖性。

由此可见，思维不是与生俱来的，而是在感觉、知觉、记忆等心理过程的基础上产生的，是人类认识过程的高级阶段。思维大大拓展了人们对客观事物认识的广度和深度。

二、思维的过程

（一）分析与综合

分析是指在头脑中把事物的整体分解为各个部分、方面和个别特征的思维过程。例如人的身体由头、颈、躯干和四肢组成，再如把幼儿园教学活动设计分解为活动名称、活动目标、活动重难点、活动准备、活动过程和活动延伸等环节，这些都是分析的过程。综合就是把在头脑中的事物的各个部分、各个方面和各个特征综合起来考虑的思维过程，例如评价幼儿教师故事讲得如何，不仅仅是看普通话是否标准，也不仅仅是看讲述技巧，而是要把故事选材、讲述技巧和形象风度等各个方面综合起来考虑，加以评价。

分析和综合是思维的基本过程，也是不可分割的两个方面。分析能够帮助我们更好地了解事物的组成部分、方面和各个特征，综合可以让我们了解事物的整体和各个部分、方面、特征之间的关系。分析是为了更好地综合,综合必须建立在分析基础上,任何一种思维活动都既有分析的过程,也有综合的过程。

(二)比较和分类

比较是在头脑中把各种事物、现象进行对比,确定它们之间的异同之处以及相互关系的思维过程。例如幼儿园老师将不同的动物图片放在一起,让儿童观察,找找它们之间有哪些地方是不一样的,通过比较可以更好地了解不同的动物的外形特征。分类就是在头脑中把不同的事物、现象根据它们的异同点和相互关系归为不同的类的思维过程。例如通过对不同动物的比较,可以把生活在水里的归为一类,把生活在陆地上的归为一类,把可以飞的归为一类。

分类是在比较的基础上进行的思维活动,比较可以从不同角度把事物、现象进行分类,比较与分类密不可分。

(三)抽象与概括

抽象是在头脑中把同类事物、现象的本质属性抽取出来,而舍弃非本质属性的思维过程。例如"能书写"是对各种笔进行分析、综合、比较之后抽取出来的本质属性,舍弃了造型、形态、颜色、质地等非本质属性,这个思维过程就是抽象。概括就是在头脑中把从同类事物、现象中抽取出来的本质属性结合起来,推广到其他同类事物中去的思维过程。例如将从各种笔中抽象出来的本质属性"能书写"推广到其他的笔中去,从而认识到"笔是能用于书写的工具",这就是概括。

抽象和概括是更高一级的思维活动,通过抽象和概括认识事物、现象的本质属性,可以实现从感性认识到理性认识过程的飞跃。

三、思维的种类

思维从不同的角度,可以分成不同的种类。

(一)根据个体思维发展历程和凭借物的不同

1. 直观动作思维

直观动作思维是依靠直接感知和实际动作来解决问题的思维。其特点是思维不能离开具体的事物,需要直接感知事物;思维也不能离开实际动作,需要在实际操作中进行。它是人类最低水平的思维。我们常看到年龄较小的婴幼儿拿着玩具的时候,就会摆弄玩具进行游戏,如果把玩具从他们手中拿走,他们的游戏就会停止,这就体现了他们的思维离不开具体的事物支持。年龄较小的儿童在进行简单的计数活动时,通常需要借助数手指头才可以完成,这就体现出他们是边做边想的。

2. 具体形象思维

具体形象思维是依靠事物的具体形象或表象来解决问题的思维。这是从直观动作思维向抽象逻辑思维发展的过渡阶段。其特点是思维不再依靠动作而是依靠表象来进行,例如儿童自己有洗澡的经验,也看到过其他家长给孩子洗澡的场景,那么当他拿着布娃娃的时候,他会想到给布娃娃洗澡(图 2-12)。再比如问儿童"1＋2＝?",他们不理解,也不知道怎么回答,但是如果问"1 只小兔子,又来了 2 只小兔子,一共有几只小兔子"时,他们可以运用头脑中小兔子的表象相加计算出来。

图 2-12　小朋友给布娃娃"洗澡"

3. 抽象逻辑思维

抽象逻辑思维是依靠概念、判断以及推理的形式来解决问题的思维。这是思维发展的最高级形式,也是人类思维的典型形式。其特点是思维借助概念来进行,可以认识事物的本质特征和内在联系。例如我们学习的时候理解书本上的概念和原理,日常生活中分析问题和解决问题,都是运用抽象逻辑思维。

(二)根据思维探索答案的方向

1. 集中思维

集中思维又称聚合思维,就是把问题的各种信息集中起来,然后找到一个解决问题的最佳方案或正确结论的思维。比如做数学题时,有一题有很多的解答方法,那我们就会从很多解题思路里筛选出最佳的一种方案。再比如出门旅游前,我们经常会查一查旅游"攻略",结果发现有很多种路线和玩法,那我们最终会从中选择一条最适合自己的线路和玩法。

2. 发散思维

发散思维又称辐射思维,就是从一个目标出发,沿着不同的方向,寻找大量的、不同的答案的思维。如围绕如何更好地在校园里做好垃圾分类工作,会有无数的方法和设想。

集中思维最大特点就是求同,发散思维最大特点就是求异,它们都是智力活动不可或缺的部分。

(三)根据思维的独创性

1. 常规思维

常规思维就是人们运用已有的知识经验,按照惯常的一般规律解决问题的思维。例如我们会用学过的公式去解决同一类型的数学问题。

2. 创造性思维

创造性思维是人们重新组织已有的知识和经验,用新异、独创的方式解决问题的思维。创造性思维在思考和探索问题答案时,是多角度、多侧面、多层次的,具有广阔性、深刻性、独特性、批判性、敏捷性和灵活性等特点。

四、学前儿童思维的发展

(一)学前儿童思维的发生

按照人类典型形式的思维概念,个体思维发生的时间要在六七岁以后。结合上面提到的思维发展不同阶段的凭借物,将思维理解为人脑依靠语言、表象或动作对客观事物间接的概括的反映,从这个角度来说,儿童思维的发生时间比我们想象的要早很多。思维的发生在感知、记忆等过程发生之后,与言语真正发生的时间相同,即2岁左右。2岁以前,是思维发生的准备时期。

(二)学前儿童思维发展的一般规律

根据儿童思维发展的阶段,儿童的思维发展表现出三种方式:直观动作思维、具体形象思维、抽象逻辑思维萌芽。这三种不同的思维方式代表儿童思维发展过程中由低级向高级发展的三个不同阶段。3~6岁的儿童思维还是以具体形象思维为主,在儿童后期抽象逻辑思维萌芽。

1. 直观动作思维(2~3岁)

直观动作思维是指依靠直接感知事物、直接对物体进行操作来进行的思维。这种思维在2~3岁儿童身上表现最明显。

 案例分享2-6

你想要画什么

妈妈看2岁的慧慧拿出画笔和纸张,搬好小板凳准备要画画,于是妈妈就走过去问慧慧:"慧慧,你想要画什么呀?"慧慧并没有回答妈妈,自顾自地继续画,妈妈在一旁坐下来看着她继续画。过了一会,慧慧拿起自己的画给妈妈看,开心地说道:"妈妈,你看,我画的这是立交桥。"

直观动作思维是儿童最早期的思维形式,可能会延续到幼儿园小班,这个时期的儿童思维依赖具体的事物,依靠动作来完成。例如当你问一个2~3岁的儿童,能不能想个办法把桌子上的玩具拿过来时,此时的孩子不会"想",也不回答你的问题,他会马上直接跑到桌子旁,伸长胳膊,踮起脚尖,把玩具拿下来给你。

2. 具体形象思维(3～6岁)

案例分享 2-7

你长得好甜

周末爸爸妈妈带5岁的童童在公园里玩耍,当他们在长凳上休息的时候,妈妈看到旁边一位小女孩特别可爱,于是情不自禁地夸赞起来:"这个小朋友长得好甜哟!"童童赶紧拉着妈妈的衣服问:"妈妈,妈妈,你怎么知道她很甜?你尝过了,是吗?"妈妈被童童这番话逗得笑开了花。

儿童的具体形象思维从3岁开始发展,这也是整个儿童期主要的思维形式。其最大的特点就是思维的具体性和形象性,思维是依靠事物的具体形象或表象来解决问题的。如儿童认为老人就是满头白发的人,头发没有白的人都不是老人;"儿子""女儿"都是指年龄比较小的小孩子,大人不会是别人的儿子、女儿。

具体形象思维的儿童只能理解像桌子、椅子、凳子、笔、书包等这样代表实物的具体概念,而理解不了家具、文具这样的抽象概念。该阶段的儿童思维还有以下其他的特点。

(1)泛灵论。泛灵论是指儿童将一切物体都赋予生命色彩,儿童自己有意识、有情感、有言语,便认为世间万物都是一样有意识、有情感、有言语的。因此,儿童看待事物总是眼光独特、充满幻想、善良的。比如:摘水果的时候认为植物会疼;把玩具摔在地上,玩具也会疼等。儿童经常和玩具对话、游戏,把它们当成自己的伙伴。下面是近代著名的儿童心理学专家皮亚杰(图2-13)与具体形象思维阶段儿童的一段对话,可以看出儿童把太阳也赋予了生命。

皮亚杰:"太阳会动吗?"

儿童:"会动,你走它也走,你转它也转。太阳是不是也跟过你?"

皮亚杰:"它为什么会动呢?"

儿童:"因为人走动的时候它也走。"

皮亚杰:"它为什么要走呢?"

儿童:"听我们在说什么。"

皮亚杰:"太阳活着吗?"

儿童:"当然了,要不然它不会跟着我们,也不会发光。"

图2-13 皮亚杰

(2)自我中心性。自我中心性是指儿童在认识事物时,从自己的身体、动作或观念出发,不能从客观事物本身的内在规律以及他人的角度认识事物,不能认识到自己的思想与别人的思想可能是不一样的。皮亚杰曾用"三山实验模型"(图2-14)和"三山实验"(图2-15)说明了儿童这个思维特点。实验者首先要求儿童从模型的四个角度(即图上标识的a、b、c、d四个角度)观察这三座山,然后要求儿童面对模型而坐,并且放一个玩具娃娃在山的另一边,随后给儿童出示四张不同角度的三山图片,要求儿童从四张图片中指出哪一张是玩具娃娃看到的"山"。结果发现3～6岁的儿童无法完成这个任务,总认为娃娃所看到的山就是自己所看到的那样。

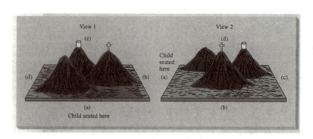

图 2-14　三山实验模型

图 2-15　三山实验

知识链接 2-17：
皮亚杰三山实验

（3）不可逆性。具体形象思维阶段的儿童思维具有不可逆性,即思维只有单向性,不能转换思维的角度,不理解逻辑运算的可逆性。比如 5 岁的儿童不能理解 $A>B$,则 $B<A$。

案例分享 2-8

萱萱的妹妹

萱萱妈妈的一个朋友问 4 岁的萱萱:"你有妹妹吗?"萱萱回答:"我有妹妹。"妈妈朋友接着问萱萱:"你妹妹叫什么名字?"萱萱说:"我妹妹叫多多。"妈妈朋友再问道:"那多多有姐姐吗?"萱萱听了立马摇摇头说:"没有。"

儿童思维的不可逆性主要体现在"守恒"这个问题上。守恒是指个体对物体的本质特征（如重量、体积、长度等）的认识不因外形或其他非本质特征的变化而变化。也就是说,守恒是指儿童认识到客观事物的外部形状发生了变化,其特有的属性也不会改变。皮亚杰设计了著名的液体守恒实验。

液体守恒实验：给儿童看两个一样形状、高度、大小的容器 A 和 B,装着同样多、同样高度的液体,旁边还有一个又细又高的容器 C,把容器 B 里的液体倒入容器 C,然后问儿童容器 A 和 C 里面的液体是否一样多（图 2-16）。

除了液体守恒,还有数量、长度、重量等守恒的概念。由于具体形象思维阶段的儿童缺乏逆向思维的能力,所以这个阶段的儿童还没有获得守恒的概念,不理解物体的形状改变后,可以变回原来的形状,不会影响物体量的稳定。

图 2-16　液体守恒实验

(4)经验性。儿童的思维是根据自己的生活经验来进行的。本节开篇的"任务情境"中 4 岁的熙熙为什么认为把小鸡埋在沙土里,浇点水后,小鸡就一定会长大?原因就是他在生活中见过别人这么种花、浇水,或者他的家人一边种花一边浇水的时候告诉他,要想花儿长得好、长得高,就要记得浇水。可见,儿童总是从自己的生活经验出发去思考问题,解决问题的思维方式带有明显的经验性。

(5)表面性。儿童的思维只是根据具体接触到的表面现象来进行,只能反映事物的表面联系,而不反映事物的本质联系。因此,儿童不能理解家长口中所说的"这个小朋友长得好甜哟"这个"甜"到底是什么,儿童以为的甜就是糖果的味道,只有舌头舔过、吃过才知道甜不甜。儿童思维的表面性要求幼儿教师跟儿童沟通交流的时候不要说反话,因为儿童就会照着表面意思去理解。比如教师对一个儿童说:"你还睡不睡觉了?不睡觉就起来出去。"本来就不想睡觉的儿童一听这话立马爬起来,准备穿衣服出去了,老师哭笑不得地把儿童拉住。

3. 抽象逻辑思维(六七岁后)

儿童期主要的思维方式是具体形象思维,抽象逻辑思维是人类思维的典型方式,儿童期还不能形成这种思维方式。但是在儿童晚期,抽象逻辑思维开始萌芽。例如我们常常遇到幼儿园大班的儿童不管遇到什么事都喜欢问"为什么",好问、好奇,这表示儿童开始努力探寻事物的原因、本质、结果和相互关系,这也是儿童抽象逻辑思维活动的表现。此时,儿童开始获得可逆性思维,并且儿童的思维开始能够去自我中心化,能够认识到他人的观点可能会和自己的观点不同,能够站在他人的角度和立场考虑问题。

(三)学前儿童思维具体领域的发展

1. 儿童概念掌握的发展

概念是人脑对客观事物本质属性的反映,儿童对概念的掌握往往带有明显的具体形象性。例如"鸟"这个概念,儿童往往认为天上飞的都是鸟,所以最初儿童会将飞在天上的飞机说成"鸟",后来会把蜻蜓、蝴蝶说成"鸟"。另外,儿童还不能掌握几个同类概念之上的更高一级的概念。儿童概念的发展有以下特点:

(1)内涵不精准,外延过窄。内涵不精准是指儿童的思维只反映事物外部的表面的特征,而不能反映事物的本质特征。例如,儿童认为"狗"就是指"自己家里养的小狗",或者是指"长毛、有四条腿、会汪汪叫"的动物。对概念的外延儿童也把握不好,不是过宽就是过窄。

概念外延过窄,例如儿童认为只有他家养的是狗,别人家的不是狗;概念外延过宽,例如儿童把天上飞的飞机也说成"鸟"。

(2)以掌握具体实物概念为主。儿童最初掌握的概念,以日常生活中经常接触到的各类事物的名称为主,如人称、玩具、动物、生活用品等。例如儿童先掌握爸爸、妈妈这样的人称,再掌握家人这样的抽象概念;先掌握猫、狗这样的动物名称,然后才掌握动物这样的抽象概念。随着年龄的增长,到儿童后期能够掌握一些抽象概念,如勇敢、团结。但是儿童对抽象概念的掌握水平不高,离不开具体事物的形象或者活动的支持。例如,儿童对礼貌的理解就是早上来幼儿园的时候跟老师打招呼,向老师问好。由此可见,儿童掌握实物概念较为容易,逐渐向掌握抽象概念发展。

2. 儿童判断、推理能力的发展

 案例分享2-9

浮与沉

老师把雪花片、乒乓球、石子、树叶、钥匙、硬币、泡沫板、橡皮泥等放在操作台上,将乒乓球、石子、树叶、钥匙放入水中,让儿童观察并说出什么样的东西在水里会沉下去,什么样的东西在水里会浮起来,推理其他剩下的物品放到水里是会沉下去还是会浮上来。有的儿童说:"小的东西沉下去了,大的东西浮起来了。"还有的儿童说:"轻的东西会浮起来,重一点的东西会沉下去。"在问到剩下的其他东西哪些会沉下去,为什么会沉下去的时候,儿童也是各有各的理由。

在学前儿童期,儿童的判断、推理能力已经初步发展,但儿童的判断、推理往往从事物的表面特征出发,从自己的生活经验出发,具体表现在:

(1)以直接判断为主,间接判断开始出现。儿童以直接判断为主,建立在直接感知和经验的基础上,不需要复杂的思维加工,把事物间的偶然的联系和表面的现象当成是事物的内在联系和本质。例如,3岁的儿童会指着在一起玩耍过的小哥哥说:"王叔叔的小哥哥。"这是根据感知的特征来判断的。而年龄较大的儿童则会说:"王叔叔的儿子。"

(2)判断内容的深入化。从判断的内容来看,儿童的判断开始往往只反映事物的表面、外在联系,然后慢慢向反映事物的本质联系的判断发展。例如前面浮沉实验的例子,如果在小班儿童中开展这个实验,问儿童哪些沉下去、哪些浮起来的时候,小班儿童可能会说"红色的浮上来,黑色的沉下去",或者"圆的沉下去,长长的浮起来",还有的会说"球大,浮起来了",这些判断都是根据表面现象或者偶然性的联系进行的。而大班的儿童认为"钥匙沉下去,因为它很小也很重。"随着年龄的不断增长,儿童能够找到比较准确、有意义的原因,寻找到事物本质联系从而进行判断推理。

(3)判断根据的客观化。从判断的根据来看,儿童的判断开始以对待生活的态度为根据,慢慢发展为以客观逻辑为根据。儿童早期,对事物做出判断和推理都是按照"游戏的逻辑"或者"生活的逻辑"来进行的,不能按照事物本身的客观规律进行。例如:儿童认为球从桌子上滚下去是因为"它想下去玩";浮在水面上的物体是"在洗澡";给桌子铺上垫子是因为桌子"冷"。这些都是儿童以生活的逻辑,从主观的角度,或者"自我中心"的角度去进行判断推理的。随着经验的不断丰富,儿童能够以客观逻辑为根据去进行判断推理。

(4)判断论据的明确化。从判断的论据来看,儿童从没有意识到判断根据,向明确意识到自己的判断根据发展。儿童早期虽然他们也能做出判断,但是他们说不出判断的依据,有的时候会把别人的论据作为论据,比如儿童会说:"这是妈妈说的。""这是我们老师说的。"他们甚至并未意识到判断应该要有论据。随着儿童的发展,他们会不断地寻找论据。最初的论据往往是猜测性或者游戏性的,儿童晚期,儿童会不断修改自己的论据,使之变得更合理。

(5)推理能力随着年龄的增长而发展。儿童期的推理逻辑性较差。例如,当一个3岁的儿童哭泣的时候,如果妈妈说"你再哭,再哭,我今天就不带你去玩了",这个时候儿童会哭得更厉害,因为他还不能推理出"你不哭了,妈妈就带你出去玩"。本节内容一开始的"任务情境"中4岁的熙熙看到大人种花浇水,听到浇花能使花儿长得更好后,把奶奶的小鸡也埋在了沙土里,希望小鸡能够快快地长大。由此可以看出儿童期的推理能力开始发展,但是推理的逻辑性较差。

3. 儿童理解能力的发展

理解就是个体运用已有的知识经验去认识事物的联系、关系以及本质和规律的思维活动。儿童的理解主要是直接理解,中间没有太多的思维过程参与。具体发展趋势如下:

(1)从理解个别事物发展到理解事物关系。这个趋势从儿童理解图画中就可以看出来。儿童对图画的理解,一开始只是理解图画中最主要、最突出的个别人物,然后理解主要人物所处的位置和姿势,最后才能理解主要人物或物体之间的关系。大班的儿童可以用自己的话,将理解的整个画面的意思表达出来。因此,给儿童看的图画书,一定要是图画清晰、简洁的,年龄越小,图画越要求简单,不能过于繁杂,否则儿童就不能理解或者不能正确理解图画的内容。

(2)从依靠具体形象来理解到依靠语言说明来理解。儿童期常常依靠具体形象甚至是实际动作来理解事物。例如4岁的涛涛讲故事时总是边讲边做动作,讲到"大灰狼"时,就把两只手变成爪子放在嘴巴前面,做成大灰狼的样子。幼儿教师或者家长在给儿童讲故事的时候,也会借助具体形象来展开故事情节,例如图片、动物玩偶等,这样能够帮助儿童更好地理解故事内容。随着年龄的增长,儿童对事物的理解能够逐渐摆脱对具体形象的依赖,只靠语言描述来理解,但是对于困难的材料,仍然需要图画辅助。在有直观形象的条件下,儿童的理解效果更好。

(3)从对事物比较简单、表面的理解到比较复杂、深刻的理解。儿童期的理解往往比较简单、直接、表面化,难以理解事物内在、复杂的联系。例如在给儿童讲图画书的时候,儿童往往只能描述图画中的人物动作,而不能理解人物的内心活动。再比如在做早操排队时,老师看到有的孩子缩着脖子、弯着腰,一个老师说,"你们看这样子,像个小老头子一样",结果其他小朋友也都学着"小老头子"的样子。另一个老师说,"你们看小彤,站得笔直,像个解放军一样",这下所有的小朋友又都学"解放军"的样子了。因此,在儿童教育中,教师不能说反话、嘲讽儿童,一定要坚持正面引导。

(4) 从理解与感情密切相关到比较客观地理解。儿童对事物的理解,往往受到他们的情感态度的影响。年龄越小,对事物的理解越不客观;年龄越大,越能够按照事物的客观逻辑去理解。

(5) 从不理解事物的相对关系到逐渐理解事物的相对关系。儿童对事物的理解往往是极端的或者固定的,认为非此即彼,不能理解事物的中间状态或相对关系。比如儿童认为不是好人就是坏人,不是有病就是健康。随着年龄的增长,儿童逐渐理解事物的相对关系。

子任务二 学前儿童创造性思维的培养

创造性思维是人们重新组织已有的知识和经验,用新异、独创的方式解决问题的思维。创造性思维在思考和探索问题答案时,具有广阔性、深刻性、独特性、批判性、敏捷性和灵活性等特点。创造性思维是人类思维的高级形式,既拥有一般思维的特点,也有自己独特的属性。例如曹冲就是打破常规,想到了以前从来没有人用过的称重方法,才解决了称大象重量的难题。

儿童期虽然知识经验有限,思维方法局限,不能像科学家那样真正进行发明创造,但是创造性思维开始萌芽。特别是儿童晚期好奇心强、求知欲旺盛,这个时期要抓住机遇,以培养儿童的创造性思维。

一、创设宽松的、支持性的心理环境

儿童期是创造性思维快速发展的时期,常常会出现与众不同的想法或者做法,如果家长或者老师总是指责儿童问题太多,限制其行动,那么就会挫伤儿童的求知欲,抹杀他们的好奇心。无论是他们的"十万个为什么"还是他们时不时的"小破坏",我们都不能置之不理,也不能大声呵斥,也不要直接告诉他们答案,我们要为儿童的积极思考和探索创设一种宽松、愉快、接纳和支持性的环境,鼓励他们发展自己的创造性。

二、提供动手操作的机会

游戏和活动有利于培养儿童的创造性思维。家长和教师要为儿童提供有利于游戏和活动的场地、材料、时间等,多给儿童提供动手操作的机会,使儿童可以直接感知和操作材料。儿童期思维的典型形式是具体形象思维,因此他们的创造性思维也离不开丰富的、具体的材料。成人不要总是随意干预儿童的游戏和活动,可以在观察的基础上,适时地提供指导。

三、进行创造性思维能力训练

在各种活动和游戏中,训练创造性思维的方法有很多,比如可以向儿童提一些开放性、发散性的问题,让儿童通过自己的思考、想象和探索来回答。比如"水的作用有哪些?""大象的鼻子像什么?"等。提出问题后,等待儿童自己发言,如果有困难,可以陪着儿童一起去探索答案。还有很多创造性思维测验也可以作为训练的方法,但是一定要注意保护儿童的兴趣,不能一味地进行枯燥的训练,否则就会舍本逐末。

任务实施

一、任务描述

可以运用个别谈话或团体谈话的形式,先确定谈话目的,围绕主题谈话,以了解和分析个体或某一年龄阶段儿童的思维发展状况。

二、实施流程

谈话记录示例:皮亚杰与一位5岁儿童的对话。

皮亚杰:太阳会动吗?

儿童:会动,你走它也走,你转它也转。太阳是不是也跟过你?

皮亚杰:它为什么会动呢?

儿童:因为人走动的时候它也走。

皮亚杰:它为什么要走呢?

儿童:听我们在说什么。

皮亚杰:太阳活着吗?

儿童:当然了,要不然它不会跟着我们,也不会发光。

三、任务考核

通过谈话记录分析儿童的思维水平及原因,包含2项内容,每项内容分别计50分,满分为100分。

情境解析

熙熙认为这样小鸡一定会长大的原因可能是他对种植和生长的概念产生了混淆。他可能以为小鸡和植物一样,只要埋在土里并浇水,就能够生长和长大。

这种认识可能源自熙熙对植物的观察和经验。他可能见过植物种子被埋在土里,并通过水分、阳光和养分的供应来生长成为植物。因此,他可能错误地将这种生长过程应用到小鸡身上,认为只要小鸡被埋在土里并浇水,就能够生长和长大。

此外,熙熙还可能受到了成人的言语和行为的影响。他听到奶奶抱怨小鸡长得太慢,可能在他的思维中激发了一种解决问题的欲望。他可能认为通过埋小鸡并浇水,可以加快小鸡的生长速度,从而解决奶奶的不满。

总之,熙熙之所以认为这样小鸡一定会长大,可能是因为他将植物的生长过程错误地应用到小鸡身上,并受到了成人的言语和行为的影响。这是他对生长过程的错误理解和幼稚的解决问题方式所导致的。

> **书证融通**

技能7　活动设计：奇妙思维大冒险

一、活动目标

(1)培养学前儿童的创造力和想象力。
(2)提升学前儿童的问题解决能力和逻辑思维能力。

二、活动准备

(1)观察和思考的素材，如图片、物品或卡片。
(2)问题卡片，每张卡片上写一个问题，可以是关于物品、情景或故事的问题。

三、活动过程

(1)引导学前儿童坐好，向他们介绍活动的目的和规则。鼓励学前儿童积极参与，尊重他人的观点。
(2)展示一张图片、一个物品或一个卡片，让学前儿童观察并思考其中的细节和特点。鼓励他们提出问题、进行推理和假设。
(3)随机选择一个学前儿童，让他/她描述自己观察到的内容，并提出一个问题。其他学前儿童可以提供自己的观点和答案。
(4)将问题卡片洗匀，给每个学前儿童发一张问题卡片。鼓励他们根据自己的问题，进行思考和讨论。其他学前儿童可以提供自己的观点和答案。
(5)在每个学前儿童回答问题后，引导全体学前儿童一起回顾和总结这些观察和思考，鼓励他们提出更多的问题和假设。
(6)鼓励学前儿童在日常生活中保持积极的思维习惯，如观察周围的事物、提出问题和寻找答案。

四、活动延伸

组织学前儿童参与科学实验活动，让他们通过观察和实验，探索自然现象和科学原理。

> **任务评价**

一、达标测试

(一)最佳选择题

1.小班儿童玩橡皮泥时，往往没有计划性，把橡皮泥搓成团就说是包子，搓成条就说是面条,长条橡皮泥卷起来就说是麻花。这反映了小班儿童的(　　)。

　　A. 具体形象思维　　　B. 直观动作思维　　　C. 象征性思维

　　D. 抽象逻辑思维　　　E. 发散思维

2. 儿童难以理解"反话"的含义,是因为儿童理解事物具有(　　)。

　　A. 双关性　　　　　　B. 表面性　　　　　　C. 形象性

　　D. 绝对性　　　　　　E. 可逆性

3. 儿童典型的思维方式是(　　)。

　　A. 具体形象思维　　　B. 辩证性思维　　　　C. 象征性思维

　　D. 抽象逻辑思维　　　E. 直观感知思维

(二)是非题

4. 思维是人脑的机能,而人脑是物质发展的最高成就。(　　)

5. 创造性思维是天生的,无法培养。(　　)

二、自我评价

根据个体思维发展历程和凭借物不同,可以把思维分为直观动作思维、具体形象思维和抽象逻辑思维;根据思维探索答案的方向,可以把思维分为集中思维和发散思维;根据思维的独创性,可以把思维分为常规思维和创造性思维。儿童的思维发展表现出三种方式:直观动作思维、具体形象思维、抽象逻辑思维萌芽。3～6岁的儿童思维还是以具体形象思维为主,在儿童后期抽象逻辑思维萌芽。通过学习本任务(表2-10),学习者能对学前儿童思维发展有一个较为完整的了解,并能运用科学的方法进行研究和学习,从而初步具备相应的知识、能力和素质。

表2-10　任务学习自我检测单

姓名:	班级:	学号:	
任务分析	学前儿童思维发展		
任务实施	学前儿童思维的发展		
	学前儿童创造性思维的培养		
任务小结			

任务六　学前儿童注意发展

小鸟飞进来了

中班的李老师正在给小朋友讲《三只蝴蝶》的故事,小朋友们听得津津有味,突然窗外飞来一只小鸟,小朋友们的注意力都转移到小鸟身上去了,再也无心听故事,李老师只好和小朋友一起捉住小鸟放在纸箱。李老师想继续讲故事,但是小朋友们的注意力都在小鸟身上。

问题:小朋友出现了什么心理活动?

任务目标

知识目标

1. 了解注意的概念。
2. 熟悉注意的基本特点和外部特征。
3. 掌握注意的分类和儿童注意发展的特点。

能力目标

1. 观察和描述儿童的注意发展情况,包括注意力的稳定性、集中度和分配能力等方面。
2. 分析和解释儿童注意发展的过程和特点,掌握注意力发展的阶段和规律。
3. 设计和实施适合儿童的注意发展活动,如注意力训练、注意力游戏和注意力调节活动等。

素质目标

1. 培养儿童的注意力稳定性,提高他们在学习和活动中的持续注意力。
2. 培养儿童的注意力集中度,提高他们对特定任务的专注和集中能力。
3. 培养儿童的注意力分配能力,提高他们在多任务环境下的注意力分配和转移能力。

任务分析

子任务一　学前儿童注意的发展

一、注意概述

(一)注意的概念

注意是指心理活动对一定对象的指向和集中。当人们的心理活动朝向某个目标时,此时心理活动所指向的对象就表现为注意的对象,它不仅仅指向外部的活动和事物,也可以是个体内在的心理活动和机体状态。儿童做游戏、画画、看电视、听故事、学儿歌等活动表明,生活中的方方面面都离不开注意,所以注意能直接影响个体的行为和活动,是人们任何实践活动都不可缺少的一种心理现象。

(二)注意的基本特点

注意的两个基本特点是指向性和集中性。

1. 指向性

注意的指向性是指心理活动指向某个对象,而忽略了另一些对象。人在同一时间内不能感知很多对象,只能感知环境中的少数对象,而要获得对事物清晰、深刻和完整的反映,就需要使心理活动有选择地指向有关的对象。例如,侧耳倾听某人说话时,就会忽略房间内其他人的交谈。

2. 集中性

注意的集中性是指心理活动在指向某一事物的同时,所表现出来的强度和紧张度。当人们把注意力集中到一个事物上,使活动得以进行下去并完成,此时,个体只关注心理活动所指向的事物,抑制了与当前对象无关的活动。例如,古人"两耳不闻窗外事,一心只读圣贤书",能够对其余事物"视而不见""听而不闻","专心致志"地"读圣贤书",就体现了注意的集中性特点。

注意不是一种独立的心理过程,而是一种心理状态,它伴随着感知觉、记忆、想象、思维等心理过程的出现而出现,没有注意的参与,任何心理活动都无法很好地进行。例如,学生上课不注意听,就没办法理解教师所教内容,所以上课时,教师常说"注意听!""注意看!""注意思考!"另外,教师很容易根据学生的行为表现判断其注意力是否集中在课堂上,是因为注意有非常明显的外部特征。

(三)注意的外部特征

人在注意某个对象时,常常伴有特定的生理变化和外部表现,主要有以下表现。

1. 适应性运动的出现

人在选择性地注意某个对象时,通常会集中注意力于这个对象。例如,当人处于"侧耳倾听""目不转睛""全神贯注"的状态时,周围的对象就会变得模糊起来。

2. 无关运动的停止

注意发生时,个体会自动终止与注意无关的动作。例如,学生注意听讲时,就会停止小动作,专注于课堂内容。

3. 生理运动的变化

个体在注意发生时,呼吸会变得轻微而缓慢,一般来说,吸得短促、呼得更长,如"屏气敛息";处于紧张状态时,个体会出现心跳加速、拳头紧握、屏住呼吸等现象。

(四)注意的分类

根据注意有无目的性、是否需要意志努力,我们可以把注意分为无意注意、有意注意和有意后注意。

1. 无意注意

无意注意,也称不随意注意,是指事先没有预定目的,也不需要意志努力的注意。例如,儿童正在听故事,突然从教室外面进来一个人,这时儿童不由自主地看向这个人。无意注意更多被认为是由外部刺激物所引起的一种消极被动的注意,是注意的初级形式。

2. 有意注意

有意注意,也称随意注意,是指有预定目的,需要一定意志努力的注意。例如,儿童听到上课铃响,会立刻走进教室,努力将注意力从游戏活动转向并集中到教师的课堂教学中来。

个体工作和学习中的大多数心理活动都需要有意注意,它受人的意识调节和控制,是人类所特有的一种注意。

3. 有意后注意

有意后注意,也称随意后注意,是指有自觉的目的,但不需要意志努力的注意。有意后注意是注意的一种特殊形式,通常是有意注意转化而成的,同时具有无意注意和有意注意的某些特征。有意后注意既服从于当前的活动任务,又能节省意志努力,因而对完成长期、持续的任务特别有效,并且是人们从事创造性活动的必要条件。例如,个体刚开始学习骑自行车时,要控制车头的方向,注意踩脚下的踏板,双手还要紧握车把以防突发情况以便及时刹车,这些活动的进行既有目的,又需要一定的意志努力才可以完成;当骑自行车成为一项熟练的技能后,即使没有意志努力,个体依然可以熟练地骑行,甚至可以变换花样,比如单手扶把骑行。

二、儿童注意的发展特点

3岁前,儿童的注意主要是无意注意;3~6岁,儿童的有意注意开始逐渐发展,但是这一阶段仍然是无意注意占优势。

(一)儿童的无意注意占优势

在儿童的活动中,无意注意是大量存在的。引起儿童无意注意的因素主要有以下两大类。

1. 刺激物本身的特点

(1)刺激物的强度。刺激物的相对强度和绝对强度都会引起人的无意注意。例如,安静的房间里,大家都在睡觉,两个小朋友窃窃私语或巨大的声响,容易引起儿童的无意注意。

(2)刺激物的对比性。刺激物在形状、大小、颜色等方面的差异性显著或对比鲜明,容易引起人的无意注意。例如,给儿童呈现阅读读物时,最好使用色彩鲜明的图书(图2-17)。

(3)刺激物的新异性。未曾见过的事物和熟悉对象的奇特组合都会引起人的无意注意。例如,同学穿奇装异服来学校,很容易吸引人的眼球。

(4)刺激物的运动变化。运动的刺激物容易引起人的无意注意。例如,夜晚远处的霓虹灯、夜空中划过的流星、播放的视频等。

也就是说,刺激比较强烈、对比比较鲜明、新异和变化多端的事物容易引起儿童的无意注意。因此,在实际教学过程中,教师应恰当地利用这些因素,以助于儿童教育活动的组织。例如,教师选择和制作的玩教具必须是颜色鲜明、对比性强、形象生动、多样化的(图2-18)。另外,教师抑扬顿挫的言语、丰富多彩的教育内容和多样化的教育方法更容易吸引儿童注意力。

图 2-17 教师带着幼儿读绘本

图 2-18 教师们制作颜色鲜艳的玩教具

2. 个体主观因素

（1）儿童日益丰富的兴趣、需要和生活经验，使其对更多的事物产生无意注意。

（2）儿童的兴趣和需要各不相同，引起注意的对象也有可能不同。例如，喜欢画画和手工的儿童看到有美术作品展览，就会不由自主地凑上去观赏。再如电视节目中出现了动画片，就会吸引正在玩玩具儿童的注意力。

（3）凡是儿童熟悉的事物或见过的东西，容易引起儿童的注意。例如，听过的故事、动画片主题曲容易引起儿童的无意注意。

案例分享 2-10

听故事与叠小鸟

一个儿童正在听妈妈讲《小王子》的故事，突然听到窗外小伙伴们欢乐的笑声，不想听故事了，想跟小伙伴玩；另外一个儿童说："在手工活动的时候，老师教我们叠一只很可爱的小鸟，叠这只小鸟可真不容易，一会儿要往里折，一会儿要往外折，好复杂……但我终于折好了小鸟，心里可高兴了！"

（二）儿童的有意注意初步发展

有意注意是我们自觉控制的注意，它服从于我们生活、学习的需要与任务。发展儿童的有意注意途径如下。

1. 加深儿童对活动目的和任务的理解程度

儿童活动的目的性越强，任务越明确，对活动意义的理解越深刻，就越能引起和维持有意注意。儿童如果明白成人让他做的事，而且知道具体的任务是什么，他就会按要求完成任务，在这一过程中儿童是需要有意注意的。因此，让儿童理解活动的目的，知道有什么任务，有助于提高儿童的有意注意。但须切记，为儿童提供的活动目的必须是具体明了的，任务必须是简单的，而且内容是儿童认知能力范围内和易于理解的东西。

2. 培养儿童的间接兴趣

儿童如果对所进行的游戏或活动感兴趣,那么,儿童就会自觉地使自己投入活动,并且主动参与活动。例如,钢琴、美工、舞蹈等活动本身就能引起我们的兴趣,这属于"直接兴趣"。有些事物本身并不一定有趣,但其结果对我们有价值、有意义,因而引起我们的兴趣,这就是"间接兴趣"。例如,有的儿童不喜欢舞蹈,但他对参赛后得到的荣誉感兴趣,所以会积极排练舞蹈,参加各种比赛。因此,为了引起和维持儿童的有意注意,培养兴趣(尤其是间接兴趣)至关重要。

3. 开展丰富多彩的活动,合理组织活动

儿童的有意注意是在活动中发展起来的。在活动中,儿童通过参与、体验活动的趣味性,努力把自己的注意力集中于活动中,使自己的活动有目的,并在老师的提醒下完成活动。所以,幼儿园各种游戏、竞赛与训练活动的开展对发展儿童的有意注意具有积极的作用。

在组织儿童进行活动时,最好把儿童的智力活动与实际操作活动结合起来,这样有助于维持儿童的有意注意。如让小朋友看图画书时,可以让儿童用手指着画,这样可以帮助儿童注意图画书中的内容;反之,如果让儿童长时间单纯坐着听老师讲解,儿童就不易将注意保持在这一活动上。

4. 给儿童提供言语指导和言语提示

成人可以通过言语指导提醒儿童必须完成的动作和注意事项。当儿童出现注意力不集中的现象时,教师的言语指导会将儿童的注意力拉回到活动中来。此外,儿童的自我言语指示也有助于自身有意注意的发展。

5. 培养儿童坚强的意志品质

有意注意需要一定的意志努力来维持,因为个体需要对抗来自身体内外的无数干扰,如外部环境的噪声、诱惑,身体内部的疲劳、疾病、不良情绪等。要排除这些干扰,个体必须发挥意志的力量,把注意力集中在当前任务上。意志力坚强的人会设法排除干扰、保持注意;意志力薄弱的人,很容易受到外界的诱惑,导致注意力分散。例如,上课的时候,儿童分心看图画书,就不利于注意力的集中和维持。因此,教师应注意到儿童的个别差异性,在活动中有目的地发展儿童的有意注意。

 案例分享 2-11

儿童守"城堡"

在一个活动中,老师让两名儿童各守一个"城堡"。结果发现:一个儿童能把自己的注意力始终保持在分配的任务上;另外一个儿童虽然注意着"城堡",但时间保持稍短,最后竟随着奔跑的小朋友而去,忘了自己的任务。

总的来说,儿童的有意注意处于较低水平,稳定性差,需要依赖于成人的组织和引导。

三、儿童注意发展中的问题及应对

(一)儿童注意的分散与应对

注意的分散是与注意的稳定性相反的一种状态,它是指儿童的注意离开了当前应该指向的对象,而被一些无关的刺激物所吸引的现象,俗语叫作"分心"。

1. 儿童注意分散的原因

儿童的无意注意占优势,自我控制能力差,注意力容易分散,这是儿童注意比较突出的一个特点。一般注意分散的原因有以下几点:

(1)无关刺激的干扰。

儿童容易被新异、多变、强烈的刺激物所吸引,这些无关刺激物都容易使儿童的注意分散。如在环境创设时教室的布置过于繁杂、上课的时候环境喧闹等,都会引起儿童注意的不集中。

(2)疲劳。

儿童如果长时间处于单调或紧张的活动状态下,就会容易产生疲劳。例如,小班儿童跟着老师连续30分钟学唱一首儿歌,会因为持续进行单调的活动产生疲劳,因而分心。除此之外,儿童不合理的作息时间同样会导致注意力分散。例如,儿童在家里看电视看得很晚,或者与成人一起睡得很晚,会因休息不充分而造成疲劳。

(3)注意转移的能力差。

儿童注意的转移能力还不是很好,他们往往不能根据活动的需要及时将注意集中在当前应该注意的事物或活动上,因而儿童在进行新的活动时,心里还"惦记"着前一个事物,出现注意的分散。

(4)不能很好地进行两种注意的转换。

实际活动中,无意注意和有意注意共同参与、相互配合。只有无意注意的活动难以持久和深入,例如,新异刺激的出现会引起儿童的无意注意,然而当刺激失去新异性时,儿童便不再注意;只有有意注意的活动容易让儿童觉得枯燥、乏味和疲劳,例如,教师一味地讲课,而不用新异刺激吸引儿童,就很难维持其有意注意。儿童期以无意注意占优势,任何新奇多变的事物都容易引起无意注意;由于生理特点的影响,儿童又很难长时间保持有意注意,因此需要教师的引导。

2. 应对儿童注意分散的策略

对于幼儿教师来说,防止儿童注意分散,要从以下方面考虑:

(1)排除无关刺激的干扰。

影响教学的刺激干扰来自方方面面,因此,教师应采取针对性措施预防儿童注意分散。如教室布置应整洁优美,新布置过的教室最好及时组织儿童参观;教室周围的环境尽量保持安静;教具应密切配合教学,不必过于新奇;出示教具应适时,不用时切不可摆在显要的位置上;教师的衣着应朴素大方;个别儿童注意力不集中时,不要中断教学点名批评,最好稍做暗示,以免干扰全班儿童的活动。

(2)制定并严格遵守合理的作息制度。

合理的作息制度可以使儿童得到充分的休息和睡眠,也是保证儿童集中注意力于各种活动的前提条件。因此,教师应经常与家长联系,共同保证儿童养成良好的生活习惯和作息规律,从而使儿童精力充沛地参加游戏和活动,以防止儿童注意分散。

(3)合理组织教育活动。

幼儿园在组织儿童活动时,活动内容不能太过单调,形式应多样化,且活动时间不能超过儿童各年龄阶段所适合的时间。另外,教师在组织活动时,应明确活动目的和教学任务,合理选择教学内容,恰当安排教学活动,有效地引导儿童将注意力保持在当前的活动上。

幼儿园的教育活动应符合儿童的兴趣和发展需要,活动内容应贴近儿童的生活,且是他们关注和感兴趣的事物;活动方式应尽量"游戏化",使儿童在活动过程中有愉快的体验;组织形式应有利于师幼之间、同伴之间的交往;活动过程中要让儿童主动活动、动手动脑、积极参与。

(4)灵活地交互运用无意注意和有意注意。

鉴于两种注意本身的特点和儿童注意发展的特点,教师既要充分利用儿童的无意注意,也要培养和激发其有意注意。两种注意相互配合、相互交替,才能使活动和任务的完成达到最佳效果。在教育教学过程中可以运用新颖、多变、对比鲜明的刺激吸引儿童注意,同时提出具体明确的要求,使他们能主动地集中注意,防止注意分散。教师在活动中恰当地引导儿童进行两种注意的转换,不仅有助于儿童维持注意,防止注意的分散,还可以使儿童在活动中减少疲劳,提高活动兴趣,产生愉快情绪,使其大脑活动有张有弛,既能完成活动任务,又不至于过度疲劳,从而使儿童的活动得以顺利进行。

 案例分享2-12

三心二意的洋洋

大班儿童洋洋九月就要入小学了,妈妈为了让洋洋更好地适应学校生活,每天洋洋从幼儿园回来以后,便让他做10道20以内的计算题和认读20个生字。可是洋洋总是被院子里孩子们的笑声所吸引,不到5分钟便会以各种理由开溜,由于注意力不集中,最后完成妈妈布置的任务用了一个半小时,而且效果很不理想。

(二)审慎对待儿童的"多动"现象

家长和教师对儿童的"多动"现象颇为头疼,并且可能会把它与"多动症"画等号。其实,这是一种观念的误区。多动症,又称为注意缺陷多动障碍(ADHD),是儿童的一种行为问题,表现为与年龄和发育水平不相称的注意力不集中、注意时间短暂、活动过度和冲动,并伴有学习困难、品行障碍及适应不良。

上述多动症的特征中,主要特征之一就是"多动",表现为注意力不集中。"多动"与"多动症"是不同概念。多动即爱动,是儿童精力旺盛的一个表现;多动症儿童比起活泼好动的孩子来说,注意力更不稳定,动作显得更多,严重的还容易出现不良行为。多动症儿童注意分散现象非常严重,只有在成人的严格要求和不断督促下才能稍有注意并进行活动。

"活泼好动"的儿童与"多动症"儿童的区别如下。

1. 成因方面

活泼好动的儿童由于大脑皮层的兴奋和抑制过程发展不均衡,精力无处发泄而产生多动行为;多动症的表现是疾病遗传、神经递质失衡、脑功能缺陷和产前产后环境污染等多种因素相互作用的结果。

2. 注意力方面

活泼好动的儿童对感兴趣的事情会积极主动,注意力集中;多动症儿童则是做任何事都缺乏注意力,极易受外界刺激的干扰,做事情有头无尾、丢三落四。

3. 自控力方面

活泼好动的儿童在特别要求下能约束自己,可以静坐;而多动症儿童却静不下来,不分场合地过多活动。

4. 行为方面

活泼好动的儿童好动一般是有原因、有目的的;多动症儿童行为缺乏目的性,具有冲动性。

5. 生理方面

活泼好动的儿童思路敏捷、动作协调,记忆力、辨认力强;而多动症儿童在这些方面则有明显不足。

知识链接 2-18:幼儿多动症及其表现

因此,家长和教师不能因一两个特征就给儿童冠以"多动症"的结论,应审慎对待儿童的多动现象,既不能轻率地把儿童的爱动、多动现象归为多动症,也不能忽视儿童注意的不稳定现象。另外,教师要善于分析儿童注意不稳定的原因,注重儿童良好习惯的养成,在活动中逐渐提高儿童的注意力水平。

子任务二　学前儿童注意品质的培养

衡量一个人注意力好坏的标准是注意的品质,儿童注意的品质包括注意的广度、注意的稳定性、注意的分配及注意的转移。

一、注意的广度与儿童的活动

注意的广度,也叫注意的范围,是指一个人在同一时间内能够清楚地察觉和把握对象的数量。把握对象的数量越多,注意的广度越好;把握对象的数量越少,注意的广度就越差。"一目十行""眼观六路""耳听八方"指的都是注意的范围。

(一)影响因素

儿童注意的广度比较小,随着年龄的增长,注意的广度逐渐扩大。影响儿童注意广度的因素主要有以下三个方面。

1. 生理制约

心理学研究表明,人的注意广度受到生理因素的制约。儿童初期能辨认 2 个注意对象;随年龄的增长,注意广度不断扩大,到儿童晚期时已能辨认 4 个。扩大注意的广度主要是把信息对象形成组块,使各个对象之间能联系为一个整体。

另外,注意的紧张度(集中度)与注意的范围有密切的联系:注意的紧张度越高,注意的范围越小;注意的范围越大,要保持高度紧张的注意就越困难。

2. 注意对象的特点

研究发现,在活动任务相同的情况下,注意的对象排列有规律时,注意的广度就要大一些;而排列没有规律的情况下,注意的广度就小一些。注意对象的颜色、大小相同时,注意的广度会大一些;对于颜色多、杂,大小不一致的对象,注意的广度就小一些。

3. 活动的任务和个人的知识经验

一般来说,如果在活动中要求的任务比较多,那么,个体的注意广度就要受到一些限制。另外,知识经验越丰富,注意的广度就越大。例如,同样是看书,刚刚识字的儿童会一个字一个字地读,而经常阅读的成人可以做到"一目十行"。

(二)教育策略

(1)呈现的直观教具应排列有序,数目不能过多。

儿童注意的广度与活动对象的特点有关,所以,排列有序的直观教具有利于儿童注意广度的发展。

(2)提出明确、具体的要求,同一时间内任务不能太多。

如果呈现的活动与儿童的已有经验有关,那么,注意的广度会大一些;如果呈现的是较困难的任务,那么,注意的广度会小一些。因此,教师应提出明确、具体的任务,并与儿童的已有经验联系起来,促进儿童注意广度的发展。

(3)采用新颖、多样的教学方法引起儿童的兴趣,以帮助其获得知识经验,扩大注意的广度。

采用新颖、多样化的教学方法可以激发儿童的兴趣,促进儿童知识经验的获得;知识经验的增加,有利于扩大儿童注意的广度。

二、注意的稳定性与儿童的活动

注意的稳定性,是指注意力在同一活动范围内所维持的时间长短。持续时间短,稳定性差;持续时间长,注意的稳定性好。注意的稳定性对儿童活动的完成具有重要意义,儿童要听完一个故事、做完一件手工、玩一个完整的游戏都离不开稳定的注意,可以说注意的稳定性是儿童进行活动的重要保证。

(一)影响因素

儿童注意的稳定性比较差,难以持久、稳定地进行有意注意。儿童注意的稳定性受到以下因素的影响。

1. 活动和对象的特点

活动的游戏化、与儿童操作活动相结合的教育教学活动符合儿童的兴趣和需要,利于更持久地注意;从注意的对象上看,个体对新颖、生动、形象鲜明的事物集中注意力的时间更长。

2. 儿童自身的因素

儿童的身体状况不良,如生病、精神不佳时,注意力维持时间短。另外,注意的稳定性与儿童的自制能力有密切关系。

(二)教育策略

儿童注意的稳定性比较差,在不同的年龄阶段,其注意的稳定性是有明显差异的。实验证明:在良好的教育环境下,3岁儿童能够集中注意3~5分钟;4岁儿童注意可持续10分钟左右;5~6岁的儿童注意能保持15分钟左右。

那么,在教育教学过程中,教师如何帮助儿童维持注意力呢?

(1)教育教学内容应符合儿童心理发展水平,难易适当。

例如,舞蹈课上教儿童跳《小天鹅》,即使有老师的示范动作,儿童也很难掌握动作要领,因为《小天鹅》的基本舞姿对儿童来讲太难。

知识链接 2-19:
儿童上课时间表

(2)教育教学的方式要新颖多变,富于变化。

例如,教小朋友认识"菊花",只用眼睛看,不如让儿童看一看、闻一闻、摸一摸、尝一尝等,多种感官共同参与效果好。

(3)幼儿园授课时间应当有别,集体活动时间适当、内容多样。

例如,在教学活动中,如果教师提出一个很有趣的问题,儿童就能注意一段时间;如果与操作活动相结合,儿童也能把注意力保持在活动上。可是当儿童把问题回答完或操作完之后,他们的注意就容易转向其他事情。因此,不能用成人的标准来要求儿童长时间地将注意力集中在一个事物或活动上面,在设计与组织活动时,活动内容不应太单调、时间太长。

三、注意的分配与儿童的活动

注意的分配,是指在同一时间内把注意分配到两种或几种不同的对象与活动上。例如,儿童一边唱歌、一边跳舞就是注意的分配。因此,同时兼顾的活动越多,且各项活动稳定持续地进行,则注意的分配能力越强。

(一)影响因素

1. 同时进行的活动的性质

同时进行的活动,如果是操作性的技能动作,则注意力较容易分配;如果同是智力活动,如边背书边做数学题,就很难同时进行。

知识链接 2-20:
儿童的注意分配能力

2. 活动的熟练程度

同时进行的几种活动越熟练,注意的分配效果就越好。

案例分享 2-13

儿童与成人如此不同

大人吃饭时,可以谈笑自如,丝毫不影响进餐,而且由于交谈带来了愉快气氛,还增加了食欲。儿童如果注意听别人说话,就会停止吃饭;如果儿童自己说话,他就会把碗筷都放下,甚至还站起来,手脚一起比画。

儿童的注意受外界因素影响较大,注意的分配能力比较差。例如,儿童很难做到边听、边说、边吃饭,因此,幼儿园要求儿童专心吃饭,不许随便说话,以保证儿童吃好、消化吸收好。

知识链接 2-21:
儿童注意分配能力发展的特点

(二)教育策略

(1)通过各种活动,培养儿童注意的稳定性与自制力。

儿童注意分配能力的发展依赖于注意的稳定性与自制力。随着儿童自制力的发展,儿童才能更好地集中注意力于活动,促进注意分配能力的发展。

(2)加强动作或活动的练习,使儿童的动作熟练化。

多次有意识的练习活动可以使儿童的动作熟练化,在反复训练的基础上可以形成大脑皮层上各种各样的牢固的暂时性神经联系,有利于儿童注意的分配。

(3)同时进行的活动应保持密切的联系。

在头脑中保持活动间的联系,并构建成一个整体,才能做到"一心多用"。

四、注意的转移与儿童的活动

注意的转移,是指根据任务,儿童主动、及时地将注意从一个对象或一种活动转移到另一对象或另一活动中去。注意转移的过程虽然表现为从一个对象(活动)到另一个对象(活动),但是其目的都是服从于同一个任务,且是个体积极主动的行为,属于有意注意。

(一)影响因素

1. 原来活动的吸引力

原来活动的吸引力越大,儿童注意的强度高,则难以转移注意;反之,原来活动的吸引力小,注意就容易转移。

2. 新活动的特点

如果引起注意的新活动符合儿童的需要和兴趣,则注意的转移容易实现。

3. 人的神经系统活动的灵活性

神经系统活动灵活性强的儿童能够在必要的情况下顺利地把自己的注意从一个对象转移到另一个对象,神经系统活动灵活性差的儿童则不能。

(二)教育策略

(1)教学内容应以儿童的兴趣、需要、生活经验为出发点。

幼儿园的教学内容应考虑到儿童的身心发展水平,以其兴趣、需要、生活经验为出发点,提供直观、形象、鲜明、生动的玩教具吸引儿童的注意,促进儿童注意转移能力的发展。

(2)通过多种活动锻炼儿童神经系统活动的灵活性,给予启发和指导。

在新颖生动与多样化的教学内容中,帮助儿童积累知识经验,激发儿童学习的积极主动性,使儿童能够根据活动任务,主动地将注意力从一个对象转移到另一个对象。

任务实施

一、任务描述

通过运用实验法,对儿童有意注意发展水平进行评价。

二、实施流程

(1)实验目的:通过改变儿童在完成任务时有无干扰因素,结合完成任务的效果分析其注意的有意性水平。

(2)实验内容:"连点成图"。

(3)实验对象:小、中、大班儿童各5名。

(4)实验准备:两套等质的由三种不同颜色的物体形象交织而成的彩点图(图的数量与被测人数相等);三种颜色的彩笔(与被测人数等量);预定好操作时限。

(5)实验步骤:

作图一(在安静的环境中进行)。

让儿童明确任务。(指导语:小朋友,老师要请你们把图上的黄点用黄色的彩笔连起来。老师说开始才能开始,听到老师说"停"你们就把笔停下来。)

儿童操作,教师观察记录儿童的神态和按时下发指令。

作图二(次日同一时间进行。环境中设置干扰条件,例如,其他老师在弹钢琴,阿姨在搞卫生,有人在交谈等)。

步骤、指导语同上。

儿童操作,教师观察记录儿童的神态和按时下发指令。

三、任务考核

评分标准:根据儿童作画时候的分心状态评价,如图一连5个点以下为分心程度强;5~10个点为分心程度中;10个点以上为不易分心。

情境解析

　　小朋友出现了对新鲜事物的兴趣和好奇心。当窗外飞来一只小鸟时,他们的注意力被吸引过去,他们对小鸟的出现感到新奇和兴奋。这种新鲜事物的出现使得小朋友们对故事失去了兴趣,他们更加关注和关心小鸟。这表明小朋友们对周围环境的变化和新事物具有强烈的好奇心和求知欲。他们希望能够亲身体验和探索这个新奇的事物,而不再关注李老师正在讲的故事。

技能8　活动设计:小小侦探

一、活动目标

(1)帮助学前儿童提高注意力水平和集中注意力的能力。
(2)培养学前儿童的观察力和细节注意力。
(3)提升学前儿童的注意转移能力和反应抑制能力。
(4)增强学前儿童的团队合作意识和沟通能力。

二、活动准备

(1)观察和注意的素材,如图片、卡片或物品。
(2)任务卡片,每张卡片上写一个任务,如找出不同的图案、找到隐藏的物品等。
(3)记录表格,用于学前儿童记录他们的观察和发现。

三、活动过程

(1)引导学前儿童坐好,向他们介绍活动的目的和规则。鼓励学前儿童积极参与,尊重他人的观点。
(2)展示一张图片、一个物品或一个卡片,让学前儿童观察并注意其中的细节和特点。鼓励他们提出问题、进行推理和假设。
(3)随机选择一个学前儿童,给他/她一张任务卡片,让他/她完成任务。其他学前儿童可以提供帮助和观察结果。
(4)在每个学前儿童完成任务后,引导全体学前儿童一起回顾和总结这些观察和发现,鼓励他们提出更多的问题和假设。
(5)鼓励学前儿童进行角色扮演游戏,其中一个学前儿童扮演小小侦探,其他学前儿童扮演目击者,小小侦探需要通过观察和提问来找出事件的真相。
(6)引导学前儿童进行小组活动,每个小组选择一个任务,并共同合作完成。鼓励他们分享观察结果和思考过程。

四、活动延伸

组织学前儿童参与迷宫游戏,鼓励他们通过观察和注意力转移找到正确的路径。

> **任务评价**

一、达标测试

(一)最佳选择题

1. 儿童出生后就出现注意现象,这实质上是一种(　　)。
   A. 选择性注意　　　　B. 有意注意　　　　C. 定向性注意
   D. 随意注意　　　　　E. 无意注意
2. 小班儿童唱歌忘了动作,做了动作,忘了唱歌,这说明儿童注意(　　)。
   A. 容易转移　　　　　B. 容易分散　　　　C. 广度不够
   D. 分配能力差　　　　E. 注意力增强
3. 5~6岁的儿童注意能保持(　　)分钟左右。
   A. 10　　　　　　　　B. 15　　　　　　　　C. 20
   D. 25　　　　　　　　E. 30

(二)是非题

4. 在组织儿童进行活动时,最好把儿童的智力活动与儿童的实际操作活动结合起来,这样有助于维持儿童的有意注意。(　　)
5. 有些儿童注意力集中时间非常短暂、爱动,这类多动的儿童就是多动症患者。(　　)

二、自我评价

儿童注意的分散受到无关刺激的干扰、疲劳、注意转移的能力差、不能很好地进行两种注意的转换等因素的影响,因此,在教学过程中,幼儿教师应排除无关刺激的干扰,帮助儿童制定并严格遵守合理的作息制度,合理组织教育活动。通过学习本任务(表2-11),学习者能对学前儿童注意发展有一个较为完整的了解,并能运用科学的方法进行研究和学习,从而初步具备相应的知识、能力和素质。

表2-11　任务学习自我检测单

姓名:	班级:	学号:	
任务分析	学前儿童注意发展		
任务实施	学前儿童注意的发展		
	学前儿童注意品质的培养		
任务小结			

项目三
体验学前儿童情绪与情感发展

项目导航

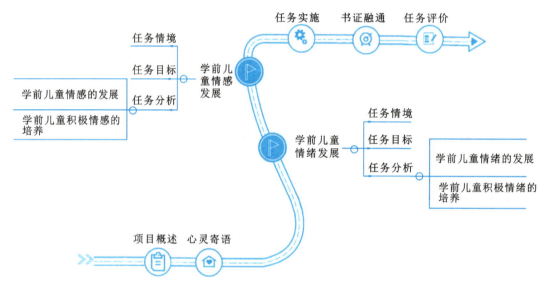

项目概述

情绪情感是心理过程的一个重要方面,是对客观事物的态度和体验,生活中常说的"喜""怒""哀""乐"都是人们情绪情感的表达方式,它对智慧的发展、德行的养成以及个体的成长来说,如同阳光、雨露。本项目在介绍情绪情感的内涵之后,重点讲述了儿童情绪情感的发展特点以及积极情绪情感的培养措施,希望学生在学习理论知识以后,学会联系实际生活案例进行分析。

心灵寄语

每个孩子都是一粒种子。我愿做阳光,给他们以温暖;我愿做雨露,给他们以滋润;我愿做土壤,给他们以勃勃生机。希望各位同学将幼教工作当作自己的事业去经营,孩子就是你们事业的基础,用心去对待每个儿童,让每个孩子喜欢你是不懈追求的目标。

项目三 体验学前儿童情绪与情感发展

任务一 学前儿童情绪发展

任务情境

开学初,豆豆紧紧搂着妈妈的脖子,不愿去幼儿园,当老师去搂豆豆时,豆豆突然哇哇大哭起来,被老师抱过去的他,哭得越来越厉害,丝毫不听老师的安慰……

问题:豆豆出现了什么样的心理现象?这种现象正常吗?

任务目标

知识目标

1. 了解情绪的概念。
2. 熟悉情绪对儿童发展的作用。
3. 掌握儿童情绪发展的特点。

能力目标

1. 能观察和描述儿童的情绪发展情况,包括情绪表达和情绪调节能力等方面。
2. 能够分析和解释儿童情绪发展的过程和特点,掌握情绪发展的阶段和规律。
3. 能够设计和实施适合儿童的情绪发展活动,如情绪认知训练、情绪管理技巧培养等。

素质目标

1. 培养儿童的情绪认知能力,帮助他们了解和认识自己的情绪,学会用适当的方式表达情绪。
2. 培养儿童的情绪调节能力,帮助他们学会调节自己的情绪,以及适应不同的情境和人际关系。
3. 培养儿童的积极心态和健康心理,帮助他们建立积极的情绪态度和心理抵抗力,以应对生活中的挑战和困难。
4. 培养儿童正确的道德情感和价值观,引导他们关注他人的情感需求,培养关爱他人、乐于助人的品质。

任务分析

子任务一 学前儿童情绪的发展

一、情绪的内涵和分类

情绪是人们对客观事物的态度体验及相应的行为反应。人们对客观事物产生不同的态度体验是以该事物是否满足人的需要为中介的。例如,儿童因为得到一件新玩具而开心,因为玩具被抢而生气或难过。如果事物符合个体的需要,会引起其积极的内心体验,如愉快、高兴、欢乐、满意、爱等;反之,则会引起其消极的内心体验,如痛苦、忧愁、难过、嫉妒、恨等。因此,这些不同的态度体验反映着客观事物与人的需要之间的不同关系。

根据情绪发生的强度、持续性、紧张度的不同,可以把情绪状态划分为心境、激情和应激三种。

(一)心境

心境是一种微弱的、持续时间较长的、带有弥漫性的心理状态。心境一经产生就不只表现在某一特定对象上,而是在相当长的一段时间内,使人的整个心理活动都染上某种情绪色彩,影响人的整个行为表现,成为情绪生活的背景。"忧者见之则忧,喜者见之则喜"说的就是心境。由于心境反映的是非定向的、弥漫性的情绪体验,所以有时人们甚至察觉不到它的存在。生活中的重大事件,如事业的成败、家庭的破裂等,都能成为某种心境形成的原因。良好的心境,有助于个体积极性的发挥,提高其工作和学习的效率,并促进坚强意志品质的培养;不良的心境则会妨碍个体的工作和学习,影响身心健康。因此,培养良好的心境是个性修养的重要组成部分。

(二)激情

激情是一种爆发式、猛烈而短暂的情绪状态,例如,狂喜、暴怒、恐怖、绝望等都是激情的表现。激情维持的时间比较短,冲动过后,激情就会弱化或是消失。激情往往带有特定的指向性和较明显的外部行为表现,如暴跳如雷、浑身战栗等。例如,《范进中举》一文中范进被突如其来的中举的好消息震惊得得意忘形、丑态百出,这种状态就属于激情。激情发生时,人完全被情绪所驱使,意识范围缩小,对行为的控制作用明显降低,理解能力降低,判断力减弱,易感情用事,言行缺乏理智,不考虑后果,具有很强的冲动性。有人用激情爆发来原谅自己的错误,认为"激情使人完全失去理智,自己无法控制",这种说法是不对的,因为人能够意识到自己的激情状态,也能有意识地调节和控制它。

(三)应激

应激是在出乎意料的情况下引起的急速而高度紧张的情绪状态。当人们遇到突然出现的事件或发生的意外危险时,为了应付这类瞬息万变的紧急情况,就得果断地做出决定,迅速地做出反应,应激正是在这种情境中产生的内心体验。例如,面对火灾、地震、突然袭击等事件时,有的人会呆若木鸡、手足无措,陷于慌乱之中;有的人会急中生智,及时摆脱困境。因此,应激状态既有积极的作用,也有消极的作用。一般的应激状态是一种行为保护机制,能使机体具有特殊的防御、排险机能,使人更加机智勇敢,以集中全身精力应对危机局面。然而,应激状态持续时间也不可过长,否则会有害健康,甚至危及生命。

二、学前儿童情绪发展的特点

学前儿童情绪的发展主要表现为各种情绪体验逐渐丰富和深刻,情感越来越占主要地位。

(一)情绪的冲动性逐渐减少

儿童常常处于激动状态,来势强烈,难以自制,往往全身心都受到不可遏制的威力所支配。年龄越小,这种冲动越明显。随着年龄的增长、语言的发展,儿童逐渐学会接受成人的语言指导,调节控制自己的情绪状态。

(二)情绪的不稳定性

儿童的情绪仍然是不稳定、易变化的,表现为两种对立情绪在短时间内的相互转换,小班儿童尤其明显。例如,当儿童由于得不到喜爱的玩具而哭泣时,成人递给他一块糖,他就立刻会笑起来,出现"破涕为笑"的现象。儿童晚期情绪比较稳定,情境性和受感染性逐渐减少,这一时期儿童的情绪较少受一般人感染,但仍然容易受亲近的人,如家长、教师的感染,因此,家长和教师应在儿童面前控制自己的不良情绪。

(三)情绪的外露性

儿童晚期,儿童调节自己情绪的能力有一定的发展。婴幼儿情绪外显的特点有利于成人及时了解孩子的情绪,给予正确的引导和帮助。但是,儿童控制调节自己的情绪表现以及情绪本身,是其社会交往的需要,这主要依赖于成人正确的培养;同时,由于儿童晚期情绪已经开始呈现内隐性,因此,要求成人细心观察和了解其内心的情绪体验。在正确教育下,儿童对情绪的调节能力会很快发展起来。如6岁左右的孩子在打针时可以不哭,在需要不能满足时,也能克制自己的消极情绪,很快进行愉快游戏。

案例分享 3-1

爱哭的洋洋

3岁的洋洋从小跟奶奶生活在一起,刚上幼儿园时,奶奶每次送她到幼儿园准备离开时,洋洋总是又哭又闹,等奶奶的身影消失后,洋洋很快就平静下来,并能与小朋友高兴地玩。由于担心,奶奶每次走后又折返回来,洋洋再次看到奶奶时,又立刻抓住奶奶的手哭起来。

三、情绪在学前儿童心理发展中的作用

儿童的行为充满情绪色彩,年龄越小,情绪对个体心理发展所起的动力作用越直接。

(一)情绪的动机作用

情绪直接指导、调控儿童的行为,驱动促使儿童去做出这样或那样的行为,或不去做某种行为,对他们的心理活动和行为具有非常明显的动机和激发作用。例如,让幼儿园的孩子学会早上来园时跟老师说"早上好",下午离园时说"再见",结果儿童先学会"再见",而"早上好"则较晚才学会。这是因为孩子早上不愿意和父母分离,缺乏向老师问早的良好情绪和动机,下午则期待立即随父母回家。可见,同样是学说话,在不同情绪的影响下,学习效果也有

所不同。

(二)情绪对认知发展的作用

情绪与认知的关系密切,情绪对儿童的认知活动及其发展起着激发、促进或抑制、延缓的作用。例如,儿童喜欢小兔子,就会观察小兔子的外形,了解小兔子的生活习性(图 3-1)。研究表明:愉快的情绪有利于婴幼儿的智力操作,而痛苦、惧怕等情绪不利于婴幼儿的智力操作,在适中的愉快情绪下智力操作效果最好。

(三)情绪是人际交往的重要手段

表情作为情绪情感的外显形式,是人与人之间进行信息交流的重要工具。表情在儿童与人的交往中占有特殊的重要地位。例如,成人对新生儿微笑,他就会笑,并咿咿呀呀地和成人"交流"(图 3-2);如果成人接着立即拉长脸,做出严厉的表情,新生儿马上会哭出来,寻找母亲的怀抱。新生儿几乎完全借助自己的面部表情及动作,引起、维持、调整自己与成人的交往,与成人进行信息交流。可以说,婴幼儿无论是在初步掌握语言之前还是之后,表情始终是其重要的交流工具。

图 3-1 孩子们在观察兔子

图 3-2 宝宝和成人交流

(四)情绪对儿童性格形成的作用

在与不同的人、事物接触过程中,儿童逐渐形成对不同的人、事物有差别的态度体验;在特定环境下,反复体验的情绪状态逐渐稳固下来,就会形成稳定的情绪特征。情绪特征会影响性格的形成,也是性格结构的重要组成部分。例如,长期的消极情绪会使人脾气暴躁,积极的情绪体验会使人乐观、积极向上;长期缺乏关爱的儿童易形成孤僻、冷漠的性格,经常体验到关心、尊重的儿童性格开朗、自信。因此,我们在对儿童进行性格培养时,必须十分注意其情绪的培养和调节。

(五)情绪影响儿童身心健康

知识链接 3-1:
情绪的作用

情绪和人的身心健康互相制约、互相影响。很多家长给儿童安排过多的学习任务,这样做会造成儿童紧张、焦虑等消极情绪,不利于儿童身心健康发展。父母和教师有责任创设轻松愉快的生活环境,让儿童充分活动,与小伙伴交往;允许其适当宣泄;不给孩子过重压力,使儿童处于轻松、活跃、主动的状态,充分享受到生活的乐趣。

子任务二　学前儿童积极情绪的培养

一、营造良好的情绪环境

学前儿童情绪的发展主要依靠周围情绪气氛的熏陶。宽敞的活动空间、优美的环境布置、整洁的活动场地和充满生机的自然环境对儿童情绪情感的发展是非常重要的,良好的环境能使儿童处于轻松、愉快的积极情绪状态。另外,教师应特别关注那些被排斥和被忽视的儿童,使他们能和小伙伴友好相处;对那些缺乏温暖的儿童,教师也应给予更多的关爱。因此,幼儿教师在教学中应注意保持一种欢乐、和谐、有爱、融洽的气氛,并且与儿童之间建立良好的师生情。

二、采取积极的教育态度

(一)正面肯定和鼓励

经常处于负面影响下,孩子情绪消极,遇到问题容易退缩,也没有活动热情,不敢尝试新鲜事物和探索陌生环境。相对而言,经常受到正面肯定和鼓励的孩子,会更加自信,积极向上。

案例分享 3-2

没有优点

一个母亲在听微课时,老师布置了一道"作业":请说出自己孩子的十个优点。由于这位妈妈在育儿方面很有经验,因此答案信手拈来。当她与同为人母的姐姐和嫂子分享时,她们第一反应却是:"我的孩子没有优点,都是缺点。"

(二)耐心倾听儿童说话

成人应耐心倾听儿童的诉说,当儿童感受到与教师、父母的亲近和信任,才会愿意和对方交流。如果成人忽视和儿童的言语交流,或是认为没有必要,那么,儿童会感受到压抑、孤独,因而情绪不佳。尤其是当儿童出现负面情绪时,成人应理解儿童合理的情绪表达,允许儿童自由表达自己的情绪感受。

(三)正确运用暗示和强化

儿童的情绪在很大程度上受成人的暗示和强化的影响,因此,教育时应以肯定为主,多鼓励儿童的进步。例如,有个家长在外人面前总是对自己的孩子加以肯定,说"我们孩子上幼儿园从来不哭",她的孩子果真能控制自己的情绪;有的父母在孩子哭闹时总是给孩子吃糖果,或尽量满足孩子的其他要求,孩子受到了强化,以后有什么不满意时更是大哭。

三、帮助儿童控制情绪

儿童的情绪冲动性强、不稳定、自我调节能力差,因此,需要成人帮助他们控制情绪。

(一)转移注意法

转移注意法主要是通过转移儿童的注意力来帮助他们控制情绪的方法。3岁儿童刚上幼儿园时往往会哭,教师常常用转移注意的方法,要么逗他玩玩具,要么指着书上的动物给他讲故事,一会儿孩子的情绪会有所好转。对4岁以后的儿童,当他受情绪困扰时,可以用精神的而非物质的转移方法。例如,孩子哭时,对他说:"看这么多的泪水,就像下雨一样。我们拿个杯子接点'雨水'吧。"也许孩子会被这幽默的话语逗笑,注意力就发生了转移。

(二)冷处理法

当孩子因得不到一件心仪的玩具哭闹不安时,如果不停地有人安慰他、哄他,儿童会哭闹得越厉害。当儿童情绪十分激动时,成人如果采取暂时置之不理的办法,儿童就会慢慢地停止哭喊。另外,当儿童处于激动状态时,成人切忌激动起来,例如,对儿童大声喊叫"你再哭!我打你"或"你哭什么?不准哭,赶快闭上嘴",这样做会使儿童的情绪更加激动,无异于火上浇油。

(三)消退法

对孩子的消极情绪可以采用消退法。例如,豆豆每次上幼儿园之前都会哭闹,不想去,后来父母商量当孩子哭闹的时候不理睬他,尽管豆豆每次上学前还是会哭闹,但是哭闹的时间逐渐缩短、减少,再后来已经能够开开心心上幼儿园,不再出现哭闹行为。

案例分享3-3

机智的妈妈

小班儿童莉莉的妈妈是个善于帮助孩子控制情绪的母亲。一天,莉莉跟着妈妈逛商店时看到一个玩具要妈妈买,妈妈认为家里已经有一个类似的玩具,便不想给她买,可莉莉又哭又闹,一定要买这个玩具。这时,莉莉妈妈略一沉思,便对莉莉说:"走,咱们到另外一个地方去看看有没有比这个更好的玩具。"说完便领着孩子迅速离开了原地,接着就给孩子讲故事、做游戏、一起唱歌……莉莉很快就沉浸在妈妈所引发的欢乐的情绪中。

四、教儿童学会调节自己的情绪

(一)行为反思法

当儿童产生不良情绪并冷静下来之后,让其想一想自己的情绪表现是否合适。例如,在孩子哭闹后,让他想一想这样哭闹好不好,还有哪些解决问题的办法。另外,当孩子出现情绪反复的时候这种方法也适用。例如,中班新学期刚开始,在家过了一个假期,儿童舍不得和父母分开,又会出现刚上幼儿园时的消极情绪,此时,教师可以让儿童反思自己的行为好不好,怎么做更好。

(二)想象法

当儿童遇到困难或挫折而伤心时,让儿童想象自己是"大姐姐""大哥哥""男子汉",或是自己喜欢的某个动画人物等,想象"他们"在同样的情景下会怎么做,从而帮助儿童调节自己的情绪。

(三)自我说服法

儿童初入园时,会因为要找妈妈而伤心地哭泣,此时,教师可以教儿童大声说"好孩子不哭",儿童起先会边说边抽泣,渐渐地不哭了。

随着年龄的增长,在教师正确的引导和培养下,儿童逐渐能学会恰当地调节自己的情绪并学会情绪适当的表现方式。

五、在活动中帮助儿童克服不良情绪

儿童情绪具有外露的特点,不会掩饰,这给教师提供了观察儿童情绪、帮助儿童克服不良情绪的良好条件。怎样及时发现儿童的不良情绪并及时给予引导呢?

(一)成人要善于发现与辨别儿童的情绪

相对来说,成人发现和辨别小班儿童的情绪较容易,因为他们情绪外露;辨别大班孩子的情绪较困难,因为他们已经开始懂得情绪的自我调控,开始隐藏自己的真实情绪。例如,一个活泼的儿童突然默不作声,就很可能是遇到了不顺心的事;而一向温顺内向的儿童突然有粗暴言行,很可能是他发泄情绪的一种方式。这需要成人仔细观察儿童当下的情绪状态与平时表现的差别,找出原因,帮助儿童分析问题,解除心中忧虑;同时,允许儿童以适当的方式表达自己的心情。当然,教师和家长可以针对不同的情况,给予灵活处理。

(二)从儿童的情绪表现来分析其内心情感世界

对儿童的情绪表现要正确进行分析,对那些有益的部分要及时表扬并加以保护;而对不良的苗头则要帮助儿童克服、纠正。例如,有的孩子因为不愿意和其他小朋友分享玩具或零食而哭泣,说明他的个性品质里存在一些不合理的情感,如自私、独占,因此,需要成人对其加以积极疏导,采取消退法等方法使之淡化、消失。

(三)注意儿童的个别差异,因材施教

针对不同的儿童,教师应采取不同的教育方法。例如:有些儿童"人来疯",当其情绪激动时,就不适合用打骂的方式让他停止哭泣,这样的孩子情绪"来得快,去得也快",可以"冷处理",等儿童冷静下来再与之谈心;有的儿童平时较内向冷静,偶尔情绪冲动,较适合采取"转移注意"的方式分散其注意力,等他冷静下来后,再让其反思自己的行为是否恰当,思考下次遇到类似的事情应该怎么做。

(四)鼓励儿童积极情绪的表现,疏导和减少消极情绪的产生

很多家长认为,儿童有吃有穿有玩,生活就是无忧无虑的,还有什么理由不开心,儿童闹

情绪的行为表现在父母眼里就是"捣蛋"。其实,不要以为儿童年龄小就不懂感情,他们的情感敏感而脆弱,更需要大人的保护和关心;也不要以为儿童无忧无虑,儿童的情感世界同样丰富多彩。因此,成人要注意与儿童的语言沟通,教儿童学会用画画、舞蹈、游戏等方式合理表达或发泄情绪。

一、任务描述

对中班儿童告状行为的观察记录。

二、实施流程

观察并记录中班儿童的告状行为(表 3-1)。

表 3-1　儿童告状行为的观察与记录

时间、地点、情境	观察记录	分析(主观解释)
2022 年 10 月 22 日 上午 9:50 美工区	教师在和孩子们做手工,甜甜突然用手指着泽泽,并且很大声地跟老师说:"老师,泽泽说不好听的话了。" 泽泽说:"我没说。" 甜甜说:"你明明就是说了,你还说你没说。" 泽泽说:"我没说。" 甜甜说:"你就是说了。" 此时的甜甜越说越激动,跟泽泽说:"我不跟你好了。"说着就生气地走了	

三、任务考核

对甜甜的告状行为进行分析。

> **情境解析**
>
> 豆豆出现了分离焦虑的心理现象。分离焦虑是指儿童在与主要依恋对象(通常是父母或其他主要照顾者)分离时产生的不安和恐惧感。在这种情况下,豆豆紧紧搂着妈妈的脖子,不愿去幼儿园,当老师去搂他时,他突然哭起来,并且无法被安慰。

这种现象在儿童期是相对正常的。儿童在成长过程中,对于与父母或其他主要照顾者的分离会感到不安和恐惧。这是因为他们的安全和保护依赖于主要依恋对象,当他们与主要依恋对象分离时,他们可能会表现出情绪上的不适和抗拒。

在这种情况下,豆豆的反应是相对正常的,尽管他的哭闹可能会给他自己和他的老师带来困扰。对于这样的情况,老师可以通过温和的安抚来帮助豆豆逐渐适应分离,并建立起与老师和幼儿园环境的信任关系。

  书证融通

技能9　活动设计:情绪畅想曲

一、活动目标

(1)帮助学前儿童认识和理解不同的情绪表达。
(2)给学前儿童提供表达情绪的机会,培养其情绪表达能力。
(3)培养学前儿童的情绪认知和情绪管理能力。
(4)培养学前儿童的想象力和创造力。

二、活动准备

(1)表情图卡,包括开心、生气、难过、惊讶等不同的情绪表达。
(2)音乐,如古典音乐或轻快的儿童音乐。
(3)绘画和手工制作的材料,如彩纸、颜料、彩色笔等。
(4)记录表格,用于学前儿童记录自己的情绪体验和想法。

三、活动过程

(1)介绍活动的主题和目标,向学前儿童解释情绪的重要性和表达情绪的方式。
(2)展示不同的表情图卡,让学前儿童观察和辨认不同的情绪表达。
(3)播放音乐,让学前儿童根据音乐的节奏和旋律,通过舞蹈、手势等方式表达自己的情绪。
(4)引导学前儿童用绘画或手工制作的方式表达自己的情绪,可以让他们选择适合自己情绪的颜色、形状等。
(5)鼓励学前儿童分享自己的情绪体验和想法,可以采用小组讨论或个别交流的方式。
(6)引导学前儿童用记录表格记录自己的情绪体验和想法,让他们能够反思和了解自己的情绪。

四、活动延伸

组织学前儿童参加与情绪表达相关的戏剧和角色扮演活动,让他们通过扮演不同角色来体验和表达不同的情绪。

一、达标测试

(一)最佳选择题

1.（　　）是一种爆发式、猛烈而短暂的情绪状态,狂喜、暴怒、恐怖都是其状态的表现。

A.激情　　　　　　　B.应激　　　　　　　C.心境

D.恐惧　　　　　　　E.愤怒

2.儿童看到故事书中的"坏人",常常把它扣掉,这是儿童情绪（　　）的表现。

A.冲动性　　　　　　B.易变性　　　　　　C.两极性

D.两极感染性　　　　E.不稳定性

3.幼儿园老师常常把刚入园的哭着要找妈妈的孩子与班内其他孩子暂时隔离开来,是因为（　　）。

A.老师不喜欢哭闹的孩子　　　　　B.该儿童不适合上幼儿园

C.儿童的情绪容易受感染　　　　　D.儿童常常处于激动的情绪状态

E.家长要求的

(二)是非题

4.情绪是后继的、高级的态度体验,由对事物复杂意义的理解引起,较多带有稳定性和持久性,与社会需要是否满足相联系。（　　）

5.儿童先天就有情绪反应,这与其生理需要是否得到满足直接相关。（　　）

二、自我评价

情绪是一种复杂的心理现象,涉及个体的生理、行为、认知和主观体验等多个方面。它们在不同的情境下产生,并且对个体的行为和心理状态产生重要影响。通过学习本任务(表3-2),学习者能对学前儿童情绪发展有一个较为完整的了解,并能运用科学的方法进行研究和学习,从而初步具备相应的知识、能力和素质。

表3-2　任务学习自我检测单

姓名:	班级:	学号:	
任务分析	学前儿童情绪发展		
任务实施	学前儿童情绪的发展		
	学前儿童积极情绪的培养		
任务小结			

任务二 学前儿童情感发展

【任务情境】

午睡时候,甜甜突然哼哼起来,老师去拍她,发现她发烧了,老师急忙联系医生,赶紧进行物理降温,紧接着联系了甜甜的妈妈,等她妈妈的时候,老师抱着甜甜,让她的头靠在自己肩膀上,老师一直耐心安抚她。等甜甜病好的时候,再次来到幼儿园,老师主动抱抱甜甜,甜甜和老师亲密了很多。

问题:为什么甜甜会和老师变得亲密呢?

【任务目标】

知识目标

1. 掌握情感的内涵。
2. 熟悉儿童情感的发展特点。
3. 熟悉情感对儿童发展的作用。

能力目标

1. 能观察和描述儿童的情感发展情况,包括情感表达和情感识别能力等方面。
2. 能分析和解释儿童情感发展的过程和特点,掌握情感发展的阶段和规律。
3. 能设计和实施适合儿童的情感发展活动,如情感认知训练、情感表达技巧培养等。

素质目标

1. 培养儿童的情感智慧和人际交往能力,帮助他们理解和关心他人的情感,学会与他人合作和解决冲突。
2. 培养儿童的稳定情绪和健康心理,帮助他们建立积极的情感态度和心理抵抗力,以应对生活中的挑战和困难。
3. 培养儿童的爱国情怀和社会责任感,引导他们关注国家和社会的发展,培养他们对社会问题的关心和思考能力。

【任务分析】

子任务一 学前儿童情感的发展

一、情感的内涵

情感是指人类在面对特定情境或刺激时所产生的主观体验和情绪反应。它是一种内在的、主观的感受状态,可以涉及喜悦、悲伤、愤怒、恐惧、惊讶等多种情绪。情感通常伴随着生理变化,如心率加快、面部表情变化、肌肉紧张等。情感对个体的行为、思维和决策产生重要影响,同时也是人际交往和社会互动的重要组成部分。情感的产生和表达受到个体的个性、文化背景、社会环境等多种因素的影响。

二、情感的分类

1. 道德感

道德感是因自己或别人的言行举止是否符合社会道德标准而引起的情绪体验。进入幼儿园以后,在集体生活环境中,儿童逐渐掌握各种行为规范,道德感也逐步发展起来。道德感受个体社会生活条件与文化环境的制约。儿童期逐渐产生责任感、义务感、集体主义、爱国主义、羞愧感、内疚感等高级情感。

2. 理智感

理智感是在认知客观事物的过程中所产生的情感体验,与人的求知欲、认识兴趣、解决问题的需要等满足与否相联系。如儿童非常喜欢问为什么,小脑袋里像装了十万个"为什么"一样,其表现就是好奇好问。理智感的另一种表现形式是与动作相联系的"破坏"行为,比如拆卸玩具。

3. 美感

美感是人对事物审美的体验,是根据一定美的标准而产生的。由此可知,审美对象的外部特征是美感产生的基础;个体对美好对象的感知和欣赏能引起其情感的共鸣,是美感产生的先决条件。例如,绮丽的山川河流能带给人美的享受,儿童对色彩鲜艳的艺术作品或物品易产生喜爱之情。

三、情感在学前儿童心理发展中的作用

情感在学前儿童心理发展中扮演着重要的角色。儿童期是人类一生中心理发展最为迅速和关键的阶段之一,情感的发展对儿童的认知、社交和情绪调节能力等方面都有着深远的影响。

(一)情感与认知发展密切相关

儿童的情感体验可以影响他们的思维方式和注意力倾向。积极的情感体验可以促进儿童对学习的兴趣和积极性,有助于他们更好地参与学习活动。例如,当儿童在学习中获得成功或得到赞赏时,他们会感到愉悦和满足,这将激发他们对学习的兴趣和动力。相反,消极的情感体验可能会干扰儿童的学习和思考过程。当儿童感到沮丧、焦虑或害怕时,他们的注意力和思维可能会受到干扰,从而影响他们的学习效果。

(二)情感在儿童的社交发展中起着至关重要的作用

儿童通过情感表达来与他人建立联系和交流。他们学会识别和理解他人的情感表达,并通过模仿来学习社交技能。儿童在与他人互动的过程中,会经历各种情感体验,如喜悦、愤怒、嫉妒等。这些情感体验将影响他们与他人的互动方式和关系质量。例如,当儿童感到

愉悦和满足时,他们更有可能与他人建立积极的互动关系。相反,当儿童感到愤怒或嫉妒时,他们可能表现出攻击性或抢夺的行为,从而影响他们与他人的关系。

(三)情感对儿童的自我认同发展起着重要的作用

儿童的情感体验有助于他们形成自我认同。他们通过情感的体验来认识自己的需求、喜好和价值观。积极的情感体验有助于儿童建立积极的自我形象和自信心,从而促进他们的自我发展和成长。相反,消极的情感体验可能会影响儿童的自尊和自信心。当儿童感到沮丧、焦虑或害怕时,他们可能对自己产生负面的评价,从而影响他们的自我认同和自我价值感。

(四)情感在儿童的情绪调节能力发展中起着关键的作用

儿童通过情感的体验和表达来学习如何理解和管理自己的情绪。他们逐渐学会识别和区分不同的情绪,学会使用适当的策略来应对情绪激发的需求。情感的发展对儿童的情绪调节能力有着重要的影响。当儿童能够有效地理解和管理自己的情绪时,他们更能够适应环境的变化,能更好地应对挫折和压力,从而促进他们的心理健康和发展。

四、情感发展的特点

(一)道德感的发展

道德感是人所特有的一种高级情感。个体的行为符合道德标准就会产生满意、荣誉、赞赏等体验;不符合便产生羞愧、厌恶、憎恨等情感体验。

儿童在3岁前只有某些道德感的萌芽,进入幼儿园以后,特别是在集体生活环境中,孩子逐渐掌握各种行为规范,道德感也逐步发展起来。小班儿童的道德感主要是指向个别行为的,如知道打人、咬人是不好的行为,这些好或不好的判断往往是由成人的评价引起的。中班儿童不但关心自己的行为是否符合道德标准,而且开始关心别人的行为,并由此产生相应的情感。如中班儿童的"告状"行为就是儿童对别人行为方面的评价,它是基于一定的道德标准而产生的。到了大班,儿童的道德感进一步发展和复杂化,他们对好与坏、好人与坏人有鲜明的不同感情。如看小人书时,对好人表示喜欢,对坏人表示厌恶。这个年龄段的儿童的集体情感也开始发展起来。儿童的道德感主要表现在责任感、义务感、集体主义和爱国主义等方面。

随着自我意识和人际交往的发展,儿童的羞愧感、自豪感、内疚感也开始发展。特别是羞愧感,从儿童中期开始明显发展,儿童对自己出现的错误行为会感到羞愧,如奔跑过程中撞到别人,会停下来道歉,这对儿童道德行为的发展具有非常重要的意义。总的来说,儿童期的道德感是不深刻的,大都是模仿成人、执行成人的口头要求,在集体活动中和在成人的道德评价的影响下逐渐发展起来的。因此,在教育孩子的过程中,成人应以身作则,鼓励和表扬儿童正面、积极的行为表现,以激发和促进儿童道德感的发展。

(二)理智感的发展

理智感是人在认知客观事物过程中产生的情感体验,它集中表现在对学习的兴趣,对事物的好奇和强烈的求知欲,并从中体会到获得满足时的快乐。如儿童完成搭建积木、猜谜、拼图、下棋、玩乐高等活动时,会获得极大的满足感,在身心愉悦的同时,也促进了智力的发展(图 3-3)。

儿童的理智感的表现形式,是好奇好问。儿童期是儿童理智感开始发展的时期,此时的儿童就像有"十万个为什么"一样,特别喜欢问成人"为什么",他们开始对身边的事物产生强烈的兴趣。另一种表现形式是与动作相联系的"破坏"行为。如他们喜欢拆卸玩具,想要了解里面是什么样子(图 3-4)。5 岁左右,理智感明显地发展起来,突出表现在儿童很喜欢提问题,并由于提问和得到满意的回答而感到愉快。6 岁儿童喜欢进行各种智力游戏。对孩子的这些行为,父母和教师应鼓励儿童探索,培养其兴趣,同时扩大儿童视野,以促进儿童理智感的发展。

图 3-3　幼儿参加乐高比赛

图 3-4　幼儿拆卸玩具车

(三)美感的发展

美感是人根据一定的美的标准而产生的对事物审美的体验。例如,儿童喜欢外貌、穿戴漂亮的老师,对色彩鲜艳的艺术作品或物品容易产生喜爱之情。在教育的影响下,儿童中期能从音乐、绘画作品中,从自己从事的美术活动、跳舞、朗诵中得到美的享受。如儿童特别喜欢一边唱歌一边进行有节奏的活动。儿童晚期,儿童开始不满足于颜色鲜艳,还要求颜色搭配协调,对美的标准的理解和美的体验有了进一步的发展。

子任务二　学前儿童积极情感的培养

培养学前儿童的积极情感是儿童教育中非常重要的一环。积极情感对儿童的身心健康和全面发展具有重要的影响。下面将从以下几个方面详细介绍如何培养学前儿童的积极情感。

一、提供支持性和安全的环境

提供支持性和安全的环境是培养学前儿童积极情感的基础。教育者和家长应该为儿童提供一个温暖、接纳和理解的环境,让他们感到被关心和支持。在这样的环境中,儿童可以自由地表达自己的情感,不会受到批评或指责。同时,教育者和家长也应该给予儿童适当的鼓励和赞扬,让他们感到自己的情感被接受和认可。

二、培养情感识别和理解能力

儿童需要学会识别和理解自己和他人的情感。教育者和家长可以通过游戏、绘本和角色扮演等方式帮助儿童识别和理解不同的情感表达。可以教导儿童如何表达自己的情感,并理解他人的情感需求。例如,让儿童观察和描述不同的情绪表情,帮助他们理解不同情绪的特点和原因。

三、教授情绪调节策略

情绪调节是儿童发展中非常重要的一项能力。教育者和家长可以教授儿童一些情绪调节策略,如深呼吸、放松技巧和积极思考等。这些策略可以帮助儿童应对情绪激发的需求,并促进他们的情绪调节能力的发展。例如,当儿童感到生气或沮丧时,教育者可以引导他们深呼吸,通过放松身体来缓解情绪。

四、培养情感表达和解决冲突的技巧

儿童需要学会用适当的方式表达自己的情感,并解决与他人的冲突。教育者和家长可以教授儿童一些情感表达和解决冲突的技巧,如使用"我感觉……"的句式表达自己的情感需求,学会倾听和尊重他人的情感需求。例如,当儿童感到不满或生气时,教育者可以鼓励他们用言语表达自己的感受,而不是采取攻击或退缩的方式。

五、提供积极的情感体验

积极的情感体验对儿童的情感发展非常重要。教育者和家长可以通过各种活动和经历,为儿童提供积极的情感体验。例如:组织游戏和运动活动,让儿童感受到快乐和满足;鼓励儿童参与社交活动,鼓励他们与他人建立积极的关系;给予儿童适当的挑战和成功的机会,让他们体验到成就感和自信心。

六、建立积极的家园合作关系

家庭和幼儿园是儿童情感发展的重要环境,家长和教育者应该建立积极的合作关系,共同关注儿童的情感发展。家长可以与教育者交流儿童在家庭中的情感体验和需求,教育者可以提供相关的指导和支持。家长和教育者的合作可以为儿童提供一个连贯和支持性的情感发展环境。

总之,培养学前儿童的积极情感是儿童教育中非常重要的一项任务。通过提供支持性和安全的环境、培养情感识别和理解能力、教授情绪调节策略、培养情感表达和解决冲突的技巧、提供积极的情感体验以及建立积极的家园合作关系,可以有效地促进学前儿童的积极情感发展。这将有助于他们建立积极的自我形象和自信心,从而促进他们的全面发展。

任务实施

一、任务描述

运用调查法以问卷或者口头交谈的方式向儿童家长进行问询,调查儿童表达和控制情感的能力,可以设计以下问卷。

儿童表达和控制情感能力调查问卷

1. 吃药的时候,大哭大闹。
   A. 经常　　　　　　B. 有时　　　　　　C. 很少

2. 到商店买某件东西,大人不买就赖着不走。
   A. 经常　　　　　　B. 有时　　　　　　C. 很少

3. 做错事被大人批评后,长时间闷闷不乐。
   A. 经常　　　　　　B. 有时　　　　　　C. 很少

4. 一件心爱的东西损坏或者丢失,大声哭泣。
   A. 经常　　　　　　B. 有时　　　　　　C. 很少

5. 爱吃的东西不会分给别人。
   A. 经常　　　　　　B. 有时　　　　　　C. 很少

6. 自己的感觉不告诉大人。
   A. 经常　　　　　　B. 有时　　　　　　C. 很少

7. 玩得高兴的时候被打扰会很生气。
   A. 经常　　　　　　B. 有时　　　　　　C. 很少

二、任务考核

该项任务的考核是专门针对儿童家长,同学们收集问卷资料进行数据处理即可。

情境解析

甜甜和老师变得亲密是因为在她生病期间,老师一直陪伴在她身边,抱着她并耐心地安抚她。这种关心和照顾使甜甜感受到了安全和温暖,她对老师产生了依赖和信任。甜甜在生病期间对老师的依赖和接触,使她与老师建立了更亲密的关系。

此外,老师在甜甜康复后仍然保持着对她的关心和照顾。当甜甜再次来到幼儿园时,老师主动抱着她,并继续给予她关注和关怀。这种持续的关心和照顾进一步加深了甜甜对老师的亲密感。

因此,甜甜和老师变得亲密是由于老师在甜甜生病期间给予了她关心、照顾和安抚,并在她康复后继续保持着对她的关注和关怀。这种亲密关系是建立在相互信任和关心的基础上的。

技能10 活动设计:友善小天使

一、活动目标

(1)培养幼儿友善与合作的情感能力。
(2)培养学前儿童表达情感的能力。
(3)培养学前儿童友善的行为习惯。

二、活动准备

(1)一些颜色卡片。
(2)一些情感表达的道具,如彩纸、剪刀等。

三、活动过程

听故事:教师讲述友善的故事,引导学前儿童思考友善的行为。
分享活动:让每个学前儿童分享一个他们今天做的友善的事情。
制作友善小天使:学前儿童用彩纸、剪刀等制作友善小天使,代表他们的友善行为。
小天使展示:学前儿童展示自己制作的友善小天使,并向其他学前儿童解释他们的友善行为。

四、活动延伸

组织学前儿童参与情感游戏,如情感猜猜猜或情感拍拍拍,让他们通过观察和模仿来认识和理解不同的情感。安排学前儿童参与情感日记的编写,鼓励他们每天记录自己的情感和情感表达方式,并与家长分享。

任务评价

一、达标测试

(一)最佳选择题

1.孩子摔倒会引起本能的哭泣,但刚一哭,马上就会对自己说:"我不哭,我不哭……"这时的孩子脸上还挂着泪珠,甚至还在继续哭。这主要表明儿童( )。
  A.情绪的冲动性 B.意志力差 C.情绪是不稳定的
  D.情绪的外露性 E.情绪的内隐性

2."没有观众看戏,演员也没劲了",可以比喻运用(　　)帮助孩子控制情绪。

A.冷处理法　　　　B.转移法　　　　C.反思法

D.自我说服法　　　E.想象法

3.天天是个好奇心特别强的孩子,爱打破砂锅问到底,当成人给他满意的解答时,他感到很愉悦。这种情感是(　　)。

A.道德感　　　　B.理智感　　　　C.美感

D.实践感　　　　E.自我效能感

(二)是非题

4.大班孩子不哭不闹,并不能说明他们没有情绪问题。(　　)

5."孩子的脸,六月的天,说变就变"反映了儿童情绪的不稳定性。(　　)

二、自我评价

儿童通过情感的体验和表达来学习如何理解和管理自己的情绪。他们逐渐学会识别和区分不同的情绪,学会使用适当的策略来应对情绪激发的需求。情感的发展对儿童的情绪调节能力有着重要的影响。当儿童能够有效地理解和管理自己的情绪时,他们更能够适应环境的变化,能更好地应对挫折和压力,从而促进他们的心理健康和发展。通过学习本任务(表3-3),学习者能对学前儿童情感发展有一个较为完整的了解,并能运用科学的方法进行研究和学习,从而初步具备相应的知识、能力和素质。

表3-3　任务学习自我检测单

姓名:	班级:	学号:	
任务分析	学前儿童情感发展		
任务实施	学前儿童情感的发展		
	学前儿童积极情感的培养		
任务小结			

项目四

促进学前儿童动作与意志发展

项目导航

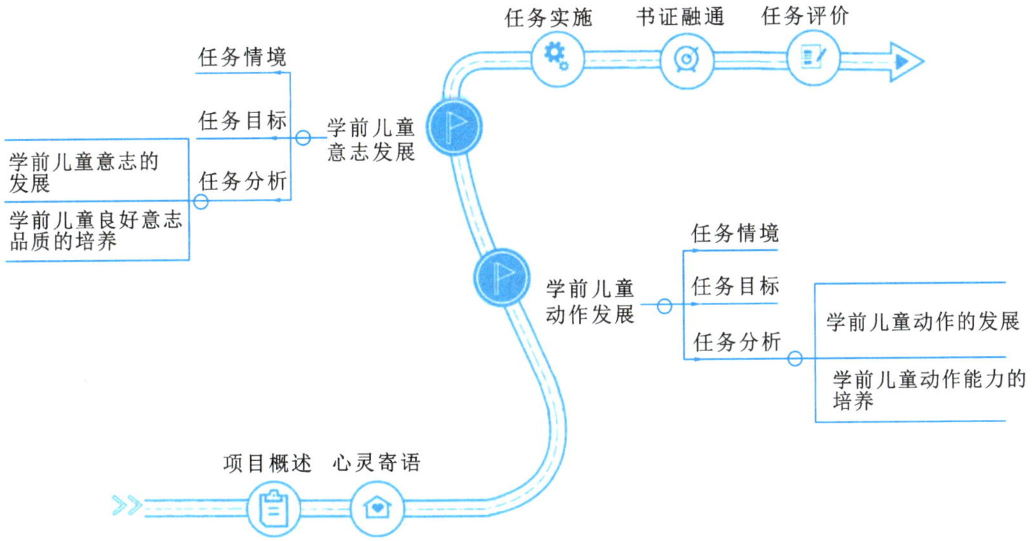

项目概述

人们常说“有志者事竟成”，只要持续地努力，不懈地奋斗，就一定会成功。这是为什么呢？因为决定目标最后能不能实现的重要因素就是意志，意志薄弱的人会半途而废，而意志坚强的人就会抵达目标。本项目讲述动作和意志的基本理论知识，以及儿童动作和意志发展的特点。在对儿童动作和意志进行培养的时候，需根据儿童动作及意志品质的发展特点和个体差异，遵循儿童身心发展的规律，循序渐进地培养儿童优秀的品质。

心灵寄语

感谢你对儿童教育事业的热爱和奉献。你的工作不仅仅是教授知识，更是培养孩子们的心灵和情感，每一天，你都在为孩子们的成长和发展做出贡献。你的付出将会影响他们的一生。请记住，你是他们的榜样和引导者。

任务一　学前儿童动作发展

任务情境

"笨手笨脚"的小明

小明今年四岁九个月了,他除了喜欢学习英语,也喜欢打篮球、踢足球,这些大动作发展都很好。妈妈发现他的精细动作表现得比较差,比如学习使用筷子,教了很多遍都没有学会。他玩玩具的时候,手的灵活性也没有同龄小朋友高,并且也不喜欢画画。妈妈教他画画,发现他的绘画能力相对比较弱,只会画圈圈。

问题:小明动手能力比较差的原因是什么呢?是不是与智力发展相关呢?如果想训练儿童的精细动作,有什么好办法呢?

任务目标

知识目标

1. 了解儿童动作发展的基本规律和特点。
2. 理解儿童动作发展与身体发育、神经系统发展等的关系。
3. 了解动作发展对儿童其他发展领域的影响。

能力目标

1. 能够观察和评估儿童的动作发展水平。
2. 能够设计和实施适合儿童的动作发展活动。
3. 能够引导儿童积极参与各种运动活动,提高他们的运动能力和体质水平。

素质目标

1. 培养儿童的身体素质和健康意识,提高他们的身体素质和身体健康水平。
2. 培养儿童的团队合作精神和竞争意识,通过运动活动培养他们的团队合作能力、竞争意识。
3. 培养儿童的团结协作精神和社会责任感,培养他们为集体和社会作出贡献的意识。

任务分析

子任务一　学前儿童动作的发展

一、动作发展概述

(一)学前儿童动作的发展

人是一种高级的社会动物,其动作发展不同于自然界的其他动物的发展。人的动作是由高级神经系统支配的。儿童使用大肌肉群进行的整体动作,如行走、奔跑、跳跃等,这些动作需要儿童掌握控制身体的平衡和协调的能力。首先,学前儿童使用手指和手腕进行的精细动作,如握笔、剪纸、扣扣子等,这些动作需要儿童掌握手眼协调和手部肌肉控制能力。其次,学前儿童需掌握保持身体平衡和正确姿势的能力,这包括在不稳定的表面上保持平衡、站立、行走时保持正确的姿势等。再次,学前儿童对周围空间的认识和理解,这包括了解基本的方向概念(如前后、左右、上下)、在空间中移动和定位、认识物体之间的相互关系等。最后,学前儿童将视觉信息与手部动作相结合的能力,这包括准确地使用手部进行操作(如使用工具、拧开瓶盖等)、通过视觉信息控制手部动作(如接球、抛球等)。这一生理基础同时也是人的心理发展的基础。

(二)学前儿童动作发展的规律

儿童的动作发展遵循如下一些客观规律。

1. 整局规律

儿童早期的动作具有弥散性、笼统性和全身性。随着年龄增长,儿童的动作开始向局部化、精确化和专门化发展。在婴幼儿早期,触碰婴幼儿的脚心,他们整个身体都会动;在儿童期,儿童学习写字时,除了手动,身体也会有节奏地运动。年龄大一点的儿童便能够很端正地坐好,并能够很好地完成任务。

2. 首尾规律

儿童的动作发展遵循首尾规律,头、颈等上端的动作发展要先于下端动作发展。离头部比较近的部位先学会运动,婴幼儿运动的顺序是先学会抬头,然后俯撑、翻身、坐、爬,最后才学会站立和行走(图4-1)。

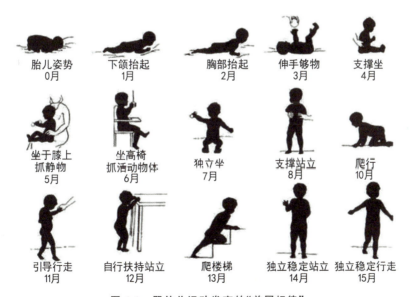

图4-1 婴幼儿运动发育的"首尾规律"

3. 近远规律

儿童动作发展的这一规律表现为动作先从头部和躯干开始,然后是双臂和腿的动作发展,最后才是手的动作发展。这一发展顺序表现为以头和脊椎为中心,向身体四周和边缘有规律地发展。

4. 大小规律

动作分为大动作和精细动作,儿童动作的发展最初表现为大动作逐渐转向精细动作。在大动作的基础上,儿童动作的力量、速度、稳定性、灵活性和协调性都会有很重要的变化。如扔给儿童一个球,刚开始儿童靠手臂接球,这时动作很不准确,接不住球。后来,儿童就能够用手准确地接住球。这就是动作从不精确的大动作向精确的小动作发展的"大小规律"。

5. 无有规律

动作的发展遵循从无到有的规律。刚开始儿童的动作是无意识的,随着年龄的增长,儿童逐渐有意识地、在某种目标支配下完成特定的动作。如,刚开始儿童不论拿到什么都会往嘴里放,但是长大一点,他们就会将自己喜欢吃的东西放进嘴里吃。儿童最初从无意向有意动作发展,以后便从无意为主向有意为主的动作发展。

二、学前儿童动作的发展特点

儿童动作发展是儿童活动发展的直接前提,因为从心理方面来说,活动是由动作组成的。儿童在出生后的第一年里,在动作的发展上取得了非常大的成就,特别是作为人类特有的动作——手的动作和直立行走的出现,标志着人与动物有本质区别。

儿童在出生后的前半年,首先发展的是一些感觉的能力,至于动作,特别是手的动作和行走等,都发展得较晚,这说明高度复杂的人的动作,特别是手和行走的动作,是在大脑皮质的直接参与和控制下发展起来的。而动物的动作机能则在出生后不久经过一定的练习逐渐成熟,其大脑皮质的支配作用远不如人类,是无法相提并论的。

儿童动作发展主要经历三个阶段,分别是反射动作阶段、粗大动作阶段和精细动作阶段。粗大动作和精细动作又称为基础动作,基础动作的发展模式有三种:基础位移动作,如走、跑、跳等;基础操作性动作,如投掷、接住、踢等;基础稳定性动作,如走线、走平衡木和扭动身体等。

(一)学前儿童动作的发展阶段

学前儿童的动作发展是一个逐步发展的过程,以下是一些常见的学前儿童动作发展阶段。

1. 反射动作阶段

婴儿最初的运动技能是反射,即对特定刺激的非自发的天生的反应。婴儿的有些反射活动对生命活动有着重要意义,能够一直保持下去,如呼吸反射、维持体温恒定反射以及进食和眨眼反射。另外一些对生命活动意义不大,如游泳反射、巴宾斯基反射、抓握反射等,出生几个月后会自动消失。但是这些反射活动,为未来的动作和运动能力提供了准备条件。

2. 粗大动作阶段

粗大动作的发展主要体现为儿童坐、爬和走等能力的发展,是指儿童有意识地调整身体、产生大动作的身体能力。学前儿童的粗大运动技能,如跑、爬、跳跃等技能都有非常大的进步。得益于儿童大肌肉的发展以及大脑皮层感知觉和运动区域的发展,儿童的身体运动更具有协调性;骨骼肌肉的强壮也为儿童的大运动发展提供了良好的生理基础。学前儿童粗大动作发展的时间如表 4-1 所示。

表 4-1 学前儿童粗大动作发展时间表

年龄	粗大动作发展
3～4 岁	1.能沿地面直线或在较窄的低矮物体上走一段距离。 2.能双脚灵活交替上下楼梯。 3.能身体平稳地双脚连续向前跳。 4.分散跑时能躲避他人的碰撞。 5.能双手向上抛球
4～5 岁	1.能在较窄的低矮物体上平稳地走一段距离。 2.能以匍匐、膝盖悬空等多种方式钻爬。 3.能助跑跨跳一定距离,或助跑跨跳过一定高度的物体。 4.能与他人玩追逐、躲闪跑的游戏。 5.能连续自抛自接球
5～6 岁	1.能在斜坡、荡桥和有一定间隔的物体上较平稳地行走。 2.能以手脚并用的方式安全地爬攀登架、网等。 3.能连续跳绳。 4.能躲避他人滚过来的球或扔过来的沙包。 5.能连续拍球

3.精细动作阶段

精细动作的发展主要体现为学前儿童手部的协调能力和控制能力,其发展经历了三个阶段:一是简单控制阶段,如撕软纸,揉压软泥,组合或拆分大雪花片,管拼插,把积木等玩具收进筐子里,推小车,捡拾树叶、树枝等;二是较准确地操作物品阶段,如用模具压纸片、拧瓶盖、能剪纸、剥鸡蛋、捣花生、穿小珠子、能撕下双面胶、能用多种方式使用沙池工具等;三是精准控制灵活协调阶段,如三指握姿画爱心、写数字,用筷子夹起物品,两只手配合沿线剪出圆形,拉拉链、扣扣子、系鞋带、编辫子等。学前儿童精细动作发展的时间如表 4-2 所示。

表 4-2 学前儿童精细动作发展时间表

年龄	精细动作发展
3～4 岁	1.能用笔涂涂画画。 2.能熟练地用勺子吃饭。 3.能用剪刀沿直线剪,边线基本吻合

年龄	精细动作发展
4~5岁	1.能沿边线较直地画出简单图形,或能边线基本对齐地折纸。 2.会用筷子吃饭。 3.能沿轮廓线剪出由直线构成的简单图形,边线吻合
5~6岁	1.能根据需要画出图形,线条基本平滑。 2.能熟练使用筷子。 3.能沿轮廓线剪出由曲线构成的简单图形,边线吻合且平滑。 4.能使用简单的劳动工具或用具

儿童精细动作的发展,使得他们的生活领域扩大了。他们能够独立完成一些事情,如自己吃饭、穿衣等。这些活动的成功增强了儿童的自信心,自信心的增强又可以促使儿童进一步练习。

精细动作与儿童的认知发展有着很重要的联系。手眼协调在其中起着非常重要的作用。如系鞋带,这一动作需要双手灵巧配合。同时儿童还要学会注意分配,记住系鞋带的每一个要领。另一例子是筷子的使用,这也是一个逐渐发展的过程。刚开始的时候,儿童拿筷子的方法可能不对或者不科学,使用筷子不容易夹起食物或者不能成功将食物送到嘴里。随着练习的加强,这一动作技能越来越熟练。儿童最终能够准确、有效地用两根筷子夹起食物并送到嘴里。有研究表明,3~6岁儿童使用筷子的动作模式由效率低逐渐向效率高的模式发展。由于儿童的手眼协调能力发展不是很成熟,在做这些动作时可能比较笨拙,这需要家长耐心教育,观察儿童在动作练习中的情绪变化,鼓励儿童做尝试。

像系鞋带一样,绘画和写字也需要手指和手腕的参与,绘画和写字对这些小肌肉群提出了更高的要求。绘画展现了儿童的心理发展,3岁时儿童能够用轮廓线来描绘一个具体物体,并且说出轮廓的具体意义。4岁时儿童开始用图画表现出人的形象,受到精细动作和认知水平的限制,儿童只能画出类似人的形象的"蝌蚪人";6岁左右,儿童能够描绘人物的具体细节,绘画内容更为复杂、更具有现实性,但是还会存在知觉的"歪曲性",此时需要成人的鼓励,随着年龄的增长,也可以教其一些绘画技能。这一时期,儿童受到生理成熟的限制,精细动作的发展不是很完善。因此,教师和家长应该交给该时期儿童符合他们年龄特征的任务,而不能强求其完成很复杂的任务。

(二)学前儿童动作发展水平

在3~6岁,学前儿童的粗大动作能力得到了显著的提高。他们能够更加熟练地行走、奔跑、跳跃和攀爬,能够进行复杂的动作序列,如跳绳、骑车和滑滑板等。学前儿童的精细动作能力也在这个阶段得到了发展。他们能够更加灵活地使用手指进行精细的动作,如握笔、剪纸、拼图和扣扣子等。他们还能够更好地控制手眼协调,如接球、抛球和抓住飞行物等。学前儿童的平衡和协调能力在这个阶段得到了进一步的提高。他们能够在单脚上保持平衡,进行简单的跳跃运动,如跳远和跳高等。他们还能够更好地控制身体的协调性,如进行简单的舞蹈和体操动作等。

在这个阶段,学前儿童的空间感知和方向感也在不断发展。他们能够更好地理解和运用方位词,如上下、前后、左右等。他们能够在游戏和活动中更好地定位和移动,如追逐游戏和方向导向活动等。学前儿童的手眼协调和眼手协调能力在这个阶段得到了进一步的发展。他们能够更加准确地使用手部进行操作,如使用工具、拧开瓶盖和绘画等。他们能够更好地通过视觉信息来控制手部动作,如接球、抛球和击打球类运动等。

(三)学前儿童实践活动的萌芽

3~6岁学前儿童在实践活动方面开始出现萌芽。以下是一些常见的学前儿童实践活动:

游戏角色扮演:学前儿童开始模仿成人和动物的行为,他们可能会扮演家庭成员、医生、老师等角色,通过模拟和表演来理解和探索社会角色和情境。

建造和拆除:学前儿童喜欢使用积木、磁力片等材料进行建造和拆除的活动,他们可能会尝试堆叠、搭建和拼凑,通过这些活动培养空间感知和手眼协调能力。

美术创作:学前儿童开始表达自己的想法和感受,他们可能会用彩色笔、蜡笔、颜料等进行绘画和涂鸦。他们会享受用手和工具创造出自己的艺术作品。

模仿动作和舞蹈:学前儿童对音乐和节奏有着强烈的兴趣,他们可能会模仿成人或其他儿童的动作和舞蹈。他们会通过跳舞、摇摆和扭动身体来表达自己的情感和体验。

照顾植物和动物:学前儿童可能对照顾植物和动物产生兴趣,他们可能会帮助浇水、喂食,观察植物和宠物,通过这些活动培养责任感和关爱他人的意识。

这些实践活动的萌芽是学前儿童发展的重要组成部分,它们有助于儿童探索和理解世界,培养他们的创造力、想象力和社交能力。家长和教育者可以提供适当的材料和环境,鼓励儿童参与这些活动,并给予他们支持,以促进他们的全面发展。

三、影响学前儿童动作发展的因素

活动探索是人们认识周围世界的一个重要途径,儿童期,儿童思维发展处于"感知运动阶段",儿童要通过动作与周围世界互动。动作发展在个体的早期心理发展中起着非常重要的建构性作用,它使得个体能够积极地建构和参与自身的发展。由于个体和环境的复杂性,影响儿童动作发展的因素也是多方面的,包括遗传和成熟、家庭教育、游戏活动、角色期待等,下面分别加以探讨。

(一)遗传和成熟

遗传因素对儿童动作的发展起着非常重要的作用。身体素质的发展是以遗传因素为基础的。不同身体素质的儿童动作的发展是不同步的,身体健壮的儿童的动作发展要早于瘦弱的儿童。同时,动作的发展存在性别差异,男孩在跳、跑和投掷等需要力气的动作发展上要比女孩早(图4-2);在另一些强调协调性的动作和精细动作上,如跳绳、剪纸等,女孩的表现要好于男孩子(图4-3)。这可以用来解释,女生整体的平衡协调性发展高于男生,而男生的肌肉发展要好于女生这一现象。

图 4-2 男孩进行鱼雷飞弹投掷游戏

图 4-3 女孩在剪纸

(二)家庭教育

儿童期,父母的态度和期望对儿童动作的影响比较深远。有些父母急于求成,经常批评儿童的运动或者动作的表现,可能会打击儿童的自信心,阻碍儿童的动作发展。父母根据自己的意愿,要求儿童学习一些特殊的动作技能,或者强迫纠正儿童的一些动作行为,这些都可能引起儿童的反感,从而挫伤儿童探索新动作的积极性。针对这些情况,家长或者其他监护人,应该多了解儿童的天性,让他们喜爱运动的天性得到积极展现。因此,父母应根据儿童的发展要求,适时地给他们提供一些安全的环境和工具,让他们根据自己的意愿去玩耍,练习使用各种物体。

(三)游戏活动

游戏是儿童的主要活动,也是锻炼他们动作技能的最佳方式,如单足跳、跳房子、踢球、接球、穿珠子、剪纸和手工制作等游戏活动,可以给儿童进行动作技能的学习提供一个很好的平台。大部分儿童都是好动、好奇、喜欢模仿的,游戏本身的特性如具有情境性、动作性、模仿性也比较高,符合儿童的心理特点,能够激发他们的兴趣。一些游戏活动,如奔跑、跳跃等可以让他们获得丰富的感知经验,为他们掌握复杂的动作技能和运动协调能力提供了良好的途径。如果父母参与其中,还可以促进亲子关系,培养儿童愉悦亲和的情感。另外一些游戏,如剪纸、绘画和穿珠子等,这是一些安静的游戏活动,这样的游戏可以促进儿童精细动作的发展,进一步提高儿童的手眼协调能力。父母可以根据儿童性格特点,帮助他们选择合适的游戏活动,从而促进他们动作、认知的全面发展。

(四)角色期待

社会对不同性别的儿童的活动类型具有不同的态度,如男孩投篮常常会受到成人的表扬和鼓励,而女孩跳绳、画画、剪纸等会受到成人的表扬。在儿童早期,身体动作能力不存在显著的性别差异,但是随着年龄的增长,社会对性别不同儿童期待是不同的,人们通常希望男孩成为体能强、积极的人,而希望女孩成为安静、精细动作能力较强的人。另外一方面,目前社会比较强调符号能力的训练,对儿童过度强调抽象符号系统的训练而忽视了动作和运动技能的发展。儿童处于感知运动阶段,过度强调早教智力开发训练不利于儿童获取感性经验和发展感觉的机会,同时阻碍了儿童的正常动作发展。人们要遵循儿童自然发展的天性,鼓励他们积极参与各种类型的活动,他们也一定能够玩得很开心,同时各种身体动作技能也能得到充分的发展。

子任务二　学前儿童动作能力的培养

动作的发展是儿童身体发展的重要组成部分,对于儿童来说,发展良好的动作能力对于他们的整体发展和学习至关重要。在3～6岁这个阶段,儿童正处于身体发展的关键时期,他们的动作能力也在不断提高和发展。因此,我们应该重视并积极促进儿童的动作发展,为他们提供适当的机会和环境,以帮助他们建立健康的身体基础。

一、学前儿童动作发展的特点

在3～6岁,儿童的动作发展具有以下特点。

(一)粗大动作的发展

儿童在这个阶段逐渐掌握了基本的粗大动作技能,如走路、跑步、跳跃、爬行等。他们的肌肉力量和协调性也在不断提高,可以进行更复杂的动作活动。

(二)微小动作的发展

儿童的微小动作能力也在这个阶段得到了显著的提高。他们可以使用手部进行精细的操作,如握笔、拧开瓶盖、剪纸等。这种微小动作的发展为后续的学习和生活技能奠定了基础。

(三)手眼协调的发展

在3～6岁的儿童阶段,他们的手眼协调能力也在不断发展。他们可以通过视觉信息控制手部动作,如接球、抛球等。这种能力的发展对于儿童的运动技能和认知能力都具有重要的意义。

(四)身体意识的提高

在这个阶段,儿童对自己身体的感知和意识也在不断提高。他们开始注意到自己的身体部位和动作,可以更好地控制和调节自己的动作。

二、培养学前儿童动作能力的方法

为了有效地培养学前儿童的动作能力,我们可以采取以下方法。

(一)提供多样化的运动机会

为儿童提供各种各样的运动机会,包括跑步、跳跃、爬行、攀爬、投掷、接球等。这样可以促进他们的粗大动作和微小动作的发展。可以在幼儿园或家庭中设置相应的运动场地和设施,让儿童有足够的空间和机会进行各种动作活动。

(二)设计适龄的动作游戏

通过有趣的游戏和活动来鼓励儿童练习各种动作。例如:设置障碍物让儿童跳过;在地上画出不同形状的图案,让儿童按照指示行走、蹦跳等。这样可以激发儿童的兴趣和积极性,同时提升他们的动作技能。

(三)组织体育活动

参加体育活动,如儿童体操、儿童舞蹈、儿童瑜伽等,可以帮助儿童学习和发展各种动作技能。这些活动通常由专业教练指导,能够提供系统的训练和指导。在这些活动中,儿童可以学习基本的动作技巧和姿势,培养协调性和灵活性。

(四)提供适当的玩具和工具

给儿童提供适合他们年龄和发展阶段的玩具和工具,如小球、积木、绘画用具等。这些玩具和工具可以促进儿童的手眼协调和眼手协调能力的发展。例如,通过玩球的活动,儿童可以锻炼投掷和接球的技巧,同时提高眼手协调能力。

(五)鼓励户外活动

鼓励儿童参与户外活动,如在花园或公园里奔跑、玩耍、玩球等。户外环境可以提供更多的空间和机会,让儿童进行各种动作探索和练习。同时,户外活动也可以促进儿童的身体发展和健康。

(六)给予积极的鼓励和支持

在儿童进行动作活动时,给予他们积极的鼓励和支持,让他们感受到自己的进步和成就。这样可以增强他们的自信心和动力,促进他们更积极地参与动作活动。同时,也要注意给予适度的挑战,让儿童有机会不断提高和发展。

在3~6岁儿童阶段,动作发展是他们身体发展的重要组成部分。通过提供多样化的运动机会、设计适龄的动作游戏、组织体育活动、提供适当的玩具和工具、鼓励户外活动以及给予积极的鼓励和支持,可以有效地培养儿童的动作能力。这些方法可以帮助儿童发展全面的动作技能,促进他们的身体发展和整体运动能力的提升。同时,家长和教育者也应该关注儿童的动作发展,提供适当的指导和支持,为他们的健康成长打下坚实的基础。

任务实施

一、任务描述

通过测验了解儿童小肌肉动作的随意性、控制能力、手眼协调程度。测验内容:涂色。

二、实施流程

1.测验准备

可供较大面积涂色的简笔画形象,如气球、苹果、香蕉、青蛙、汽车等(具体内容视被评价对象而定),人手一份;蜡笔或水彩笔,人手一份。

2. 测验步骤

(1)明确要求。

中、小班教师指导语:小朋友,图上这是什么呀?(请儿童认一遍)这些东西涂上颜色更好看。现在老师请你们把每一样东西涂上颜色,涂完了交给老师。

大班教师指导语:请你们把图上这些东西涂上颜色,要涂得又快又好。我说"开始"就开始涂,我说"停"就不要再涂了,看谁涂得又快又好。(根据被评价对象以及所选内容等实际情况来定时间)

(2)儿童操作,评价者巡视。

三、任务考核

评定标准:根据涂色的均匀程度、饱满状况和超越边缘线的状况进行评价。其中,中、小班评价标准为:均匀、饱满、不超越为好;均匀、基本饱满、超越 0.5 cm 以内为中;不均匀、边缘超越或两侧空白超过 0.5 cm 为差。大班评价标准为:量多(速度快)、均匀、饱满、不超越为好;量多或较多、基本均匀、饱满度达 90%、超越 0.5 cm 以内为中;不均匀、不饱满且超越大为差。

情境解析

小明动手能力比较差可能是与他的整体发展和个体差异有关,而不一定与智力发展直接相关。每个孩子在发展过程中都有自己的节奏和特点,有些孩子可能在精细动作方面发展较慢,而在其他方面可能有较快的进展。

要训练儿童的精细动作,可以尝试以下方法:

1. 提供适当的材料和玩具:选择适合儿童年龄的玩具和材料,如拼图、积木、插珠等,这些玩具可以帮助儿童锻炼手指的灵活性和协调性。

2. 进行手指操练:可以进行一些手指操练活动,如捏泥、捏面团、剪纸、穿珠子等,这些活动可以帮助儿童锻炼手指的力量和灵活性。

3. 提供绘画机会:尽量给予儿童绘画的机会,可以提供不同的绘画材料和工具,如彩笔、蜡笔、水彩等,鼓励儿童进行自由创作,慢慢培养他们的绘画兴趣和技能。

4. 进行手工制作活动:可以进行一些简单的手工制作活动,如剪纸、折纸、粘贴等,这些活动可以帮助儿童锻炼手眼协调能力和手指的灵活性。

5. 给予细致的指导和鼓励:在儿童进行精细动作活动时,给予他们细致的指导和鼓励,帮助他们克服困难和提高技能。

重要的是要给予儿童足够的时间和机会来发展他们的精细动作能力。每个孩子的发展都是独特的,家长和教师应该以耐心和理解的态度来引导和支持他们的发展。

技能 11　活动设计：小手工制作

一、活动目标

(1)培养幼儿动手能力和创造力。
(2)提高幼儿的观察力和注意力。
(3)培养幼儿合作意识和团队精神。

二、活动准备

(1)纸张、彩笔、剪刀、胶水等手工工具。
(2)教学示范作品。

三、活动过程

(1)导入：教师向幼儿展示一些手工作品，引起幼儿的兴趣和好奇心。
(2)激发思考：教师提问，询问幼儿是否知道如何制作这些手工作品，鼓励他们发表自己的想法。
(3)示范制作：教师向幼儿展示制作手工作品的步骤，并一边讲解一边示范。
(4)分组合作：将幼儿分成小组，每个小组由3~4名幼儿组成，让他们一起制作手工作品。
(5)辅助指导：教师在小组中巡视指导，帮助幼儿解决问题，鼓励他们互相合作和交流。
(6)展示成果：每个小组完成后，教师组织幼儿展示自己的作品，并让他们讲述制作过程。
(7)总结：教师引导幼儿回顾整个制作过程，总结出自己的收获和体会。

四、活动延伸

(1)继续制作其他手工作品，如折纸、剪纸等。
(2)鼓励幼儿自己设计手工作品，并引导他们用简单的素材进行制作。
(3)将手工作品用于幼儿园的装饰，增加幼儿的参与感和归属感。

任务评价

一、达标测试

(一)最佳选择题

1.通常哪个年龄的儿童开始学会走路？（　　）
A.6个月　　　　　　B.12个月　　　　　　C.18个月

D. 24 个月　　　　　　　　E. 30 个月

2. 下列哪项活动可以促进儿童手眼协调能力的发展？（　　）

A. 捏泥巴　　　　　　　　B. 跳绳　　　　　　　　C. 吹气球

D. 看书　　　　　　　　　E. 跑步

3. 通常哪个年龄的儿童开始学会使用筷子？（　　）

A. 2 岁　　　　　　　　　B. 3 岁　　　　　　　　C. 4 岁

D. 5 岁　　　　　　　　　E. 6 岁

(二)是非题

4. 儿童的粗大动作发展通常早于精细动作发展。（　　）

5. 绘画活动对儿童的精细动作发展没有影响。（　　）

二、自我评价

学前儿童动作发展是指 3～6 岁儿童在运动技能和身体控制方面的发展过程。在这个阶段，儿童经历了从简单的大肌肉运动到更复杂的精细运动的转变。通过学习本任务（表 4-3），学习者能对学前儿童动作发展有一个较为完整的了解，并能运用科学的方法进行研究和学习，从而初步具备相应的知识、能力和素质。

表 4-3　任务学习自我检测单

姓名：	班级：	学号：
任务分析	学前儿童动作发展	
任务实施	学前儿童动作的发展	
	学前儿童动作能力的培养	
任务小结		

任务二　学前儿童意志发展

> **任务情境**

三心二意的琪琪

幼儿园班级里正在组织小朋友们玩区角游戏，琪琪一开始选择了在美工区里画画。她把画笔拿出来，把白纸摆好，刚画了一个圆形，就拿起来给旁边的两个小朋友看："你看，你看我画的。"旁边有个小朋友在折纸，琪琪看了也赶紧说道："我会，我也会。"说完就回到自己的座位上又拿出一张纸开始折起来，完全不管刚刚画的画了。折了一会之后，她看到娃娃家那边的小朋友在跳舞，她又跑过去了。

问题：琪琪三心二意的原因是什么呢？

> ▶ 任务目标

知识目标

1. 理解儿童意志发展的基本特点和阶段,包括自我控制、坚持等方面的能力。
2. 了解儿童意志发展与个体差异、家庭环境、社会环境等因素的关系。

能力目标

1. 能够观察和评估儿童的意志发展水平,包括自我控制、自我决策、坚持力等方面的表现。
2. 能够设计和实施适合儿童的意志发展活动,如培养自制力、坚持力等。
3. 能够引导儿童养成良好的意志品质和习惯,如自律、坚持、自信等。

素质目标

1. 培养儿童的自我管理能力和自律意识,引导他们养成良好的学习和生活习惯。
2. 通过意志发展活动培养儿童的责任感和奉献精神。
3. 培养儿童的社会责任感和公民意识,培养他们为社会和他人着想的意识和行动能力。

> ▶ 任务分析

子任务一 学前儿童意志的发展

一、意志概述

(一)意志的概念

意志就是人们自觉地确定目标,并根据目标有意识地支配、调节自己的行动,克服困难,从而实现目标的心理过程。比如:冬天从暖和的被窝里挣扎起来去上课,需要意志力;上课的时候再困再累也要认真听老师讲课,需要意志力;期末考试前放下平时自己最喜欢玩的游戏,认真复习,需要意志力。可见意志在人们的日常生活中具有重要的意义,如果缺乏意志,就无法克服自身的不足,也无法战胜眼前的困难,更不能完成目标。坚强的意志是古今中外很多成功人士身上都具有的优秀品质,不论是悬梁刺股还是凿壁借光,他们都是凭借着坚强、持久的意志力而取得成功。

(二)意志行动

意志行为与行动密不可分,人们在行动之前,都会计划做什么、怎么做,并按照考虑好的计划去行动,努力克服在行动中出现的困难。这种在意志支配下的行动就叫作意志行动。意志支配行动,意志调节行动,同时意志也在行动中得以表现。意志行动有以下特点。

1. 意志行动有明确的目的性

目的性是意志行动最显著的特点,也是意志行动区分于本能行为(如眨眼、打哈欠)和无意识动作(如走路时的姿势)的根本标志。马克思说:"蜜蜂建筑蜂房的本领使人间的许多建筑师感到惭愧,但是,最蹩脚的建筑师从一开始就比最灵巧的蜜蜂高明的地方,是他在用蜂蜡建筑蜂房以前,已经在自己的头脑中把它建成了。"人的意志行动就是人的主观能动性最突出的表现,人们在行动之前自觉地确定目标,并根据目标有意识地支配、调节自己的行动。例如,一个小朋友在别的小朋友都出去玩耍的时候选择继续完成他的绘画作品。一个人行动的目的性越强,其为实现目标而奋斗的意志就越坚定。

2. 意志行动以随意运动为基础

随意运动是受意志支配的、后天学会的运动,具有一定的目的性和方向性,通常是一些已经熟练掌握的运动,如看书、打球等。一般来说,随意运动掌握得越熟练,意志行动也就越容易实现。例如,一些有踢球经验的儿童比初学踢球的儿童更容易认真投入学习如何踢球。

3. 意志行动与克服困难相联系

人们确定目标之后,就会朝着实现目标而奋斗,但是目标的实现并不是那么容易的,意志对行动的支配和调节总是会遇到这样或者那样的困难。如果是不需要克服困难就可以完成的行动,就不能称之为意志行动,如散步。困难包括外部困难和内部困难,其中外部困难主要是指自然条件或者社会环境等因素,如物资不足、自然环境恶劣、经济大萧条等;内部困难是指身体或者心理上的内在原因,如能力不足、健康状况不佳等。人的意志力就是在克服外部和内部困难的过程中不断发展起来的。有人说"困难是人意志力的试金石",确实如此,在实现目标的意志行动中,克服的困难越大,体现出来的这个人的意志力就越坚强,正所谓"艰难困苦,玉汝于成"。

(三)意志行动的过程

意志行动有发生、发展和完成的过程,通常我们把意志行动的过程分为采取决定和执行决定两个阶段。

1. 采取决定阶段

采取决定阶段是意志行动的准备阶段和开始阶段,它决定着意志行动的方向和动因,这个阶段包括动机的斗争、目的的确定、方法的选择、计划的制订等。例如"鱼,我所欲也;熊掌,亦我所欲也",这就是动机斗争;再比如儿童在区角游戏活动时间,是去娃娃家玩还是去图书角看书,还是去美工区画画,这也是意志行动的采取决定阶段。

2. 执行决定阶段

执行决定阶段是意志行动的核心环节,在选择正确行动动机、确定行动目的、选择行动方法之后,就需要执行决定。在执行决定的过程中,还会遇到各种各样的困难,当一个人克服了外部和内部困难,完成事先预定的行动目标,意志行动就算是完成了。例如,一个儿童在美工区做手工的时候,发现需要使用画笔画一个太阳,可是画笔在画画的小朋友手上,于是他就去跟使用画笔的儿童商量借用一下,可是这个儿童不愿意停下自己的绘画把画笔借给他,于是他回到座位上想到可以用橡皮泥捏一个太阳出来,这样他的手工作品最后也完成了,这就是一个意志行动完成的一系列完整过程。

(四)意志的品质

意志品质就是意志发展到一定稳定程度,体现出的不同特征。意志的品质主要包括自

觉性、果断性、坚持性和自制性。良好的意志品质是顺利完成意志行动,实现预定目标的重要保障和条件。

1. 自觉性

意志的自觉性主要是指个体能够意识到行动目的的重要性和正确性,并支配、调节自己的行动,使之符合行动目的的意志品质。一个意志力强的人,一定具有高度自觉性。自觉性强的人能在行动中广泛听取他人意见后经过判断,进行取舍,独立自主地确定行动目的,在行动中克服困难,最终完成自己的行动目标。

与自觉性相反的品质就是受暗示性和独断性。受暗示性的人,在行动中没有主见,缺乏信心,容易受到别人的影响和暗示,从而改变自己的决定。如在平行游戏中,儿童极容易受到其他儿童的影响,看到别人在玩什么游戏,他也会玩什么游戏。独断性的人,在行动中则是盲目自信,不听取他人的意见,一意孤行。

2. 果断性

意志的果断性主要是指在面临不同的问题情境时,能够在深思熟虑的基础上迅速做出决定的意志品质。一个意志果断的人,在需要改变行动时,总是能当机立断、随机应变地做出反应和决定,从而更加有效地执行决定,完成意志行动。

与果断性相反的品质就是优柔寡断和草率鲁莽。优柔寡断的人在遇到复杂的情境时,总是当断不断、犹豫不决,在做决定的时候总是顾虑重重,要经历很长时间的思想斗争。草率鲁莽的人在做决定的时候则相反,不考虑事情的前因后果,意气用事,冲动地做出决定。

3. 坚持性

意志的坚持性主要是指能够长久地维持行动,以完成预定的目标。坚持性强的人在行动中无论遇到了多大的困难,或者是遇到了什么样的诱惑,都能够做到百折不挠,锲而不舍,有始有终。

与坚持性相反的品质就是动摇性和顽固性。动摇性的人就是缺乏坚持性,在行动中遇到困难,或者遇到了其他方面的干扰、诱惑,就会放弃对预定目标的追求,就是我们常说的"虎头蛇尾""三分钟热度"。顽固性的人就是在行动中遇到困难时,不加分析,不听取吸纳别人的意见,固执己见,一意孤行。

4. 自制性

意志的自制性也就是自制力,主要是指掌握和支配自己言行的能力。自制性强的人能够驱使自己去做应该做的、正确的事,也可以抑制自己不正确的行为和消极的情绪等。

与自制力相反的品质就是任性或冲动,这种人容易受情绪左右,对自己的行动不加约束,往往不顾及自己行动的后果。

二、儿童意志的发展特点

(一)儿童自觉性的发展

儿童由于年龄小,对周围的事物、成人提出的任务和自己行动的目的认识不是很深刻,因此行动的自觉性较差。其发展过程可以分为以下三个时期。

1. 儿童初期

儿童初期,行动往往缺乏目的性,儿童常常是不加思考就开始行动。例如问一个正在搭积木的儿童他要搭什么,他可能不知道如何回答或者摇摇头。他们的行动极易受到外界的影响和暗示,从而发生转移或者放弃。例如儿童在娃娃家里当"爸爸",看到别的儿童扮演"宝宝"在玩玩具,他就会忘记自己的角色,也变成"宝宝"去玩玩具。

知识链接 4-1:
科比,意志的力量

2. 儿童中期

儿童中期,意志的自觉性开始逐渐发展,儿童能够使自己的行为服从成人的要求和任务,并且在一些活动中能够自觉确定行动目标,逐渐做到按照既定的目标去行动。例如儿童在绘画中开始能够自己确定绘画的主题,在游戏中开始自己确定活动内容。但是,此时的儿童目的性还不是特别明确,自制性较差,还需要成人的指导和帮助。

知识链接 4-2:
"延迟满足"实验

3. 儿童后期

儿童后期,意志的自觉性有了进一步的发展,儿童能够自己确定行动的目的、任务,可以使自己的行动很好地服从成人的指示,能够较少受到外界的影响和暗示,行动有明显的目的性。例如儿童放学回家后,为了完成教师布置的手工任务,可以不看动画片,不出去玩,吃完饭就主动提出要和爸爸妈妈一起做手工。

(二)儿童坚持性的发展

儿童期意志的自觉性较差,对行动的目的和任务缺乏深刻认识,容易受到外界的干扰和影响,因此儿童期意志的坚持性也是较差的,很难做到长时间从事某一活动。苏联心理学家马努依连柯曾做过"哨兵"站岗的实验,要求儿童在空手的情况下保持哨兵持枪的姿势,"哨兵持枪姿势"实验就是主要研究儿童的坚持性。

1. 儿童初期

儿童初期,坚持性的发展水平较低,儿童很难坚持长时间做一件事。常出现的情况就是做事有始无终,三分钟热度,经常违背成人的指示,自己的行动背离预定目标。例如,在幼儿园里,老师让孩子们在自己的位置上坐好,孩子们刚开始坐得端端正正,但不一会儿,个别孩子就开始相互打闹,手脚乱动。儿童在游戏中,遇到困难容易选择放弃;看到其他儿童的游戏好玩,也会被吸引过去。

2. 儿童中期

儿童中期,坚持性的发展出现质的飞跃,儿童可以完成成人的指示和任务,使自己的行为服从目的,尤其是自己感兴趣的、喜欢的活动,能坚持很长时间,并且在遇到困难的时候不会轻易放弃。这主要是由于儿童经常要完成教师有目的的指示和任务,特别是在教学活动中,同时儿童在游戏中也持续锻炼了坚持性。但是这个时期儿童的坚持性还不是很稳定,遇到困难大的、自己不喜欢的活动,坚持性较差。

3. 儿童后期

儿童后期，坚持性的发展趋于稳定，儿童不仅对自己感兴趣的、喜欢的活动能坚持下去，实现目标，而且对自己不感兴趣的活动，甚至困难的活动都可以坚持较长时间，使自己的行为服从成人的指示或既定的目标。例如，儿童的绘画作品在刚结束的美术教学活动中未完成，当区角游戏开始的时候，其他儿童都在游戏的时候，他会选择在美工区继续完成自己的绘画作品。

(三)儿童自制力的发展

儿童期意志的自制性较差，儿童还不能够很好地掌握和支配自己的言行，常常表现出很大的冲动性。"延迟满足"实验中"不等者"的表现，就是自制力差的表现，他们会很快吃掉实验人员给的糖果。例如：上课时，老师要求儿童先举手再回答问题，但儿童听到老师的问题后张口就回答；老师要求排队时不要挤其他小朋友，儿童还是会在排队的时候挤其他人；家长说要等家人一起开始吃饭，儿童看到鲜美的饭菜还是会自己先吃起来。

1. 儿童初期

儿童初期的自制力很差，儿童不能控制、调节自己的行为，使行为服从成人的指示。比如：儿童在吃饭的时候，总是会和旁边的小朋友聊天，忘了吃饭；儿童在洗手的时候，洗着洗着就和同伴聊天了(图4-4)；在整理收拾玩具的时候，总是又玩起了游戏。这些现象在儿童初期十分常见，说明儿童缺乏自制力，无法约束自己的行为，不能在行动中完成目标。

图 4-4　儿童洗手时和同伴聊天

2. 儿童中期

儿童中期自制力逐渐发展，儿童可以控制、调节自己的行为。例如：在上课时能够做到不乱动，不讲话，眼睛看老师；在玩玩具的时候，能够不去占有太多的玩具，不去抢别人的玩具；在排队走路的时候，能够不拥挤、不打闹(图4-5)；在中午睡觉的时候能够保持安静，尽快入睡。这都是儿童自制力进一步发展的表现。

3. 儿童后期

儿童后期，自制力不断提高，儿童能够遵守集体生活的规则，控制自己的言行，使行为服从成人的指示。儿童后期逐渐发展出有意注意、有意想象、有意识记等。例如：儿童在合作

图 4-5　幼儿排队走路不拥挤、不打闹

游戏时遇到困难,为了更好地完成计划,大家会一起商量解决;游戏中儿童会遵守和教师一起制定的游戏规则,用规则约束自己的行为。但总体来说,儿童后期自制力发展的水平仍然是较低的。

子任务二　学前儿童良好意志品质的培养

意志与个体的发展息息相关,一个人今后取得多大的成就,与他的考试成绩没有很大的关系,但是与意志力有很大的关系。一个是有聪明的大脑但是意志薄弱的人,一个是智商平平但是意志坚强的人,试想一下,这两个人谁会在人生道路上取得更大的成就?一个意志坚强的人,是做任何事之前都有着明确目的的人,是遇到困难和挫折不轻易放弃的人,是能够抵御诱惑、不忘初心从而坚持到底的人。因此,意志的培养对儿童心理发展有重要意义。

一、意志品质的培养对儿童心理发展的意义

(一)加强儿童认识过程的有意性

认识过程包括感知觉、记忆、想象、思维等过程,儿童的认识过程以无意性为主,如无意想象、无意记忆、无意注意等,意志过程中的重要组成部分就是认识过程的有意性,如有意想象、有意记忆、有意注意等。意志过程从确定行动目标开始,就需要记忆、言语等心理活动的参与,同时进行分析综合的思维活动。在意志行动的过程中,遇到困难需要克服时,需要做出推理判断等。意志的发生发展本身就是一个有意性的认识过程,因此意志的培养也会加强儿童认识过程的有意性。例如,意志行动中的知觉过程体现为一种有目的、有计划、持久的观察。与被动的、由外界刺激物特点引起的知觉不同,观察是更高级的知觉活动。意志行动中儿童会按照自己的行动目标或者成人的任务,明确观察活动的目的,有针对性地进行观察,从而找到更多的细节,更好地完成意志行动的目标。

(二)提高儿童心理活动的支配性

意志在认识过程的基础上具有有意性,认识的有意性主要体现在认识的目的性上,认识

有目的，目的反过来对认识过程也起到了支配作用，因此意志的培养能够加强儿童对认识过程的支配，使认识过程朝着预定的目标方向发展。意志行动中，经常会遇到很多的困难和阻碍，人们的情绪情感就会发生变化，比如遭遇困难时的消极情感体验、克服困难和实现目标时的积极情感体验，当人们的情绪情感受到意志过程的支配时，会促进人们去战胜困难，坚持下去，实现目标。例如儿童初期情绪具有冲动性、不稳定性，遇到挫折，很容易哭闹，不能自制，但是随着意志过程的出现，儿童逐渐学会控制、调节、支配自己的情绪情感，最终克服困难。

二、儿童意志品质培养的策略

（一）培养儿童行动的计划性

俗话说"凡事预则立，不预则废"，因此应该教导儿童在行动之前制订计划，确定目标，明确行动的方向。儿童在行动前的计划性、目的性较差，通常表现为一时兴起，行动的不随意性，没有明确的行动目的，因此很难坚持完成任务。为了培养儿童良好的意志品质，让儿童做事能够有始有终、坚持到底，就要使儿童学会制订行动的计划和明确目的。深圳市很多幼儿园全天都没有集体教学活动，幼儿园上午的活动以儿童的自主操作为主，早上儿童和老师一起进行"晨谈"，每个儿童自己要制订当天的行动计划，然后轮流讲述今天要做什么。每个孩子每天都要制订计划、实施计划，每天还要总结和反思，今天的计划完成得如何，为什么计划没有完成等。行动有计划，行为有目的，儿童在行动中才有动力，才有"奔头"，才能长时间坚持一个活动，克服行动中可能遇到的困难和排除无关因素的干扰。

对于年龄小的儿童，家长和教师可以在活动前帮助他们明确活动的任务或者行动的目标。比如告诉儿童要仔细听老师讲故事，在听故事的时候小手小脚放好，小嘴巴关上，不要发出声音，等故事讲完了请儿童来说一说在故事里听到了什么。对于年龄大点的儿童，家长和教师可以要求或者启发他们制定行动的目标。比如，在儿童提出想画画时，引导他说出今天他想要画什么，怎么画。无论是帮助儿童确定目标还是启发他们自己制定目标，都要在儿童努力实现这一目标的时候或者目标达成的时候给予鼓励、肯定、表扬。目标的制定也要注意不能太难，也不能太简单。太难的目标，儿童即使经过努力也完不成，会让儿童丧失信心，也容易造成半途而废、虎头蛇尾；太简单的目标，儿童轻易就完成，不需要意志努力，无须克服困难，达不到培养儿童良好意志品质的目的。因此，目的需要具体、可行，符合"跳一跳能够到"的难度。

（二）在日常生活、游戏活动中磨炼儿童的意志

实践证明，儿童良好的意志品质都是通过具体的实践活动锻炼出来的，想要锻炼儿童良好的意志品质，就要从做好日常生活中的每一件事开始。在日常生活中，要培养儿童良好的生活习惯，包括饮食习惯、作息习惯、生活方式等。比如要按时吃饭，饭前洗手，不挑食、不偏食，按时起床、入睡，早晚刷牙、洗脸。能够自己做的就自己做，遇到困难时家长和教师可以帮助或者指导。家长要和幼儿园教师保持一致要求，如果在家里睡觉吃饭玩耍都没有规定的时间，那么过了周末再去上幼儿园的时候，儿童很难适应幼儿园的作息规定，出现中午不

睡觉、吃饭也不好好吃等现象。

良好的生活习惯可以培养儿童的坚持性,游戏活动可以培养儿童的自制力。游戏活动都有自身的游戏规则,规则对行为具有限制性。例如,儿童如果想在游戏中扮演解放军,就要学习像军人一样标准的站立、走路和敬礼的姿势;想在游戏中扮演医生,就要学会询问病情、使用听诊器、给病人打针等(图4-6)。因此,教师和家长在游戏活动前一定要把规则告诉儿童,促使儿童自觉遵守,约束自己的行为,这也培养了儿童的自制力。

图4-6 儿童户外角色扮演游戏

(三)教给儿童一定的技巧

要想完成行动的目标,除了对自己的行为进行调节、支配的坚持性、自制力外,还有一个很重要的环节就是战胜困难。儿童由于生活经验有限,知识储备不足,在面对困难和挑战时,如果没有得到支持或者帮助,很难战胜困难,因此想要培养儿童良好的意志品质,还需要教给儿童一定的技能技巧。比如儿童在绘画活动前计划了要画一个动物园,但是画了一个圆形的"园子"之后,不知道怎么画了,这时候可以问问他想画什么小动物,他见过什么小动物,儿童可能在成人的启发之下画了长颈鹿、小兔子;当他想画大熊猫的时候可能就说自己不会画了,这时候我们除了引导之外,还要教给儿童画大熊猫的技巧,这样他以后就会画大熊猫了。儿童掌握了技能技巧,既可以战胜困难、完成任务,又能够收获克服困难后的喜悦,这样儿童以后在行动中、活动中就不会半途而废了,就可以坚持到底。

(四)为儿童提供克服困难的机会

我们帮助、引导儿童战胜困难,教给他们战胜困难的技能技巧,不能理解成是要为儿童的成长扫除一切障碍。事实上,意志是在逆境中不断磨炼出来的,我们知道"温室的花朵"是禁不起挫折的,只有经历挫折、战胜困难的人才会拥有顽强的意志。现在很多人提倡的"挫折教育"就是这个道理,因为人生不会是一帆风顺的。但是现在的生活中孩子们能遇到的困难情境很少,所以就要"人为地制造障碍",为他们提供克服困难的机会。但是这样的做法也要考虑儿童能力的实际水平,避免给儿童造成心理或者身体上的伤害。比如,儿童在游戏中扮演医生,我们可以扮演一个表达能力不好的患者,需要他多用心地询问;或者当没有患者的时候,看看他能不能仍然坚持自己的角色,还是会被别的游戏吸引过去。

 任务实施

一、任务描述

了解和分析儿童的坚持性行为的发展水平。观察对象:中班儿童明明。

二、实施流程

观察并分析儿童的坚持性行为(表4-4)。

表4-4 儿童坚持性行为的观察与记录

时间、地点、情境	观察记录	分析(主观解释)
2022年10月23日 下午3:50 科学区	明明在科学区做"棉线大力士"的小实验,他先把盐撒在冰块上,又把线放在上面,再把线拉起来,可是并没有吊起冰块。 之后他又在冰块上撒了很多盐,准备把棉线放在冰上,却发现冰块都要化没了,于是他说:"换一个吧。"接着,他换了一个新的比较大的冰块,在上面撒了一些盐,把线放在上面,等了一会儿,又把冰拿起来,把线在冰上绕了几圈,拉起线,他说:"快看啊,我成功了。"刚说完,冰块掉了下来。 最后他把线先放在冰块上,抓了一些盐撒在了线上,等了半分钟左右,拉起线吊起冰块。他高兴地说:"这次真的成功了!"	

三、任务考核

对明明的坚持性行为进行分析。

> **情境解析**
>
> 琪琪三心二意的原因可能是她对不同的活动都感兴趣,而且她可能还在探索自己的兴趣和喜好。她可能觉得画画有趣,但当她看到其他小朋友在折纸时,她也想尝试一下。同样,当她看到娃娃家那边的小朋友在跳舞时,她又被吸引过去了。这表明她对不同的活动都有兴趣,而且她可能还在寻找自己真正喜欢的活动。在这个年龄阶段,儿童通常会对多种活动感兴趣,他们需要通过尝试和探索来发现自己的兴趣和才能。

> **书证融通**

技能12 活动设计:我可以做到

一、活动目标

(1)帮助学前儿童树立自信心,相信自己能够完成各种任务和挑战。
(2)培养学前儿童的积极态度和乐观心态,让他们勇于尝试和面对困难。
(3)培养学前儿童的自主学习能力和解决问题的能力。

二、活动准备

(1)与自信心和积极态度相关的游戏和活动道具,如"我可以做到"口号的横幅、奖章等。
(2)与自信心和积极态度相关的绘本或故事书,如《小兔子勇敢的一天》《小猪学自己》等。
(3)与自信心和积极态度相关的游戏和活动道具,如拼图、迷宫等。

三、活动过程

(1)介绍活动的主题和目标,向学前儿童解释自信心和积极态度的重要性,并强调相信自己能够完成各种任务和挑战的重要性。
(2)向学前儿童展示"我可以做到"口号的横幅和奖章,引导他们思考自信心和积极态度的重要性,并鼓励他们相信自己能够做到。
(3)引导学前儿童参加与自信心和积极态度相关的游戏和活动,如拼图游戏、迷宫挑战等,鼓励他们勇于尝试和解决问题。
(4)通过阅读与自信心和积极态度相关的绘本或故事书,引导学前儿童理解相信自己能够完成各种任务和挑战的故事和情节,并与他们分享自己的自信经历。
(5)鼓励学前儿童互相分享自己的自信经历,可以采取小组讨论或个别交流的方式。

四、活动延伸

安排学前儿童参加与自信心和积极态度相关的角色扮演活动,让他们扮演勇敢自信的角色,通过模仿和表演来加深对自信心和积极态度的理解和体验。

> **任务评价**

一、达标测试

(一)最佳选择题

1.按照预定目的,有意识地调节自己的行动、克服困难的心理过程,就是(   )。

A. 意志　　　　　　B. 情感　　　　　　C. 自我意识
D. 性格　　　　　　E. 气质

2. 意志品质中与独立性相反的品质是(　　)。

A. 果断性　　　　　B. 自觉性　　　　　C. 坚持性
D. 受暗示性　　　　E. 坚定性

3. 以下不属于意志的品质的是(　　)。

A. 果断性　　　　　B. 自觉性　　　　　C. 形象性
D. 坚持性　　　　　E. 自制性

(二)是非题

4. 教师不应该经常批评儿童做事情时三心二意的行为。(　　)

5. 儿童初期坚持性的发展水平较低,很难坚持长时间做一件事。(　　)

二、自我评价

意志是人们自觉地确定目标,并根据目标有意识地支配、调节自己的行动,克服困难,从而实现目标的心理过程。从三个方面了解儿童意志的发展:一方面是自觉性的发展,儿童的自觉性较差,到儿童中期,意志的自觉性开始逐渐发展,儿童后期,意志的自觉性有了进一步的发展;一方面是儿童坚持性的发展,儿童中期,坚持性的发展出现质的飞跃,儿童后期,坚持性的发展趋于稳定;还有一个方面就是儿童自制力,儿童自制力发展在整个儿童期的水平是较低的。通过学习本任务(表4-5),学习者能对学前儿童意志发展有一个较为完整的了解,并能运用科学的方法进行研究和学习,从而初步具备相应的知识、能力和素质。

表4-5　任务学习自我检测单

姓名:	班级:	学号:	
任务分析	学前儿童意志发展		
任务实施	学前儿童意志的发展		
	学前儿童良好意志品质的培养		
任务小结			

项目五

完善学前儿童个性发展

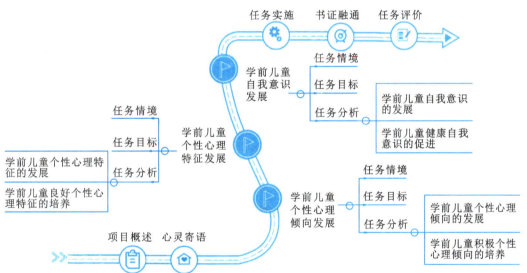

大千世界,不同的环境造就了形形色色的人。有人活泼开朗,有人安静内敛;有人冲动莽撞,有人谨慎细致;有人公而忘私,有人自私自利……这时我们不禁会思考,为什么会"人心不同,各如其面"?为什么会"江山易改,禀性难移"?这些都是个性差异性的表现。那么,什么是个性呢?本项目在介绍个性内涵的基础上,重点讲述儿童个性倾向、个性心理特征与自我意识的发展特点,使学习者掌握儿童良好个性的培养措施,懂得学以致用。

作为幼儿教师,你们是孩子们成长道路上的引路人,承载着重要的责任和使命。爱是教育的基石,用爱去关心和呵护每一个孩子,给予他们温暖和安全感,让他们在你们的爱中茁壮成长;创造力是孩子们的宝藏,激发他们的创造力和想象力,提供丰富多样的学习环境和材料,鼓励他们尝试新的想法和解决问题的方法;感恩是一种美好的品质,感恩孩子们的成长和进步,感恩家长们的信任和支持,用感恩的心态去面对教育工作中的一切,让你们的教育之旅更加充实和幸福。

任务一　学前儿童个性心理倾向发展

善变的兴趣

小明是一个五岁的男孩,他对恐龙非常着迷。他收集了许多恐龙模型和图书,并经常和家人讨论恐龙的知识。他的父母甚至为他安排了参观恐龙博物馆的行程。然而,随着时间的推移,小明的兴趣开始发生变化。他开始对动画片中的超级英雄产生兴趣,他喜欢模仿他们的动作和穿着。他开始收集超级英雄的玩具,并且对他们的故事情节非常熟悉。

接着,小明的兴趣又转移到了音乐上。他开始表现出对吉他的兴趣,并且表达了学习弹奏乐器的愿望。他的父母鼓励他,为他报了吉他课程。小明很快就展示出了他的音乐天赋,并且在学校的音乐比赛中获得了奖项。

问题:小明的兴趣为什么变来变去?

任务目标

知识目标

1. 掌握个性的概念、基本特征。
2. 熟悉学前儿童个性心理倾向的发展特点。
3. 掌握培养学前儿童积极个性心理倾向的方法。

能力目标

1. 能够观察和评估学前儿童的个性心理倾向。
2. 能够设计和实施适合学前儿童的个性心理倾向发展活动。
3. 能够引导学前儿童充分发挥个性优势,培养他们的自我认知和自尊心。

素质目标

1. 培养学前儿童的个性发展和自我认知能力,发展他们的自我认知和自尊心。
2. 培养学前儿童的合作意识和社交能力,发展他们在与他人交往中的良好表现和互助精神。

任务分析

子任务一　学前儿童个性心理倾向的发展

一、个性概述

(一)个性的概念

个性是指一个人比较稳定的、具有一定倾向性的各种心理特点或品质的独特组合。人与人之间个性的差异体现在一个人待人接物的态度和言行举止中,是一个人精神风貌的整体表现。

(二)个性的结构

从系统论的观点看,个性是一个多层次、多维度的复杂结构,主要由个性倾向性、个性心理特征和自我意识组成。

1. 个性倾向性

个性倾向性是指一个人所具有的意识倾向性和对客观事物的稳定态度,包括需要、动机、理想、信念、世界观等心理成分,其中的最高层次是世界观,体现了人的总体意识倾向。个性倾向性决定一个人的态度、行为,是个性心理结构中最活跃的成分。

2. 个性心理特征

个性心理特征是个体言谈举止中表现出来的本质的、稳定的心理特点,主要包括能力、气质和性格。个性心理特征是个性心理倾向性稳固化和概括化的结果,对儿童来说,个性发展的主要内容就是个性心理特征开始形成。

3. 自我意识

自我意识是个性调节系统的核心,指对自己存在的察觉,即自己认识自己的一切,是人对自己身心状态及对自己与客观世界关系的意识。

(三)个性的基本特征

1. 独特性

"世界上没有两片完全相同的树叶,也没有两个完全相同的人。"个体出生后就表现出明显的差异性,到儿童期,个体的能力与性格差异已经开始出现。而儿童期的这种差异也成为儿童日后发展的基础;同时,儿童的个人特点在不同情境中的表现渐趋一致,出现稳定的个人特点。所以,通过对儿童日常生活的行为观察,可以对每个儿童做出比较准确的个性评定。

2. 整体性

个性是一个统一的整体结构,构成个性的各种心理成分和特质是不可分割、相互影响、相互依存的,个性结构中任何一个成分的变化都会引起系统内其他成分的变化。因此,从个体行为的一个方面往往可以看出他的整体个性,如"窥一斑而知全豹",就反映了个性的整体性。3 岁前儿童心理活动是零散的、混乱的,这与其心理过程没有完全发展起来有关。3 岁后,儿童感知觉、记忆、想象等认知活动的发生发展,逐渐推动儿童在低级心理机能的基础上产生了言语、思维等高级心理机能,儿童调节、控制自己行为的能力也逐渐增强。当心理活动在儿童身上出现齐全的时候,儿童心理活动的整体性便日益表现出来。

案例分享 5-1

急性子的莉莉

莉莉是一个急脾气的小姑娘,她动作快、吃饭急、做事喜欢一口气干完,与人相处也容易冲动。

3. 稳定性

只有比较稳定的、在行为中经常表现出来的心理倾向和心理特征才能代表一个人的个性。正是由于个性的稳定性,我们才可以从一个人儿童时期的个性特征推测其成人的人格特征。婴儿的心理活动变化多样,不论是注意、记忆、思维,还是情感等各方面,都是如此,没有心理活动的稳定性,就不能组成个性的整体。如婴儿的注意保持时间非常短,两三岁后,儿童的注意时间日益增加,注意的稳定性逐步提高,其心理机能也逐步成熟稳定下来,这为儿童个性的形成奠定了基础。

4. 社会性

人的本质是一切社会关系的总和,个性是社会关系在人脑中的反映,是在社会实践中形成的。比较典型的是不同国家、不同民族的人的个性有比较明显的差异,因此,个性具有强烈的社会性,是社会生活的产物。但个性的形成也离不开生物因素,生物因素给个性发展提供了可能性,社会因素使这一可能变成现实。因此,个性也是社会性和生物性的统一。

二、学前儿童个性心理倾向的发展特点

(一)个性心理倾向的概念

一个人在与周围现实相互作用的过程中,由于生活经历和接受的教育不同,对周围现实形成不同的态度、观点和行为趋向,这些态度、观点和行为趋向如果经常出现并逐渐稳固,就会形成活动的基本动力,即个性心理倾向。个性心理倾向是行为的动力系统,决定人们对事物的态度和对活动的积极性,主要包括需要、动机、兴趣、理想、信念、世界观等。

学前期是个体个性开始形成的时期,对学前儿童来说,影响其活动积极性的主要因素是需要和兴趣。其中,需要是基础,是个性结构中最活跃的成分,儿童年龄越小,生理需要越强烈;兴趣是一种带有情绪色彩的认识倾向,以认识和探索某种事物的需要为基础,直接影响着儿童的行为,在学前期主要表现为对游戏的兴趣。本节就儿童的需要和兴趣进行阐述。

(二)学前儿童需要的发展

1. 需要的概念

需要是机体内部的一种不平衡状态,反映为人的各种客观需求,并成为人活动积极性的源泉。当有机体内部表现出一种不均衡状态时,就会产生需要。如:身体感受到水分的缺乏,就会产生喝水的需要;血糖成分下降,就会产生觅食的需要;失去亲人的孩子,会产生爱的需要;社会秩序不好,会产生安全的需要等。需要得到满足,这种不平衡状态会暂时得到消除;当出现新的不平衡时,新的需要又会产生。因此,需要是人对某种客观现实的反应,是人活动的基本动力,能激发并推动个体去行动,使人朝着一定方向去追求,以求自身得到满足。

2. 学前儿童需要的发展特点

(1)以生理性需要为主,社会性需要逐渐增强。

对儿童来说,需要的发展遵循一定规律,即年龄越小,生理性需要越占主导地位。1～3

岁儿童的社会性需要逐渐增加,出现了模仿成人活动的探索需要、游戏需要、与伙伴交往的需要等;3～4岁儿童处于从满足生理性需要向满足社会性需要的过渡阶段。

知识链接5-1:
需要的分类

(2)不同年龄阶段的优势需要不同。

不同年龄阶段个体的每种需要在整体中所占地位也会发生变化。如3～4岁儿童的优势需要是生理需要、安全需要和母爱的需要等;5岁开始,儿童的社会性需要开始表现为求知的欲望、劳动的需要和成就感等;6岁左右,儿童希望得到尊重的需要比较强烈,同时,开始出现对友情的需要。

(3)开始形成多层次、多维度的需要结构。

学前期个体的需要结构中既有生理与安全需要,也有交往、游戏、尊重、学习等社会性需要,并且伴随自身的成长发展而不断提高。儿童的各种需要中表现较突出的有以下几种。①生理需要。如果饥渴的需要得不到满足,婴儿便焦虑不安,甚至哭闹。②安全需要。如"我希望爸爸、妈妈不要打我、骂我。""我害怕自己一个人在家,希望爸爸、妈妈陪我。"③交往的需要。在交往中,儿童获得了爱抚和友谊,也开始学会关心别人、关心集体等。④尊重的需要。伴随自我意识的发展,儿童希望受到成人或其他儿童的赞扬和尊重;当他们被嘲笑、呵斥或者责骂时,自尊心便受到损伤,感到委屈。⑤求知的需要。好奇好问是儿童的个性特点之一,他们常常提出"是什么""为什么"的问题,要求成人解释,当得到满意答案时,会感到愉悦开心。⑥欣赏美的需要。儿童喜爱色彩鲜艳的物品、优美的歌曲,幼儿园的美术、音乐、语言等教学活动正是培养了这种需要。

(三)学前儿童兴趣的发展

兴趣是最好的老师。个体的兴趣最初表现为一个人对环境的探究,并在此基础上形成对事物和活动的兴趣和爱好。

知识链接5-2:儿童
需要发展的引导

1. 兴趣的概念

兴趣是人积极地接近、认识、探究某种事物并与肯定情绪相联系的个性心理倾向,反映个体对客观事物的选择性态度,推动儿童认识事物、探索事物。例如,儿童对游戏感兴趣,当他看到其他儿童在一起游戏时,就会接近他们,希望与他们一起玩耍。兴趣进一步发展就是爱好,表现为个体经常从事这项活动,如对音乐的爱好,喜欢听音乐、演奏音乐等。兴趣和爱好与人的积极情绪体验联系在一起,当人们对某种事物感兴趣时,常常会有愉快和满意等积极情绪。

2. 学前儿童兴趣发展的特点

(1)兴趣较广泛,但缺乏中心兴趣。

儿童天生就对这个世界充满好奇,对他们来说一切都是新鲜的,他们渴望认识这个五彩缤纷的世界,喜欢和周围的人们交流,对周围一切事物和世界活动都表现出同样广泛的兴趣,这是由于儿童各方面发展还不成熟,还没有形成一个比较稳定的中心兴趣。

知识链接5-3:
兴趣的品质与分类

(2)多为直接兴趣。

绝大多数儿童直接对当前事物或活动过程感兴趣,只有年龄较大的儿童才开始对活动结果产生兴趣。例如,儿童对游戏感兴趣,是因为游戏能带来愉悦的情绪体验,他们一般不会想到这样做会对自身发展有什么影响。

(3)兴趣存在年龄和性别差异。

儿童的兴趣表现出明显的年龄差异和性别差异。例如,小班儿童对简单的、重复性的动作感兴趣,而大班儿童对复杂的、变化的活动感兴趣;女孩喜欢毛绒娃娃、过家家,男孩喜欢枪、汽车等玩具。

(4)儿童的兴趣较肤浅,容易变化。

知识链接5-4:
幼儿兴趣的培养

由于认知水平较低,儿童难以深入了解事物的本质,常常被事物的表面特点所吸引。他们的兴趣往往来自事物的颜色、形状等,因而比较肤浅;多次接触以后,这些事物的外在特点逐渐失去新鲜感和吸引力,儿童对这些事物的兴趣开始慢慢减少甚至完全消失。这也就解释了为什么儿童对各种玩具喜新厌旧。总之,儿童的兴趣容易变化,很难对某一个事物保持长久的稳定性。

子任务二 学前儿童积极个性心理倾向的培养

3~6岁是学前儿童的关键发展阶段,也是培养积极个性心理倾向的黄金时期。在这个阶段,孩子们正在建立自我认知和情绪管理的能力,他们的思维方式和行为习惯也正在形成。家长和教育者在这个阶段起着至关重要的作用,他们可以通过一系列的方法和策略,帮助孩子培养积极个性心理倾向。本节将详细介绍如何在这个关键阶段培养孩子的积极个性心理倾向。

一、提供支持和鼓励

(一)给予孩子积极的反馈和赞美

当孩子尝试新的事物或解决问题时,家长和教育者应该给予他们积极的反馈和赞美。这样可以增强孩子的自信心,让他们相信自己有能力克服困难和取得成功。

(二)倾听孩子的想法和感受

家长和教育者应该倾听孩子的想法和感受,尊重他们的意见。这样可以让孩子感到被重视和理解,从而培养他们的自尊心和自信心。

(三)帮助孩子建立自信心

家长和教育者可以通过赞扬孩子的努力和成就,帮助他们建立自信心。同时,他们也应该鼓励孩子尝试新的事物,相信自己有能力克服困难。

二、创造积极的学习环境

(一)提供丰富多样的学习材料和玩具

家长和教育者应该提供丰富多样的学习材料和玩具,鼓励孩子自主探索和发现。这样可以激发孩子的好奇心和求知欲,培养他们积极的学习态度。

(二)创造积极的学习氛围

家长和教育者应该创造积极的学习氛围,让孩子感到学习是有趣和有意义的。可以通过讲故事、游戏等方式,激发孩子的学习兴趣和动力。

(三)设计有挑战性的活动

家长和教育者可以设计一些有挑战性的活动,帮助孩子发展解决问题和坚持努力的能力。这样可以培养孩子的毅力和自我激励能力。

三、培养情绪管理和自我调节能力

(一)教导孩子认识和表达自己的情绪

家长和教育者应该教导孩子认识和表达自己的情绪,帮助他们学会控制情绪的表达方式。可以通过故事、游戏等方式,帮助孩子认识不同的情绪,并教导他们如何适当地表达情绪。

(二)提供情绪管理的工具

家长和教育者可以提供一些情绪管理的工具,如呼吸练习、放松技巧等,帮助孩子学会自我调节情绪。这些工具可以帮助孩子平复情绪,增强他们的情绪管理能力。

(三)教导孩子解决冲突和处理挫折的方法

家长和教育者应该教导孩子解决冲突和处理挫折的方法,培养他们的应对能力和适应性。可以通过角色扮演、讨论等方式,帮助孩子学会与他人合作、解决问题和处理挫折。

四、鼓励合作与社交

(一)提供合作和共享的机会

家长和教育者应该提供合作和共享的机会,让孩子学会与他人合作和分享。可以组织一些小组活动,让孩子学会与他人合作解决问题,培养他们的团队合作精神。

(二)教导孩子基本的社交技巧

家长和教育者应该教导孩子基本的社交技巧,如与他人交流、倾听等。这样可以培养孩子的人际交往能力,让他们学会与他人友好相处。

(三)鼓励孩子参与团队活动和集体游戏

家长和教育者可以鼓励孩子参与团队活动和集体游戏,培养他们的合作精神和团队意识。这样可以让孩子学会与他人合作,分享乐趣,培养他们的社交技巧。

五、家庭和学校的合作

(一)家长和教育者之间的密切合作

家长和教育者之间应该保持密切的合作,共同关注孩子的发展和需求。家长和教育者可以定期交流孩子的情况,分享对孩子的观察和发现,共同制订和实施培养孩子积极个性心理倾向的计划。

(二)家庭和学校之间的沟通和配合

家庭和学校之间应该保持良好的沟通和配合,可以定期举行家长会议,交流孩子的学习和发展情况,共同制订孩子的培养计划。

(三)家长和教育者之间的互相支持和理解

家长和教育者之间应该互相支持和理解,共同为孩子提供良好的成长环境。他们可以相互分享经验和方法,共同努力帮助孩子培养积极个性心理倾向。

通过以上的方法和策略,家长和教育者可以有效地培养3~6岁学前儿童的积极个性心理倾向。这些方法不仅有助于孩子的个人发展,也为他们未来的学习和生活奠定了坚实的基础。家长和教育者应该共同努力,为孩子提供一个积极、支持和关爱的环境,引导他们成为自信、乐观和积极的个体。

  任务实施

一、任务描述

了解和分析儿童创造力的发展水平。

二、实施流程

(1)观察对象:大班儿童晨晨、玲玲。
(2)观察时间:角色游戏活动,9:00—10:00。
(3)观察记录:

在玩角色游戏"甜甜美食餐厅"时,张老师发现厨房准备的食物有"米饭""鱼""白菜"等,于是扮演"顾客"坐在餐桌上。"服务员"晨晨走过来问:"老师,您想吃什么?"老师说:"我想吃面条。"晨晨说:"没有面条。"说完就走了。"服务员"玲玲听到后,将白色纸片撕成小条状放入"小碗"中,将刚制作出来的"面条"端给"顾客"。

三、任务考核

对晨晨和玲玲的行为进行分析。

情境解析

这个例子展示了儿童兴趣的善变性。他们可能会从一个兴趣转移到另一个兴趣,这是他们探索世界和发展自己的过程中的一部分。作为教育者和家长,我们应该尊重和支持他们的兴趣变化,为他们提供多样化的学习机会,帮助他们发现自己的激情和天赋。

 书证融通

技能13 活动设计:秋天的水果

一、活动目标

(1)帮助幼儿认识和了解不同的水果。
(2)培养他们的观察力和创造力。

二、活动准备

(1)秋天常见的水果,如苹果、梨、葡萄等。
(2)绘画和手工制作的材料,如纸张、彩笔、剪刀等。
(3)关于水果的故事书或绘本。
(4)小组活动的道具,如水果拼图、记忆卡片等。

三、活动过程

(1)通过展示不同的水果,引导幼儿观察和描述水果的外观、颜色、形状等特点。
(2)进行绘画活动,让幼儿根据自己对水果的印象,创作属于他们自己的水果艺术作品。
(3)利用故事书或绘本,让幼儿了解水果的生长过程和营养价值,鼓励他们分享自己对水果的认识和喜好。
(4)组织小组活动,如水果拼图游戏、水果记忆卡片比赛等,加强幼儿的合作精神和团队意识。

四、活动延伸

组织水果品尝活动,让幼儿亲自尝试不同的水果,培养他们的味觉和食物偏好。

任务评价

一、达标测试

(一)最佳选择题

1.学前儿童的个性心理倾向主要受到以下哪方面的影响?(   )

A.遗传因素　　　B.家庭环境　　　C.学校教育　　　D.社会环境

2.哪种行为是表明学前儿童具有积极个性心理倾向的？（　　）

A.与他人合作和分享　　　　　B.喜欢独立自主的活动

C.对新事物保持怀疑和抵抗　　D.偏好孤独和独处

3.培养学前儿童积极个性心理倾向的最有效方法是（　　）。

A.鼓励他们参与团队活动和集体游戏

B.提供个人自主选择的机会

C.限制他们的行为和活动范围

D.强调竞争和胜利的重要性

(二)是非题

4.学前儿童的个性心理倾向主要受到遗传因素的影响。（　　）

5.学前儿童积极个性心理倾向的培养需要家庭和学校的合作。（　　）

二、自我评价

3~6岁是学前儿童的关键发展阶段，也是培养积极个性心理倾向的黄金时期。在这个阶段，孩子们正在建立自我认知和情绪管理的能力，他们的思维方式和行为习惯也正在形成。通过学习本任务（表5-1），学习者能对学前儿童个性心理倾向发展有一个较为完整的了解，并能运用科学的方法进行研究和学习，从而初步具备相应的知识、能力和素质。

表5-1　任务学习自我检测单

姓名：	班级：	学号：	
任务分析	学前儿童个性心理倾向发展		
任务实施	学前儿童个性心理倾向的发展		
	学前儿童积极个性心理倾向的培养		
任务小结			

任务二　学前儿童个性心理特征发展

▶ 任务情境

气质的"变"与"不变"

一个活动水平高的孩子，在2个月时睡眠中爱动，换尿布后常蠕动；到了5岁，在进食时常离开桌子，总爱跑。而一个活动水平低的孩子，小时候穿好衣服后不爱动，到5岁时穿衣服也需要很长时间，在电动玩具上能玩很久。

小强偏向于多血质，天生活泼好动、充满朝气、反应迅速，由于他长期生活在压抑和受冷遇的家庭、幼儿园、学校环境中,小强逐渐变得孤僻、畏缩和缺乏生气;他参加工作后,生活环境非常轻松,事业有成,成家后家庭幸福,他又变得活泼好动、充满朝气。

问题:小强为什么在不同的环境下有不同的气质表现?

知识目标

1.了解学前儿童个性心理特征的概念和分类,如性格、能力、气质等。

2.掌握培养学前儿童良好个性心理特征的方法。

能力目标

1.能够设计和实施适合学前儿童的个性心理特征发展活动。

2.能够引导学前儿童充分发挥个性优势,培养他们的自我认知和自信心。

素质目标

1.培养学前儿童的自我认知能力和自尊心。

2.培养学前儿童的合作意识和社交能力,培养他们在与他人交往中的良好表现和互助精神。

3.培养学前儿童的情绪管理能力和情绪调节能力,增强他们面对挫折和困难时的积极心态和应对能力。

子任务一　学前儿童个性心理特征的发展

个性心理特征是一个人身上经常地、稳定地表现出来的心理特点,是人的多种心理特点的一种独特组合,主要包括能力、气质和性格。对儿童来说,个性发展的主要内容就是个性心理特征开始形成。

一、学前儿童能力的发展

(一)能力的概念

能力是指人们成功地完成某种活动所必需的个性心理特征。它直接影响活动的效率,保证活动的顺利进行。完成一项活动需要多种能力的结合。一般认为,有两种类型的能力:一种是已经发展或表现出来的实际能力;另一种是可能发展起来的潜在能力。实际能力的发展是潜在能力发展的基础和条件,而潜在能力又是实际能力发展的成果展现,两者密切相关。

(二)能力的类型

1. 一般能力和特殊能力

一般能力即智力,指进行大多数活动必须具备的能力,包括感知能力、记忆力、想象力、思维能力和注意力等,其核心是思维能力。

特殊能力又称专门能力,指顺利完成某项专门活动所必需的能力,如绘画能力、音乐能力、运动能力等。它只在某个特殊领域内发挥作用,是完成相关活动不可或缺的能力。

2. 模仿能力和创造能力

模仿能力是观察别人的行为举止,并做出相类似的行为活动的能力。如模仿小兔子蹦蹦跳跳,模仿老师说话等。

创造能力是指产生新思想、发现和创造新事物的能力,如生活中的各项发明就依赖于人们的创造能力。

3. 认知能力、操作能力和社交能力

认知能力是个体用于学习、研究、理解、分析和概括的能力,是完成各种活动最重要的心理因素;操作能力指个体用于操纵、制作和运动的能力,如劳动能力、运动能力、舞蹈能力等;社交能力是指人们在社会交往过程中所表现出来的能力,如言语表达能力、组织能力、管理能力等。

(三)学前儿童能力发展的特点

1. 多种能力的显现与发展

学前儿童多种能力的显现与发展主要表现在以下几个方面。在身体运动能力方面,表现为跑、跳、爬、抓握、平衡等动作的灵活性和协调性的提高,他们可以通过参与各种户外活动和体育游戏来发展身体运动能力。在社交能力方面,学前儿童通过与家庭成员、同伴和其他社会成员的互动,逐渐发展出社交能力。他们学会与他人合作、分享、交流和解决冲突,建立起良好的人际关系。在语言能力方面,学前儿童的语言能力得到了显著的发展。他们逐渐掌握语言的表达和理解能力,能够用语言表达自己的想法和感受,同时也能够理解他人的意思和指令。在认知能力方面,学前儿童的认知能力发展包括观察、记忆、思考、解决问题等方面的发展。他们开始对周围的事物进行观察和探索,逐渐形成自己的认知模式和思维方式。在情绪和情感能力方面,学前儿童的情绪和情感能力也得到了显著的发展。他们开始能够辨别和表达自己的情绪,逐渐学会控制和调节情绪,并且能够理解和体会他人的情感。这些能力的显现和发展是学前儿童全面发展的重要组成部分,通过提供适当的环境和经验,可以有效地促进他们在这些方面的成长和进步。

2. 智力结构随着年龄的增长而变化

随着年龄的增长,智力结构越来越复杂化、抽象化,不同智力因素开始迅速发展。因此,在对儿童进行智力培养时,要根据他们的年龄特点有所侧重,特别注重注意力、观察力及创造能力的培养。

3. 主导能力开始萌芽,开始出现比较明显的个体差异

主导能力也称优势能力,学前阶段已经表现出主导能力的差异。如有些儿童善于画画,有些儿童善于唱歌,有些儿童善于跳舞。因此,在教育教学中,要特别注意分析不同儿童的能力表现,发挥儿童的主导能力,同时注重对其他能力的培养。

4. 智力发展迅速

大量研究表明,儿童期是智力发展的重要时期。本杰明·布鲁姆(Benjamin Bloom)曾对儿童智力进行了系统的测验和追踪研究,在进一步分析的基础上,得出一条儿童智力发展的理论曲线(图5-1)。

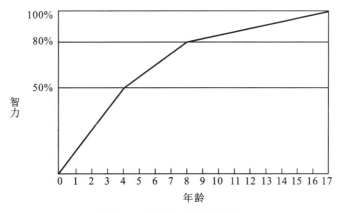

图 5-1 儿童智力发展曲线图

布鲁姆以17岁为发展的最高点,假设其智力为100%,得出各年龄儿童智力发展的百分比:4岁为50%;8岁为80%,13岁为92%。该研究结果表明,0~4岁阶段的儿童智力发展最快,之后发展速度逐步减缓。

二、学前儿童气质的发展

(一)气质的概念

气质是一个人表现在心理活动的强度、速度、灵活性与指向性等方面的一种稳定的心理特征,即生活中所说的"脾气""秉性"。气质是指一个人所特有的心理活动的动力特征,是其个性和社会性发展的生物基础。

知识链接5-5:
幼儿能力的培养

(二)气质的类型及行为特征

1. 传统的气质类型

古希腊医生希波克里特提出四种体液说,这些体液的不同组合形成了个体不同的气质类型:

(1)胆汁质:精力充沛,热情直率,情绪外露,易感情用事,做事冲动,自制力差。

(2)多血质:反应迅速,活泼好动,善于交际,遇事灵活机敏,适应新环境的能力较强,兴趣广泛但缺乏稳定性。

(3) 黏液质：安静稳重，沉着冷静，善于自制，灵活性不够，反应迟缓。

(4) 抑郁质：敏感多疑，多愁善感，反应迟缓，感情细腻，孤僻。

2. 巴甫洛夫的高级神经活动类型论

巴甫洛夫根据神经过程的强度、平衡性、灵活性三个基本特征划分出四种高级神经活动类型，其划分方式与传统的四种气质类型相对应（表5-2）。

表5-2　高级神经活动类型和气质类型对照表

神经系统的基本特点	高级神经活动类型	气质类型
强、不平衡	不可遏制型	胆汁质
强、平衡、灵活	活泼型	多血质
强、平衡、不灵活	安静型	黏液质
弱	弱型	抑郁质

(三) 学前儿童气质发展的特点

1. 儿童的气质具有相对的稳定性

气质是个体所具有的较稳定的心理活动的动力特征，伴随着儿童的出生而产生，是最早出现的个性心理特征，变化也比较缓慢。

2. 儿童的气质有一定的变化

伴随后天环境和教育的影响，儿童（特别是那些先天气质不是十分典型的儿童）的气质也会发生一定的变化。儿童的气质发展过程中存在"掩蔽现象"。所谓"掩蔽现象"是指个体气质类型没有改变，但形成了一种新的行为模式，表现出一种与原来类型不同的气质外貌。由此可见，气质并不是一成不变的，后天教育和环境可以改变气质的类型，使其具有一定的可塑性。

3. 气质本身没有好坏，但会影响父母的教养方式

知识链接5-6：幼儿气质的培养

气质与生俱来，每种气质类型既有优点，又有缺点，没有好坏优劣之分，但儿童气质类型的差异性会影响父母的教养态度。如果儿童的适应能力强、情绪积极稳定，父母更倾向于采用民主型的教养态度。可见，儿童自身的气质类型影响着父母的教养方式，而父母的教养方式反过来又会影响儿童个性的形成。

三、学前儿童性格的发展

(一) 性格的概念

性格是人对现实的态度和行为方式中较稳定的心理特征的总和。性格是具有核心意义的个性特征，是个性的核心。性格具有完整性、复杂性、稳定性和可塑性的特点，具有好坏之分。

(二) 性格的结构

性格是非常复杂的心理特征的总和，由各种各样的性格特征有机组成。

1. 性格的态度特征

性格的态度特征是个体对人、事、物态度方面的特点，主要体现在以下三个方面：①对社会、集体和他人的态度，如热情、真诚等；②对工作和学习的态度，如认真负责、勤劳踏实、富有创新精神等；③对自己的态度，如自信、谦虚、不骄不躁等。

2. 性格的意志特征

性格的意志特征表现在个体对行为的自觉调节中，包括四个方面：①明确行为目的的程度（冲动性、独立性等）；②自觉控制行为的水平（自制力、主动性等）；③坚持性程度（恒心、毅力等）；④紧急或困难情况下表现出来的特征（果断、勇敢、镇定等）。性格的意志表现如图 5-2 所示。

图 5-2 性格的意志表现

3. 性格的情绪特征

性格的情绪特征表现为情绪对自身影响的程度以及意志对情绪控制的程度，包括四个方面的内容：①情绪的强度（是否易被感染以及反应的强度）；②情绪的稳定性（是否出现波动）；③情绪的持久性（持续时间的长短）；④主导心境（是否经常保持愉快）。

4. 性格的理智特征

性格的理智特征表现在人的认知活动方面，也称认知风格，由四个方面组成：①感知（观察的主动性、目的性、快速性和精确性）；②想象（想象的主动性和大胆性）；③记忆（记忆的准确性、主动性和自信程度）；④思维（思维是否独立，是分析型还是综合型）。

（三）儿童的性格特点

1. 活泼好动

活泼好动是儿童的天性，也是其性格最明显的特征之一。

2. 好奇好问

好奇心使个体在认识事物过程中表现出探索行为，如儿童拆卸玩具小汽车，是想知道小汽车为什么能跑起来。儿童的好奇好问表现在探索行为以及提出问题两个方面。

3. 喜欢交往

随着儿童年龄的增长,他们越来越喜欢和年龄相近的小朋友进行交往。即使是那些被拒绝、被忽视的儿童,虽然他们表面上较少与同伴交往,但会因为没有人一起玩耍而感到孤独。

4. 独立性不断发展

3岁前儿童更多依赖成人或周围的环境,模仿他人的行为。3岁以后,儿童的独立性开始发展,他们开始有了自己的见解,不再直接按照成人的要求来行动,开始渴望像成人一样独立行动。如自己确定游戏的主题,自己来分配角色,自己来订立规则等。当然,他们还不能像成人那样全面考虑,经常是想到什么就做什么,不去考虑后果或者其中的危险,表现出不听话、顶撞成人等现象。

5. 易受暗示,模仿性强

模仿性强是儿童的典型性格特征,小班儿童表现尤为突出。儿童往往受到外界环境影响而改变自己的意见,受暗示性强。例如,询问儿童喜欢的小动物,当有人说到猫,其他儿童也都会说喜欢猫。

6. 坚持性随年龄增长不断提高

儿童初期行动的坚持性还比较差,注意集中的时间较短,在游戏中也常常违反规则。随着年龄的增长,儿童的坚持性逐渐地提高,特别是4～5岁阶段,儿童的坚持性发展得最快,这个年龄段是儿童坚持性发展的关键期。

知识链接5-7:
幼儿性格的培养

7. 易冲动,自制力差

儿童性格中非常突出的一个特点是易冲动、自制力差。儿童容易受外界环境或周围人的影响而产生情绪波动,或者因自己的主观情绪及兴趣造成行为冲动,因此,外界刺激和儿童自身的主观情绪对其心理和行为具有较强的支配作用,所以其行为常常缺乏深思熟虑,自我控制能力也较差。

子任务二　学前儿童良好个性心理特征的培养

学前儿童时期是个性心理特征培养的关键时期。在这个阶段,孩子们正在发展他们的个性、情绪和认知能力。为了帮助他们建立良好的个性心理特征,家庭、学校和社会都扮演着重要的角色。本节将探讨如何培养3～6岁学前儿童良好的个性心理特征,并提供一些实践建议。

一、自信心的培养

自信心是学前儿童发展中的重要个性心理特征,通过以下方法可以培养孩子们的自信心。

1. 提供支持和鼓励

家长和教师应该给予孩子们支持和鼓励,让他们相信自己的能力。当孩子们尝试新事物时,要给予积极的反馈,帮助他们建立自信心。

2. 提供适当的挑战

为孩子们提供适当的挑战,帮助他们克服困难。这样可以让他们感受到成功的喜悦,增强他们的自信心。

3. 培养积极态度

教导孩子们积极面对问题和困难,培养他们的积极态度。鼓励他们寻找解决问题的方法,而不是被问题击倒。

二、社交技能的培养

学前儿童需要学会与他人合作、分享和交流。以下是培养社交技能的方法。

1. 提供合作机会

鼓励孩子们参与团队活动和集体游戏,让他们学会与他人合作。通过合作,孩子们可以学会倾听他人的意见、分享资源和解决冲突。

2. 教导沟通技巧

教导孩子们如何表达自己的想法和感受,以及如何倾听他人的意见。通过角色扮演和模仿游戏,可以帮助孩子们学习沟通技巧。

3. 培养同理心

鼓励孩子们关注他人的感受和需求,培养他们的同理心。通过讲故事、观察他人和参与志愿者活动,可以帮助孩子们理解他人的情感和需要。

三、情绪管理能力的培养

学前儿童需要学会识别和表达自己的情绪,并学会有效地管理和调节情绪。以下是培养情绪管理能力的方法。

1. 教导情绪表达

鼓励孩子们使用适当的方式表达自己的情绪,如言语、绘画和角色扮演。同时,教导他们如何识别他人的情绪。

2. 提供情绪管理工具

为孩子们提供一些情绪管理工具,如绘画、冥想和深呼吸。这些工具可以帮助他们在情绪激动时冷静下来。

3. 建立情绪支持网络

鼓励孩子们与家人和朋友分享他们的情绪。同时,为他们提供情绪支持,让他们知道自己可以寻求帮助和支持。

四、责任感和自律能力的培养

培养责任感和自律能力对于学前儿童的发展至关重要,以下是一些方法。

1. 给予适当的任务和责任

为孩子们提供适当的任务和责任,让他们感受到自己的重要性和责任感。这可以是简单的家务活动或学校活动。

2. 建立规则和习惯

制定家庭和学校的规则,并确保孩子们遵守。同时,培养良好的习惯,如按时完成作业、保持整洁等。

3. 给予正面激励

当孩子们展示责任感和自律能力时,给予他们正面的激励和奖励。这可以是一些简单的称赞或奖励。

总结起来,学前儿童时期是培养良好个性心理特征的关键时期,通过培养自信心、社交技能、情绪管理能力以及责任感和自律能力,可以帮助孩子们建立积极的个性心理特征。家庭、学校和社会需要共同努力,为孩子们提供适当的环境和经验,以促进他们在这些方面的成长和进步。

一、任务描述

通过拟订问卷,向家长和教师了解儿童性格、气质和自我意识的特点。例如,儿童的自信心通常表现为有接受挑战的胆略和行为,以及有自我表现的欲望和行为,且其自信心在家长和教师面前表现明显,可以拟订如下问卷。

儿童自信心调查问卷

请在符合孩子实际情况的答案上打钩。

1. 请他(她)唱歌、跳舞、讲故事时,说"我不会""我不行",表示拒绝。

　　A. 很少　　　　　　B. 有时　　　　　　C. 经常

2. 别人想帮助他(她)时,说"我自己行""我自己能",表示拒绝。

　　A. 很少　　　　　　B. 有时　　　　　　C. 经常

3. 对过去没做过的事大胆地去做。

　　A. 很少　　　　　　B. 有时　　　　　　C. 经常

4. 遇到一点小问题立刻找人帮助。

　　A. 很少　　　　　　B. 有时　　　　　　C. 经常

5. 与玩伴玩被人左右。

A. 很少 　　　　　　B. 有时 　　　　　　C. 经常

二、任务考核

该项任务的考核主要面向家长和教师,请同学们收集问题答案并进行数据分析。

情境解析

小强在不同阶段表现出不同的活动水平和行为特征,这与他的气质类型有关。根据描述,小强在小时候和成年后的行为特征都与多血质相关。

多血质的人通常活泼好动、充满朝气、反应迅速。他们喜欢参与各种活动,对新鲜事物充满兴趣,喜欢冒险和挑战。他们的注意力不够集中,容易分散,因此在小时候可能表现出爱动、蠕动、离开桌子等行为。

然而,小强在生活中长期面临压抑和受冷遇的环境,这可能导致他逐渐变得孤僻、畏缩和缺乏生气。外界环境的压力和负面影响可能抑制了他天生活泼好动的特点,使他变得不愿意表达自己和参与社交活动。

当小强的生活环境变得轻松、事业有成,并且家庭幸福时,他重新找回了活泼好动、充满朝气的特点。这是因为良好的生活环境和积极的情绪状态可以激发多血质的人的天性特点,使他们展现出积极向上的行为。

综上所述,小强在不同的环境下表现出不同的气质特点,这是由于他的多血质气质和外界环境的影响。气质是个体与生俱来的,但环境因素可以对气质的表现产生影响。

 书证融通

技能 14　活动设计:我是好宝宝

一、活动目标

(1)帮助学前儿童树立积极的自我形象和自信心。
(2)培养学前儿童的自我认知和自我表达能力。
(3)培养学前儿童的自理能力和社交能力。
(4)培养学前儿童的良好习惯和行为规范。

二、活动准备

(1)与自我形象和自我表达相关的绘本或故事书。
(2)与自理能力和社交能力相关的游戏和活动道具,如洗手盆、洗手液、餐具等。

三、活动过程

(1)介绍活动的主题和目标,向学前儿童解释好宝宝的特点和行为规范。

(2)通过阅读绘本或故事书,让学前儿童了解好宝宝的形象和行为特点,引导他们思考自己是怎样的好宝宝。

(3)引导学前儿童参与与自理能力相关的活动,如洗手、穿鞋子、整理书包等,鼓励他们独立完成这些任务,并夸奖他们的努力和成就。

(4)引导学前儿童参与与社交能力相关的活动,如与他人分享玩具、互相帮助等,鼓励他们友好和合作的行为。

(5)鼓励学前儿童分享自己的好习惯和行为规范,可以采取小组讨论或个别交流的方式。

四、活动延伸

组织学前儿童参加与好宝宝相关的阅读活动,选择一些与好宝宝形象和行为规范相关的绘本或故事书,鼓励他们通过阅读来理解和表达自己的好宝宝形象和行为规范。

一、达标测试

(一)最佳选择题

1.许多孪生兄弟、姐妹虽然外貌非常相像,但只要细心观察他们的言谈举止,就可以很快看出他们的不同。这反映了个性具有( )。

A.独特性 B.整体性 C.稳定性

D.社会性 E.可变性

2.个性结构中最活跃的因素是( )。

A.个性倾向性 B.个性心理特征 C.个性能动性

D.个性独特性 E.气质

3.培养机智、敏锐和自信心,防止疑虑、孤僻,这些教育措施主要是针对( )的儿童。

A.胆汁质 B.多血质 C.黏液质

D.抑郁质 E.活泼型

(二)是非题

4.气质本身没有好坏之分,每一种气质既有优点,又有缺点。( )

5.3~4岁的儿童坚持性和自制力都很差,到了5~6岁,儿童才有一定的坚持性和自制力。( )

二、自我评价

学前儿童时期是个性心理特征培养的关键时期,在这个阶段,孩子们正在发展他们的个性、情绪和认知能力。通过学习本任务(表 5-3),学习者能对学前儿童个性心理特征发展有一个较为完整的了解,并能运用科学的方法进行研究和学习,从而初步具备相应的知识、能力和素质。

表 5-3　任务学习自我检测单

姓名:	班级:　　　　学号:	
任务分析	学前儿童个性心理特征发展	
任务实施	学前儿童个性心理特征的发展	
	学前儿童良好个性心理特征的培养	
任务小结		

任务三　学前儿童自我意识发展

"聪明"的明明

明明今年 3 岁多了,非常爱动脑筋。有一天,老师问明明:"你觉得自己聪明吗?"明明回答说:"聪明!"老师又接着问:"那你为什么觉得自己聪明呢?""妈妈说我聪明,别人都说我聪明!所以我聪明!"明明很自豪地回答。

问题:明明是如何意识到自己聪明的?

 任务目标

知识目标

1. 掌握自我意识的概念、结构。
2. 了解学前儿童自我意识的发展阶段,熟悉学前儿童自我意识的发展特点。

能力目标

1. 能够设计和实施适合学前儿童的自我意识发展活动。
2. 能够引导学前儿童建立积极的自我评价和自我概念。

素质目标

1. 培养学前儿童的自我认知能力和自尊心。
2. 培养学前儿童的自主性和独立思考能力,提高学前儿童在学习和生活中的自主决策和解决问题的能力。
3. 培养学前儿童的价值观和人生观,引导学前儿童思考自己的价值观和人生观。

子任务一　学前儿童自我意识的发展

一、自我意识的内涵

(一)自我意识的概念

自我意识是对自己存在的察觉,即自己认识自己的一切,包括认识自己的生理状况(如身高、体重、形态等)、心理特征(如兴趣、爱好、能力、气质、性格等)以及自己与他人的关系(如亲子关系、师生关系、同伴关系等)。自我意识是个体对自己的身心状况以及自己与周围世界关系的认识,是个性的重要组成部分。

(二)自我意识的结构

1. 从内容方面划分,包括生理自我、心理自我和社会自我

生理自我是个体对自己生理属性的意识,包括对自己的存在、行为、身体、外貌、体能等方面的认识。

心理自我是个体对自己心理属性的意识,包括对自己的个性特征、个性倾向、情绪状态、认知过程等方面的认识。

社会自我是个体对自己社会属性的意识,包括对自己在各种社会关系中的角色、地位、权利、义务、与他人的关系的认识。

2. 从形式方面划分,包括自我认识、自我体验和自我调节

自我认识是自我意识中的认知成分,是个体对自己身心特征和活动状态的认识和评价,包括自我感觉、自我观察、自我分析、自我概念和自我评价等,其中自我概念和自我评价是自我认识中最主要的方面,集中反映着自我认识的发展水平。

自我体验是自我意识中的情感成分,反映个体对自己所持的态度,包括自尊、自信、自卑、自负等,主要集中在"对自我是否满意""能否悦纳自己"等方面。

自我调节是自我意识中的意志成分,指个体对自己行为和心理活动的调节和控制,包括自制、自主、自我监督、自我控制等,主要涉及"我如何成为自己理想的那种人""我应该怎么做"等方面。

案例分享 5-2

自画像——"我是谁?"

写出 20 句"我是一个怎样的人",要求尽量反映个人特征、风格。

我是一个_____的人。
我是一个_____的人。
我是一个_____的人。
……

二、学前儿童自我意识的发生和发展阶段

自我意识不是与生俱来的,而是个体在后天的生活中,通过与周围环境的互动逐渐形成的。

(一)自我意识的萌芽(2~3岁)

自我意识的真正出现是和儿童言语的发展相联系的。2~3岁左右的儿童会说"我渴了""我饿了",掌握代名词"我"标志着个体自我意识真正的形成。这个阶段的儿童经常会说"我的",开始不让别人动自己的东西,逐渐学会较准确地使用"我"来表达自己的愿望。这时可以说个体的自我意识产生了(图5-3)。

图 5-3　绘本《我会沟通》

(二)自我意识各方面的发展(3岁以后)

3岁以后,随着对自我认识的加深,儿童开始形成对自己的判断和评价,如"我帮妈妈拿东西,是一个好孩子"等,但这种评价是非常简单的。进入儿童期,其自我评价逐渐发展起来,同时,自我体验、自我控制也开始发展。

三、学前儿童自我意识的发展特点

(一)学前儿童自我评价的发展特点

自我评价是自我意识的核心,自我评价能力的发展是自我意识发展的重要标志。儿童自我评价的发展具有下列几个特点。

1. 从依赖成人的评价到独立性的评价

3岁儿童自我评价还不明显,且多依赖于成人的评价,大多数儿童到了5岁左右便能进行相对独立的自我评价。

2. 从对个别方面的评价到多面性的评价

4岁儿童多是针对个别方面评价自己,如"我是好孩子,因为我好好吃饭了";6岁以后,儿童开始从多方面、多角度对自我进行评价,如"我是好孩子,因为我帮乐乐搬椅子了;我有礼貌;我值日做得特别好!"(图5-4)。

图 5-4　幼儿搬椅子

3. 从对外部行为的评价到对内在品质的评价

儿童早期对自我的评价多是外在行为方面,还不能深入内心品质;6岁以后才出现对一个人内在品质评价的过渡。总体来说,整个儿童期都不能对内心品质进行深入评价。

4. 从主观情绪性的评价到初步客观的评价

儿童早期对自我的评价带有强烈的主观性,常常以自己的情绪、喜好来进行评价,而不是从事实出发,客观地看待事物,而且会过高地评价自己;随着年龄的增长,儿童的自我评价逐渐趋于客观。

(二)学前儿童自我体验的发展特点

学前儿童自我体验的发展特点可以总结为以下几点。

1. 自我意识的形成

学前儿童逐渐认识到自己是一个独立的个体,能够区分自己和他人。他们开始意识到自己的名字、性别、年龄等个人身份信息。

2. 自我评价的出现

学前儿童开始能够评价自己的行为和表现,对自己的能力和外貌有一定的认知。他们可能会用简单的词语来描述自己,如"我是个好孩子"或"我很聪明"。

3. 自我控制能力的提升

学前儿童逐渐学会控制自己的情绪和行为,能够自觉地遵守规则和约定。他们开始明白一些行为的后果,并尝试通过自我控制来获得积极的结果。

4. 自我认同的建立

学前儿童开始形成对自己的认同感,明确自己的兴趣、喜好和特点。他们会表达自己的意见和想法,并希望得到他人的认同和接受。

5. 自我理解的深化

学前儿童逐渐对自己的内心感受和思维过程有更深入的理解。他们能够描述自己的情感和想法,理解自己的喜怒哀乐,并能够适应不同的情境和角色。

总之,学前儿童的自我体验发展特点包括自我意识的形成、自我评价的出现、自我控制能力的提升、自我认同的建立和自我理解的深化。这些特点是学前儿童认识自己和与他人互动的基础,对他们的整体发展具有重要意义。

(三)学前儿童自我控制的发展

3~6岁是学前儿童自我控制发展的重要阶段,以下是该阶段的一些特点。

1. 情绪调节能力的提升

学前儿童逐渐学会识别、理解和调节自己的情绪。他们能够辨认自己的情绪状态,并尝试使用适当的方法来管理情绪,例如通过深呼吸或寻求成人的帮助。

2. 行为自制能力的增强

学前儿童开始能够抑制冲动和延迟满足。他们逐渐学会等待、分享和遵守规则,能够控制自己的行为,以适应社交环境和规范。

3. 规划和执行能力的发展

学前儿童在这个阶段开始具备一定的规划和执行能力。他们能够在玩耍、学习和日常生活中制订简单的计划,并尝试按照计划行动。

4. 自我评价和自我反思的出现

学前儿童开始能够评价自己的行为和表现,并进行自我反思。他们能够意识到自己的错误,并尝试改正和学习。

5. 自我独立性的增强

学前儿童逐渐表现出更多的自主性和独立性。他们开始尝试自己穿衣、洗脸、刷牙等日常生活技能,逐渐减少对成人的依赖。

6. 自我约束能力的提高

学前儿童在这个阶段开始能够自觉地约束自己的行为。他们能够明确区分什么是可以

知识链接 5-8:幼儿自我意识的培养

做的,什么是不可以做的,并能够自我约束,遵守规则和社会准则。

总体而言,3~6岁学前儿童的自我控制发展表现为情绪调节能力的提升、行为自制能力的增强、规划和执行能力的发展、自我评价和自我反思的出现、自我独立性的增强以及自我约束能力的提高。这些能力的发展对于学前儿童的社交适应、学习和日常生活具有重要的意义。

子任务二 学前儿童健康自我意识的促进

一、引导儿童客观地认识自己

首先,幼儿教师应重视儿童自我概念的形成,在日常生活和实践活动中有意识地引导儿童认识自己的姓名、性别和身心发展的基本特点,并正确评价自己的外貌、估计自己的能力。例如,"我是女孩""我有圆圆的脸""我自己吃饭""我能给奶奶捶背"等。幼儿教师还可以开展有关的主题活动,让儿童认识自己、认识同伴、认识幼儿园、认识教师,如主题系列活动"我是谁""我的自画像""我的家""我的幼儿园"等都可以帮助儿童形成自我概念。

其次,儿童自我评价的主要依据是成人的评价,教师应公正而客观地评价儿童。比如,有的儿童认为自己不行、自己笨,问其原因,竟然是"老师说我不行""爸爸骂我是笨猪"。因此,教师要从儿童的实际出发,客观、公正地评价儿童。如对一些能力强的儿童,不能认为他们事事都行,告诉他:"任何人都会有不懂和不会的地方,也有比别人厉害的本领。"例如:"某某爱劳动/某某把自己的新玩具借给别的小朋友玩,你要向他学习"等。而对一些能力弱的儿童,要经常鼓励他,找出他的闪光点。例如,一个动作、语言各方面发展很缓慢的小女孩,很喜欢开心地笑,教师可以画上一个开心的小脸,贴在她的七色花的一个花瓣里。总之,教师在工作中要做到一视同仁,"爱白天鹅,也爱丑小鸭"。

最后,多给儿童提供自我评价和评价他人的机会。如通过谈话活动"我觉得自己哪些地方进步了""我看到谁的哪些进步""我最欣赏的人"等,引导儿童关注自己和朋友的优点,用欣赏的眼光,主动发现每一个人的长处,摆脱以自我为中心。

二、帮助儿童形成正确的自我意识情绪

自我意识在情绪上的表现称为自我体验或自我感受,主要有自尊感和自信感。与自我意识发展类似,儿童的自我体验是从较为微弱发展到较为强烈,从易受暗示发展到能够独立地体验。有研究发现,个体的愉快感和愤怒感发展较早,自尊感和委屈感发展较晚。

教师应该为儿童创建和营造安全、接纳、尊重的心理环境,同时要发自内心地接纳所有儿童,让儿童心里有一种"老师喜欢我"的情感体验。尤其是小班儿童,他们刚从家庭走向集体生活,教师在接待时要热情,面带微笑,摸摸孩子的头,抱抱他们,亲亲他们,多用夸奖激励的语言与他们交流,让儿童体会到安全、被接纳、尊重,能够更快地适应并喜欢上幼儿园生活,缓解他们的入园焦虑。自我实现能帮助儿童建立起最初的成就感和自信感,是儿童心理

需要的最高层次。针对中、大班的儿童自我实现的教育,可以通过让他们参与环境创设,给他们展示自我的机会和舞台,让他们体验到自我价值的实现,从而分享快乐,获得成功的喜悦体验,强化他们的积极自我体验,获得自尊感和自信感的满足。

三、注重儿童自我控制能力的培养

自我控制能力是一个人的人格发展中比较稳定的个人品质,它的形成与早期所受的教育和培养有着密切的关系。儿童自我控制能力是儿童积极独立地完成各种任务、协调与他人关系、成功适应社会的核心和基础,对儿童未来的发展具有重要作用。

幼儿教师应指导儿童学习自我控制和自我调节的方法,使儿童学会控制自己的欲望和情感,面对困难或挫折,能自我调节和安慰自己。例如,在活动中与同伴发生争执时,抑制自己的激动情绪,可用语言表述自己的不满,而不是发生肢体冲突。幼儿教师还可设计不同类型的游戏活动来培养儿童的自我控制能力,如操作性游戏和运动游戏可以帮助小班儿童初步学会控制自身的精细动作和肢体动作,娱乐游戏可以帮助小班儿童学习和感受游戏中的规则对自己行为的调节;中班儿童可在娱乐游戏和运动游戏中学会对规则的重视;智力游戏、运动游戏和操作性游戏可满足大班儿童追求对规则的理解和遵守的需求,帮助儿童提高对游戏规则在游戏中重要性的认识,帮助儿童学会控制自己的行为。

任务实施

一、任务描述

可以拟订一些有关儿童自我认识的话题与儿童个体进行个别谈话,以此来评定该儿童的自我认识水平。例如,了解儿童对自己的身份(年龄、性别、社会角色)的认识,谈话题目有:

1. 你叫什么名字?
2. 你是男孩还是女孩?
3. 你是爸爸妈妈的什么人?你是弟弟妹妹的什么人?
4. 你几岁?
5. 你长大后能当妈妈和爸爸吗?
6. 什么时候是你的生日?
7. 你什么时候是主人?
8. 你什么时候是客人?
9. 你什么时候是顾客?
10. 你什么时候是观众?

二、任务考核

该项任务的考核标准:小班,好(答对 5 题以上)、中(答对 3~4 题)、差(答对 2 题以内);

中班,好(答对 7 题以上)、中(答对 5~6 题)、差(答对 4 题以内);大班,好(答对 9~10 题)、中(答对 7~8 题)、差(答对 6 题以内)。

> **情境解析**
>
> 　　明明是通过他母亲和其他人的评价意识到自己聪明的。明明的回答表明他认为自己聪明是因为他的妈妈说他聪明,同时也因为别人都说他聪明。这些肯定和赞扬让明明感到自豪,并形成了他对自己聪明的意识。
>
> 　　在学前儿童的发展过程中,他们开始逐渐意识到自己的特点和能力,并通过他人的反馈来形成对自己的认知。在这个阶段,家庭和社交环境对学前儿童的自我认知和自尊心的形成起着重要的作用。当明明得到他人的赞扬和肯定时,他会将这些评价内化为自己的认知,从而形成对自己聪明的意识。
>
> 　　然而,需要注意的是,学前儿童的自我认知和自尊心的形成是一个动态的过程,他们的认知和评价可能会受到不同环境和他人的影响而发生变化。因此,家长和教师在与学前儿童互动时,应给予他们积极的、具体的和适度的肯定,帮助他们建立积极的自我认知和自尊心。

 书证融通

技能 15　活动设计:认识我自己

一、活动目标

(1)帮助学前儿童认识自己的身体特征和个性特点。
(2)给学前儿童提供探索自我身份和自我认知的机会。
(3)培养学前儿童的自信心和自尊心。

二、活动准备

(1)镜子,让学前儿童观察自己的面部特征。
(2)绘画和手工制作的材料,如纸张、颜料、彩色笔等。
(3)与身体特征和个性特点相关的故事书或绘本。
(4)记录表格,用于学前儿童记录自己的身体特征和个性特点。

三、活动过程

(1)介绍活动的主题和目标,向学前儿童解释认识自己的重要性。
(2)引导学前儿童观察自己的面部特征,使用镜子帮助他们认识自己的外貌。

（3）引导学前儿童用绘画或手工制作的方式表达自己的面部特征,如画自画像、制作面具等。

（4）通过故事书或绘本,向学前儿童讲述关于身体特征和个性特点的故事,鼓励他们思考和分享自己的身体特征和个性特点。

（5）引导学前儿童用记录表格记录自己的身体特征和个性特点,让他们能够反思和了解自己。

（6）鼓励学前儿童互相交流、分享自己的身体特征和个性特点,让他们发现和欣赏彼此的独特之处。

四、活动延伸

安排学前儿童参加与认识自己相关的小组合作活动,如制作一个"我自己"的展板或相册,让他们展示和分享自己的学习成果。

任务评价

一、达标测试

（一）最佳选择题

1. 学前儿童自我意识发展的主要来源是(　　)。
   A. 家庭环境　　　　　　B. 社会环境　　　　　　C. 学校环境
   D. 个体内部发展　　　　E. 遗传因素

2. 学前儿童意识到自己的特点和能力,最常依赖的是(　　)。
   A. 父母评价　　　　　　B. 老师评价　　　　　　C. 自我评价
   D. 同伴评价　　　　　　E. 社会评价

3. 自我意识和自我反思在学前儿童中出现,表明他们(　　)。
   A. 能够意识到自己的错误　B. 开始独立解决问题　　C. 能按照计划行动
   D. 对他人进行评价　　　　E. 能感受到环境压力

（二）是非题

4. 学前儿童自我意识发展主要依赖于个体内部的发展。(　　)
5. 学前儿童自我意识的发展与社交无关。(　　)

二、自我评价

自我意识不是与生俱来的,而是个体在后天的生活中,通过与周围环境的互动逐渐形成的。通过学习本任务(表5-4),学习者能对学前儿童自我意识发展有一个较为完整的了解,并能运用科学的方法进行研究和学习,从而初步具备相应的知识、能力和素质。

表 5-4 任务学习自我检测单

姓名：	班级：	学号：	
任务分析	学前儿童自我意识发展		
任务实施	学前儿童自我意识的发展		
	学前儿童健康自我意识的促进		
任务小结			

项目六

提升学前儿童社会性发展

 项目导航

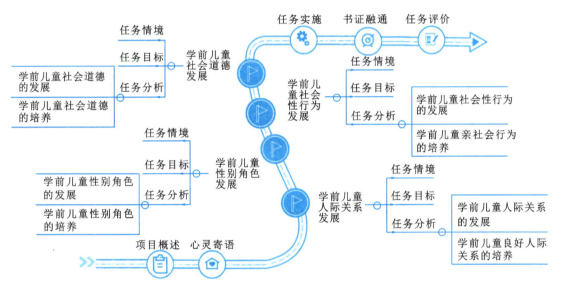

 项目概述

人的本质是一切社会关系的总和。人们在社会生活中与他人交往的方式、对待他人的态度、对他人的影响等都是其社会性的表现。儿童的社会化发展主要体现在人际关系、性别角色、社会性行为以及道德等方面。本项目主要在介绍相关知识的基础上，结合现有研究对儿童社会化的过程进行分析，以帮助学习者对儿童社会化问题有一定的了解，明确社会性发展在儿童心理发展中的重要性。

 心灵寄语

你是孩子们的第二个家庭，你的教诲和关爱将塑造他们的未来。

你的耐心和关注是孩子们成长的基石,你的工作是无价的。

你的教育不仅仅是知识的传授,更是培养孩子们的品格和价值观。

任务一　学前儿童人际关系发展

任务情境

不受欢迎的小明

小明刚上幼儿园小班,周围的小朋友都不愿意和他一起玩。老师询问了原因,才知道原来是小明比较霸道,只要看上其他小朋友手里的玩具或者图书,就会上前去索要,如果不给,就仗着自己身材比较强壮直接抢。班上的小朋友几乎都和他有过冲突,所以,老师在安排小组游戏活动时,谁都不愿意和小明一组。小明也经常和爸爸妈妈说班上的小朋友都不喜欢他,他不想上幼儿园了。

问题:小明为什么不受欢迎?怎么帮助小明呢?

任务目标

知识目标

1.掌握学前儿童人际关系的种类。

2.熟悉学前儿童亲子关系、师幼关系、同伴关系的基本发展内容。

能力目标

1.使学前儿童具备良好的人际交往能力,包括倾听、表达、合作、分享等。

2.使学前儿童具有解决问题的能力,学会处理人际关系中的冲突和困难。

3.提高学前儿童的自信心和自尊心,帮助他们建立积极的人际关系。

素质目标

1.培养学前儿童良好的道德品质,如诚实守信、友善待人、公平正义等。

2.培养学前儿童的民主意识和法治观念,使他们能够尊重他人的权利,遵守规则和法律。

任务分析

子任务一　学前儿童人际关系的发展

一般来说,儿童的人际关系主要体现在亲子关系、同伴关系与师幼关系等方面。

一、学前儿童亲子关系的发展

福禄贝尔曾说:"父母是儿童的第一任教师。"婴儿出生后,最初接触到的社会环境就是家庭环境,最初的社会交往就是亲子交往。亲子关系是家庭中最基本、最重要的一种关系,也是儿童的社会关系中出现最早、最持久的关系。

(一)亲子关系的概念

亲子关系的概念有狭义与广义之分。狭义的亲子关系是指儿童早期与父母的情感关系,即依恋,早期亲子依恋的形成是儿童以后建立与他人的关系的基础;广义的亲子关系是指父母与子女的相互作用方式,即父母的教养态度与方式,是儿童人格发展的最重要的影响因素。

(二)依恋的概念

案例分享 6-1

依恋布母猴

威斯康星大学动物心理学家哈瑞·哈洛(Harry Harlow)曾做了著名的布母猴实验。在他设计的布母猴实验中,给幼猴提供了两个"替代妈妈",其中,"铁丝妈妈"是由电线网制成的,有供奶装置;"绒布妈妈"是由绒布制成的,很温暖,但没有供奶装置。哈洛把一群出生以后与母亲分离的猴宝宝跟两个代母猴关在笼子里,让幼猴做出选择。结果,令人惊讶的事情发生了,在几天之内,猴宝宝把对猴妈妈的依恋转向了"绒布妈妈"。猴宝宝只在饥饿的时候,才到"铁丝妈妈"那里喝几口奶水,绝大多数时间都攀附在"绒布妈妈"身上(图6-1)。

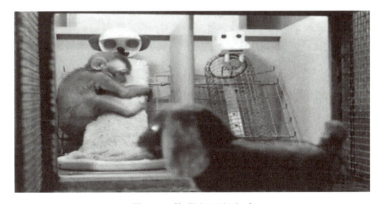

图 6-1 依恋布母猴实验

依恋,是指儿童寻求并企图保持与另一个人亲密的身体与情感联系的倾向,是儿童与熟悉的人(父母或其他抚育者)所建立的亲密情感联结。儿童对依恋对象表现出各种依恋行为,如哭、笑、视觉朝向、身体接触、依附和追随等。

依恋是人类最初始的,也是影响最深远的一种情感,是儿童健康成长不可缺少的环节。依恋表现为一种双向的积极互动的过程,在亲子之间的情感联系上,儿童也在积极地影响着母亲或其他依恋对象。依恋是儿童早期情绪发展和社会性发展的重要内容,因此,建立良好的依恋关系对于儿童的身心健康发展有着极其重要的意义。

(三)儿童依恋的类型

发展心理学家安斯沃斯通过"陌生情境实验"提出依恋的不同类型。

知识链接 6-1：
陌生情境实验

1. 安全型依恋

与母亲在一起时,儿童能很安逸地玩玩具,偶尔会跑到母亲身边,大多数时候看向母亲,或远距离呼唤母亲,陌生人进来时,也能积极地打招呼;母亲离开时,有明显的哭闹、不安表现,母亲回来时,会立即寻求与母亲的亲密接触,经母亲安抚后,能很快安静下来,并愉快地投入游戏中。

2. 回避型依恋

儿童对母亲是否在身边表现出无所谓的态度,只顾玩自己的玩具或游戏;母亲离开时,也有反抗、不安情绪,母亲回来时,往往也不予理睬,偶尔会对母亲的回来表示欢迎,但只是短暂的,接触一下母亲就独自去玩了。这类儿童对母亲的情感比较冷淡,被称为没有依恋的儿童。

3. 矛盾型依恋

儿童时刻关注母亲的动向,很难离开母亲自己独立去玩,母亲离开前就非常警惕,当母亲真正离开时,会大哭大闹、极度反抗、不安(图 6-2),和母亲的任何一次分离都会引起他们的极大痛苦;但当母亲回来时,又不愿意理睬母亲,其实内心非常想去和母亲接触,他们也不能放心地重新回到游戏中,不时朝母亲这里看。因此,这种依恋类型被称为"矛盾型依恋"。

图 6-2 幼儿极力挽留离开的母亲

从三种类型的表现可以看出,安全型依恋是一种积极、良好的依恋方式,回避型和矛盾型依恋属于消极、不良的依恋方式。

(四)影响依恋的因素

1. 家庭教养方式

美国加利福尼亚大学心理学家戴安娜·鲍姆林德采用家庭观察、实验室观察的研究方法,发现不同的家庭教养方式不同程度地影响着父母与儿童之间的交往与互动。

民主型的父母对儿童持积极肯定的态度,尊重儿童的意见和观点,鼓励他们表达自己的想法并参与讨论；他们对儿童提出明确的要求，对儿童的良好行为与表现则表示支持和肯定。这种接纳与温暖的教养方式对儿童的心理发展带来许多积极的影响。因此，安全型依恋的儿童多数独立性较强，善于自我控制和解决问题，自尊感和自信心较强，喜欢与人交往。

知识链接6-2：家庭教养方式的类型

专断型的父母很少考虑儿童自身的愿望和要求，要求儿童无条件地遵守规则，却又缺少对规则的解释，他们常常对儿童违反规则的行为表示愤怒，甚至采用严厉的惩罚措施。由于这类父母对儿童常常表现出否定的、消极的情感反应，儿童大多缺乏主动性，自尊感、自信心较低，怯弱、抑郁和畏缩，易形成矛盾型依恋。

放纵型的父母对儿童缺乏有效的控制，很少提出要求或对儿童的言行施加合理调控，而是让儿童自己随意控制、协调自己的言行。在这种教养方式下成长的儿童往往依赖感较强，自我控制能力差，缺乏责任感，自信心较低，缺乏恒心、毅力，与父母之间易形成矛盾型依恋。

忽视型的父母对儿童缺乏基本的爱与关注，对儿童的行为反应缺乏反馈，对儿童的成长经常流露出漠不关心的态度。在这种教养方式下成长的儿童往往具有较强的冲动性和攻击性，很少换位思考，对人缺乏热情，对事物缺乏兴趣。相对于前三类教养方式下成长的儿童，这类儿童在成长过程中更容易出现不良行为问题，与父母之间易形成回避型依恋。

2. 儿童的气质特点

研究表明，儿童的气质特点影响父母的教养方式，进而影响亲子依恋。例如，难以教养的儿童难以适应新环境、作息不规律、表现出极端的哭叫行为，这会使父母与儿童之间的交往模式变得紧张，这类儿童的父母则表现出更少的自信心、更多的焦虑、更多的失败与抑郁、更容易发怒，从而形成反抗型依恋。

3. 家庭的因素

(1)儿童的生存条件。在家庭构成要素中，诸如失业、婚姻失败、经济困难和其他一些不利因素都会影响父母对儿童照料的质量，进而破坏儿童的依恋安全。

(2)儿童受重视程度。儿童在养育环境中是否得到关爱，是否被精心抚养，会直接影响到儿童的依恋安全。研究表明，第一个出生的儿童会因弟弟妹妹的出生而降低依恋安全性程度。

(3)家庭的氛围。正常家庭，尤其是婚姻美满、成人之间充满温馨、较少有摩擦的家庭，会使儿童的依恋安全感增强。相反，紧张的夫妻关系、对儿童不适宜的照料，会直接影响到儿童的安全依恋。

二、学前儿童同伴关系的发展

进入幼儿园以后，儿童与同伴之间的相互作用是互惠、平等的。同伴关系对儿童来说是一种新型的关系，其作用仅次于亲子关系，对儿童发展具有十分重要的意义。

(一)同伴关系的类型

同伴关系是指年龄相同或相近的儿童之间的一种共同活动并相互协作的关系，或者主要指同龄人间或心理发展水平相当的个体间在交往过程中建立和发展起来的一种人际关系。

在同伴交往的过程中,不同的儿童被同伴选择和接受的程度也是不一样的。庞丽娟等人(1931)根据同伴提名法,将同伴交往划分为以下几种类型。

1. 受欢迎型

受欢迎型儿童乐意与人交往,积极主动,且常常表现出友好、积极的交往行为,因而受到大多数同伴的接纳与喜爱;他们在同伴交往中享有较高的地位,具有较强的影响力。此类儿童在同伴群体中约占13.33%。

2. 被拒绝型

被拒绝型儿童在同伴交往中活跃主动,但常常采取不友好的交往方式,如强行加入其他小朋友的活动,抢夺其他小朋友的玩具等;攻击性行为较多,友好行为较少,因而,常常被同伴所排斥、拒绝,同伴之间关系紧张。此类儿童在同伴群体中约占14.31%。

3. 被忽视型

被忽视型儿童常常独处,或一人活动,在同伴交往中表现得退缩或害羞,不起眼,常常被冷落。此类儿童在同伴群体中约占19.41%。

4. 一般型

一般型儿童在同伴交往中行为表现一般,既不是特别主动、友好,也不是特别不主动或敌对;既不为同伴特别喜爱,也不令人讨厌。此类儿童在同伴群体中约占52.94%。

5. 矛盾型

此类儿童被某些同伴喜爱,不被其他同伴喜欢,在同伴群体中人数极少。

(二)同伴关系的功能

1. 同伴关系有利于促进儿童认知能力的发展

不同的儿童有着各自不同的生活经验和认知基础,他们在共同的活动中也会有各不相同的具体表现。同伴交往可为儿童提供分享经验、互相学习和模仿的重要机会;同伴交往也可为儿童提供大量的同伴交流、直接教导、协商、讨论的机会。例如,小组活动中,儿童会围在一起,共同"探索"某个物体的多种用途或一个问题的多种解决方式。这些都非常有助于扩展知识,丰富认知,发展儿童的思维、操作和解决问题的能力。

2. 同伴关系有利于儿童社会技能和策略的发展

同伴交往是儿童与儿童之间进行的双向、平等、自由的交流过程,儿童正是在与同伴的交往中通过不断调整、修正自己的行为方式,掌握、巩固较为适宜的行为方式。良好的同伴关系为儿童提供了较多交往和交流的机会,让儿童学会如何表达、倾听、谦让、忍耐和宽容,更学会了如何与他人交流和相处。因此,良好的同伴关系有助于儿童掌握良好的社交技能,获得更好的同伴接纳。

3. 同伴关系有利于儿童积极情感的形成

根据马斯洛的需要层次理论,不论儿童所处的环境有何不同,都有归属和爱的需要,都渴望在群体中被同伴接纳和喜欢。儿童通过与同伴的交往表达交流情感,得到同伴接纳,进而产生安全感与归属感;良好的同伴关系也能成为儿童的一种情感依赖,对儿童具有重要的情感支持作用。

4. 同伴关系有利于儿童自我意识与人格的发展

儿童期是个体自我意识迅速发展的时期,其自我认识和评价还不稳定、不完善。同伴的行为与活动就像一面"镜子",为儿童的自我评价提供参照,使儿童能够通过社会性比较更好地认识自己,对自身的能力进行判断;另外,与同伴的交往为儿童对行为的自我调控提供丰富信息和参照标准。因此,同伴交往可以为儿童自我意识的发展提供有效基础,对儿童人格的发展有着重要的影响。

(三)儿童同伴关系的产生与发展

3~6岁学前儿童同伴关系的发展具有以下一些常见的特点。

1. 并行性玩耍

在3~6岁的学前阶段,儿童通常会参与并行性玩耍,即他们会在同一空间内玩耍,但各自独立进行活动,不太会互相合作或交流。他们可能会观察其他儿童的活动,但并不主动与他们互动。

2. 合作性玩耍的出现

随着年龄的增长,3~6岁的学前儿童开始渐渐展现合作性玩耍的能力。他们会开始与其他儿童一起玩耍,共同参与某个活动或游戏,并且能够互相交流、分享玩具和进行角色扮演。这种合作性玩耍的出现标志着同伴关系的发展。

3. 同伴选择的倾向

在这个阶段,儿童开始展现对同伴的选择倾向。他们可能会选择与某些特定的儿童一起玩耍,建立起更为亲密的关系。这种同伴选择通常基于共同的兴趣、玩耍风格或者个人喜好。

4. 冲突和解决冲突的能力

在同伴关系的发展过程中,冲突是难免的。3~6岁的学前儿童可能会出现一些冲突和争执,例如争夺玩具或者意见不合。他们也逐渐掌握解决冲突的能力,通过沟通、妥协和分享来解决问题。

5. 友谊的建立

在这个阶段,儿童开始建立真正的友谊关系。他们会选择与某些特定的同伴建立更为亲密和稳定的关系,共同分享快乐和分担困扰。这种友谊关系对于儿童的社交和情感发展非常重要。

需要注意的是,每个儿童的同伴关系发展速度和方式可能会有所不同。有些儿童可能更早展现出合作性玩耍和友谊的迹象,而其他儿童可能需要更多的时间来适应和发展同伴关系。家长和教育者可以通过提供适当的支持和引导,帮助儿童建立积极健康的同伴关系。

随着儿童交往范围的扩展,交往的性质发生了改变,主要以游戏的形式进行。根据儿知识链接 6-3：
"哒哒兄弟"

社会性的发展，美国心理学家帕顿把游戏分为六种：无所用心的行为、旁观者行为、独自游戏、平行游戏、联合游戏和合作游戏。

前三种类型的游戏没有同伴参与，都是儿童独自一人的活动。平行游戏阶段虽然有其他儿童出现，但是彼此之间没有交流，只是在做类似的游戏或玩相似的玩具。联合游戏阶段，儿童开始和其他同伴一起玩耍，相互沟通和交流，只不过沟通的内容与共同活动无关，在活动中也没有分工，对材料和目标缺乏组织性。合作游戏阶段，儿童有了共同的目标，一起制订活动计划，学会对游戏中的材料和角色等进行分配，并不断进行讨论和修正。

(四)影响儿童同伴关系的因素

儿童社会性的发展离不开同伴交往的促进作用，其同伴交往的影响因素主要体现在以下几个方面。

1. 父母的教养方式

"家庭是孩子的第一所学校，父母是孩子的第一任老师"，儿童早期的身心发展都离不开家庭的作用，特别是父母的养育态度和方式。相关研究表明，儿童早期的同伴交往行为几乎都传承于自己早些时候与父母的交往。因此，父母的教养方式在一定程度上影响着儿童的交往行为(表 6-1)。

表 6-1 母亲的态度与儿童的性格

母亲的态度	儿童的性格
支配	服从、无主动性、消极、依赖、温顺
照顾过严	幼稚、依赖、神经质、被动、胆怯
保护	缺乏社会性、深思、亲切、非神经质、情绪稳定
溺爱	任性、反抗、幼稚、神经质
顺应	无责任心、不服从、攻击性、粗暴
忽视	冷酷、攻击、情绪不稳定、创造性强
拒绝	神经质、反社会、粗暴、企图引人注意、冷淡
残酷	执拗、冷酷、神经质、逃避、独立
民主	独立、爽直、协作、亲切、社交
专制	依赖、反抗、情绪不稳定、自我中心、大胆

2. 儿童自身的特征

儿童自身的特征制约着其在同伴交往中被接纳的程度。对儿童来说，影响同伴关系的主要因素有以下两个方面：外表和个人性格。外表的吸引力在彼此熟悉的儿童中与自身受欢迎程度和相互的评价有关，而且这种现象在女孩中更为强烈。庞丽娟通过研究发现，受欢迎型儿童积极友好、活泼开朗、外向、爱表达，胆子也较大；被拒绝型儿童外向活泼，但性子比较急，脾气也比较大，特别容易冲动；被忽视型儿童则较内向、文静、慢条斯理、胆子较小。

通过社会测量技术，研究发现儿童有着各自不同的行为表现(表 6-2)。

表 6-2 受欢迎型儿童、被拒绝型儿童和被忽略型儿童的行为特征

受欢迎型儿童	被拒绝型儿童	被忽略型儿童
积极、快乐的性情	许多破坏行为	害羞
外表吸引人	好争论和反社会的	攻击少,对他人的攻击表现畏缩
有许多双向交往	极度活跃	反社会行为少
高水平的合作游戏	说话过多	不敢自我表现
愿意分享	反复尝试社会接近	许多单独活动
能坚持交往	合作游戏少,不愿分享	逃避双向交往

3. 活动材料和活动情境

活动材料,特别是玩具,是儿童同伴交往中的重要影响因素,因为儿童初期的交往大都围绕着玩具发生。活动情境即儿童进行活动的形式,在不同的活动形式下,同伴交往的方式也不同。在自由游戏阶段,有些儿童会独霸玩具或独自游戏;但在表演游戏或集体游戏中,却可以和同伴配合或分享,因为活动情境本身已经限制了同伴间的作用关系。

4. 教师的影响

一个儿童在教师心目中的地位如何,会间接地影响到同伴对这个儿童的评价。米勒等人通过研究发现,教师对一个儿童行为特征和价值的认可程度会通过一种复杂的方式影响其他儿童对该儿童的接纳性。社会心理学家认为,在同伴群体中的评价标准出现之前,教师是对儿童最有影响力的人物。因此,教师在教育过程中必须注意自己的言行举止对儿童的影响。

三、学前儿童师幼关系的发展

(一)师幼关系的概念

师幼关系是教师和儿童在教育教学活动中形成的比较稳定的人际关系。进入幼儿园后,教师逐渐成为儿童心目中的权威。因而,师幼关系是学前阶段最基本、最重要的一种人际关系。

2001 年国家颁布的《幼儿园教育指导纲要(试行)》中明确指出:"教师应成为幼儿学习活动的支持者、合作者、引导者。"建立民主、平等、和谐、合作、互动的师幼关系是顺利开展教育教学的重要保证。

(二)良好师幼关系的作用

1. 良好的师幼关系是儿童社会行为发展的渠道

在良好的师幼关系中,儿童在教师的引领下学习社会行为技能与规范,逐渐学会合作分享、帮助关心他人等社会行为,获得自尊心、自信心等内心体验,促进社会性情感的发展。

2. 良好的师幼关系是儿童适应幼儿园的基础

良好的师幼关系能够让儿童感到轻松、自在,较快地适应幼儿园的生活环境。相反,不

和谐的师幼关系会使儿童感到压抑、紧张,甚至是恐惧和害怕,进而影响儿童活动的积极性和主动性。

3. 良好的师幼关系对亲子关系和同伴关系的发展具有重要的促进作用

良好的师幼关系对亲子关系的发展具有一定的修正作用,特别是对不安全依恋的儿童,具有弥补和调整的作用。另外,教师和儿童之间和谐的关系对儿童的同伴交往起着引导和示范的作用,同时,提升了儿童在同伴中的地位。因此,师幼关系会通过对亲子关系和同伴关系的促进,进一步提升儿童的社会交往能力。

案例分享6-2

"请你跟我这样做……"

在幼儿园里,有个简单的模仿游戏很受孩子们的欢迎,那就是教师:"请你跟我这样做……"儿童:"我就跟你这样做……"

可有一天,我正带着孩子们在玩这个游戏,丫丫突然站起来说:"老师,我不想像你那样做!"我一听愣住了,马上停下来问她为什么,她摇摇头说:"就是不想! 我想做和老师不一样的动作。"听完后,我想,如果强行拒绝丫丫,她一定不想继续玩下去了,于是,我说:"那好,丫丫就和老师做不一样的动作吧。"游戏又开始了,丫丫做的每一个动作都和我不一样,我拍手,她就做舞姿动作;我做小山羊,她就学花猫……慢慢地,好多小朋友低声说着:"老师,我也不想跟你做一样的。"看到孩子们对游戏规则变化比较感兴趣,我说:"好,我们把游戏改成:请你跟我这样做,我不跟你这样做。每个小朋友的动作都要跟老师做得不一样。"游戏重新开始,孩子们特别认真,他们创编了许多平时没有的动作,这样的变化比单纯的模仿更吸引孩子的注意力,而且使孩子的反应能力、想象力和创造力都得到发展。游戏结束后,孩子们都十分兴奋:老师,这样真好玩!

(三)影响师幼关系发展的因素

1. 儿童自身的特征

儿童自身特征,包括性别、外貌、气质特征、认知水平、人际经验和行为表现等都直接影响着教师的主观认识,以及儿童对教师的主观感受,影响和谐师幼关系的建立。

2. 教师自身的特征

教师自身的性格特征、认知水平以及自身所拥有的儿童观、世界观,对儿童管理的方式等都将影响师幼关系的发展。

3. 教师和家长之间的关系

教师与家长之间的关系也会影响教师对儿童的态度和行为方式,以及儿童对教师的感受,从而影响师幼关系。例如,有的家长提出一些不合理的要求,此时,教师会将对家长的反感情绪投射到儿童身上,影响师幼关系的发展。

4. 幼儿园不同的教育活动

不同的教育活动也对师幼关系的形成有一定的影响。一般来说,在教学活动中师幼互动最为密切的是教师主导的教育教学活动,教师会关注儿童对学习活动的参与和掌握程度;而在分组活动和自由游戏中,教师给予的指导则较少,甚至不给予关注。

除此之外,幼儿园班级的规模、师生人数的比例等客观环境因素也会影响师幼关系的建立和发展。

子任务二　学前儿童良好人际关系的培养

为提升儿童的人际交往能力,幼儿园应做到以下几点。

一、为儿童创设交往的环境和机会

儿童的交际能力只有在良好的环境和交往实践中才能得到锻炼。例如,刚入园的儿童对陌生环境和陌生人往往会产生恐惧、不安、焦虑的心理,表现为孤僻、胆小、不合群,针对这一情况,教师可以请大班儿童到班里为小朋友们表演节目、讲故事,跟他们做游戏。一方面,小班儿童可以缓解焦虑、不安的情绪,大班儿童也懂得交往中应有的责任心和互助心理,所以,教师可以为小班儿童提供交往的环境和机会,使其尽快适应幼儿园生活。另外,教师在儿童游戏时应有意识地加以引导,帮助他们处理好各种关系,培养儿童群体意识与合作精神。

二、教给儿童人际交往的技能

儿童交往的环境主要是同伴群体,因此,教师应教会儿童在交往中掌握交往的技能,例如,礼貌用语"你好""谢谢",协商用语"给我看,好吗?",抱歉用语"对不起",等等。除了教给儿童交往的语言之外,还应教给儿童交往时的态度、表情与动作,及时帮助儿童解决游戏中出现的问题,讲清游戏规则。

三、注意交往中儿童的个体差异性

教育要面向全体儿童,注重个别差异。在同伴交往中,有些儿童属于"万人迷",有些儿童是"万人嫌",还有些儿童则是"透明人";有的儿童娇气,动不动就哭,有些儿童霸道,还有些儿童支配欲很强,每个儿童都有自己的个性。儿童的可塑性很强,教师在引导儿童进行人际交往时,应考虑其个体差异,抓住教育契机,耐心教育,细心引导,慢慢使儿童克服交往中的不良个性,培养儿童良好交往的能力。

四、成人的榜样作用

教师在儿童心目中具有重要地位,他们的一言一行都会成为儿童表率,因此,教师之间应建立真诚、友好、平等、互助等良好的人际关系,使儿童在观看、模仿成人的交往行为时受到潜移默化的正面教育。另外,家长的言传身教对儿童的人际交往有很大作用,所以,家长应认真工作、团结同事、与邻里和睦相处、调节好家庭氛围,如此才会促进儿童人际交往能力的发展。

一、任务描述

了解和分析儿童的同伴交往类型和社会行为。

知识链接 6-4:幼儿人际关系的培养

二、实施流程

观察时间:2022 年 4 月。

观察对象:健健。

观察地点:大二班教室。

观察记录:健健是个活泼、好动的小男孩。他能积极地参加各项活动,比较活跃。但经常有小朋友来告他的状,说他打人、抢东西等,并表示不愿意与他一起玩。

情境一:在做桌面活动时,每个小组选择一样操作材料,健健那组一开始还挺顺利、很和谐,但没过一会儿,我就看见健健想要涵涵手上的玩具,涵涵不给,他便跑到涵涵旁边,使劲拉着他手中的玩具。

情境二:饭前如厕洗手时,小金先走到厕所门口,这时健健笑嘻嘻地跑过来,突然推了一下小金。我看见后立马要求健健道歉,但他显得极不情愿,觉得很委屈。

观察分析:从以上观察记录中分析,健健具有攻击性行为,如使劲拉涵涵的玩具、推小金等。他活泼好动,积极参加各项活动,但因为这些消极性行为,所以许多小朋友表示不愿意与他一起玩。据了解,健健是他奶奶带大的,在家里爸妈宠着、爷爷奶奶护着,其父母的教养方式偏于放纵型。加上健健是家里的独子,缺少与同龄伙伴交往的机会,造成了他以自我为中心、攻击性强、不合群等不良习气。

三、任务考核

对健健的行为进行分析。

情境解析

小明不受欢迎的原因是他的行为霸道和过于侵犯他人的权益。小明经常以强壮的身体去抢夺其他小朋友的玩具或图书,这种行为引起了其他小朋友的不满和冲突,导致他在班上没有朋友愿意和他一起玩。他的行为让其他小朋友感到不受尊重和不安全,因此他们不愿意与他交往。

> **书证融通**

技能16　活动设计：接待"客人"

一、活动目标

(1)帮助学前儿童培养接待和服务他人的意识和能力。
(2)给学前儿童提供与他人互动和合作的机会。
(3)培养学前儿童的沟通和表达能力。
(4)培养学前儿童的礼貌和待人接物的素养。

二、活动准备

(1)角色扮演的道具,如餐具、菜单、电话等。
(2)小组活动的任务卡片,如帮助"客人"找座位、点餐等。
(3)与接待服务相关的游戏或活动,如模拟酒店接待、超市收银等。

三、活动过程

(1)介绍活动的主题和目标,向学前儿童解释接待和服务他人的重要性。
(2)分成小组,每个小组选择一个角色,如服务员、客人等。
(3)学前儿童通过角色扮演,模拟接待"客人"的场景,包括欢迎、引导、提供服务等。
(4)引导学前儿童互相交流,分享自己在接待"客人"过程中的体验和感受。
(5)引导学前儿童一起总结和回顾这次接待"客人"的经历,让他们发现和了解自己在服务他人方面的优点和不足。
(6)鼓励学前儿童进行小组合作活动,如制作一份接待"客人"的手册或海报,让他们展示和分享自己的学习成果。

四、活动延伸

安排学前儿童参加与接待和服务相关的户外活动,如参观社区服务机构、参与社区志愿者活动等,让他们亲身体验和了解接待和服务的实际应用场景。

> **任务评价**

一、达标测试

(一)最佳选择题

1.学前儿童同伴关系发展的特点中,以下哪项描述是正确的?(　　)

A. 3～6岁的学前儿童通常会进行合作性玩耍

B. 并行性玩耍是学前儿童同伴关系的最终阶段

C. 冲突在学前儿童同伴关系中是完全不会发生的

D. 学前儿童不会选择与特定的同伴建立友谊关系

E. 学前儿童的同伴关系往往很糟糕

2. 在学前儿童的人际关系发展中,以下哪项是正确的?(　　)

A. 3～6岁的学前儿童通常没有冲突和争执

B. 合作性玩耍在2岁以下的儿童中就会出现

C. 学前儿童的同伴选择完全是随机的

D. 友谊关系对学前儿童的社交和情感发展没有影响

E. 学前儿童的人际关系不包含师幼关系

3. 学前儿童人际关系发展的支持和引导方式中,以下哪项是正确的?(　　)

A. 忽视儿童的冲突和争执,让他们自己解决

B. 鼓励儿童与不同的同伴交往,扩大社交圈子

C. 批评儿童选择特定的同伴建立友谊关系

D. 控制儿童的玩耍方式,不让他们自由发展同伴关系

E. 只限儿童与本班儿童玩耍

(二)是非题

4. 学前儿童同伴关系发展的特点是固定不变的。(　　)

5. 冲突在学前儿童的人际关系中是不可避免的,但他们不能学会解决冲突。(　　)

二、自我评价

人际关系既是儿童社会性发展的重要内容,又是影响儿童社会性发展的重要影响因素。儿童的人际关系发展主要包括三个方面:亲子关系、同伴关系和师幼关系。通过学习本任务(表6-3),学习者能对学前儿童人际关系发展有一个较为完整的了解,并能运用科学的方法进行研究和学习,从而初步具备相应的知识、能力和素质。

表6-3　任务学习自我检测单

姓名:	班级:	学号:	
任务分析	学前儿童人际关系发展		
任务实施	学前儿童人际关系的发展		
	学前儿童良好人际关系的培养		
任务小结			

任务二　学前儿童性别角色发展

任务情境

语出惊人的贝贝

贝贝5岁了,他活泼好动,调皮可爱。有一天,妈妈给贝贝买了一双粉红色的袜子,贝贝怎么也不穿,他嚷着:"我不喜欢这个颜色,我讨厌这个颜色,这是女生穿的!"妈妈有点震惊,贝贝以前从来不会这样。

有一天,贝贝和隔壁长得很乖的小女孩玩耍时,和对方说:"以后你当我老婆吧!"虽然周围的大人听完哄堂大笑,但妈妈有些担心,不知道该如何教育贝贝。

问题:贝贝为什么会说出这样的话呢?

任务目标

知识目标

1. 掌握性别角色的概念和学前儿童性别概念的发展。
2. 了解学前儿童性别角色认知、行为发展的阶段,熟悉学前儿童性别角色的发展特点。
3. 掌握学前儿童性别角色发展的影响因素。

能力目标

1. 使学前儿童能够认识到自己的性别身份,接受并尊重自己和他人的性别。
2. 使学前儿童能够认识到男女平等的重要性,不因性别差异而歧视他人。
3. 使学前儿童自主选择自己感兴趣的活动,不受性别限制。

素质目标

1. 培养学前儿童的人文关怀和平等意识,尊重他人的性别身份,不歧视他人,不对他人抱有偏见。
2. 培养学前儿童的公民素养,积极参与社会活动,推动性别平等的发展。

任务分析

子任务一　学前儿童性别角色的发展

一、性别角色的概念

性别既反映一个人的生物学特征,又负载着社会文化方面的意义;性别角色是社会对男性和女性在行为方式和态度上期望的总称,包括性别概念、性别角色知识和性别行为等方面。儿童性别角色行为的发展是在对性别角色认知的基础上,逐渐形成较为稳定的行为习惯的过程,从而导致儿童之间在心理和行为上的性别差异。

儿童获得性别认同的概念,产生适合于男性或女性的行为方式和性格特征的过程就是性别化,又称性别类型化,这是儿童社会化发展的重要方面。成人应该帮助儿童形成正确的性别角色,发展其相应的性别行为,促进儿童健康成长。

二、学前儿童性别概念的发展

学前儿童的性别概念主要有三种成分:性别认同、性别稳定性和性别恒常性。

(一)性别认同的发展

性别认同是指对自己或他人性别的正确认识。性别认同出现的年龄较早,在 1.5~2 岁。汤姆逊(Thompson,1975)在一项研究中向 2~3 岁的儿童提供一些性别化的洋娃娃和杂志图片,要求儿童按性别把这些图片进行分类,同时询问儿童自己的性别以及他们与这些图片是否一样;然后给每一名儿童拍摄一张快照,让其添加到已经分类的图片中;最后把两张中性物品(如苹果)的图片分别标上"好"或者"坏",或者标上"给男孩"或"给女孩",让他们从中选一个带回家去。研究结果表明,2 岁儿童性别认同发展水平还很低,他们能够挑选出自己的照片,但是不知道把自己的照片放在男性还是女性那一类盒子里。他们已开始理解男性和女性这些词的含义,甚至开始知道一些特定的活动或物品同性别的关系,例如,裤子是"男孩的",裙子是"女孩的"(图 6-3)。到 3 岁时,大部分儿童都能正确地识别自己和他人的性别,也开始知道自己与图片中同性别的人更相似,表明儿童已经有了性别认同。

图 6-3 男孩、女孩对性别的认识离不开具体物品

(二)性别稳定性的发展

性别稳定性是指儿童对自己的性别不随其年龄、情境等的变化而改变这一特征的认识。儿童的性别稳定性出现的时间一般在 3~4 岁。例如,在被问及"当你是个婴儿的时候,你是个男孩,还是女孩?""当你长大以后,你是爸爸,还是妈妈?"4 岁以上的儿童能够做出正确的回答。

(三)性别恒常性的发展

性别恒常性是指儿童对一个人的性别不因为其外表(如衣着、打扮等)和活动的变化而改变的认识。柯尔伯格认为,性别恒常性是儿童性别认知发展中重要的里程碑,儿童一般要到六七岁才能获得性别恒常性,此时正是儿童认知守恒发展的年龄段。儿童性别恒常性发展的顺序表现为:①儿童自身的性别恒常性;②同性别的他人的性别恒常性;③异性的性别恒常性。

儿童性别概念获得的过程中,最先出现的是性别认同,其次是性别稳定性,性别恒常性出现最晚。大约到9岁时,儿童才开始用语言解释性别的稳定性和恒常性。

三、学前儿童性别角色认知的发展阶段与特点

学前儿童性别角色认知的发展主要体现在以下三个阶段。

(一)知道自己的性别,初步掌握性别角色知识(2~3岁)

儿童的性别概念包括对自己和他人性别的正确认识。儿童对他人的性别认识约从2岁开始,这时还不能对自己的性别做出正确判断。直到2.5~3岁,大部分儿童才能准确说出自己的性别,同时也获得了一些关于性别角色的初步知识,如男孩玩小汽车、女孩玩布娃娃等。

(二)自我中心地认识性别角色(3~5岁)

这个阶段的儿童已经能明确分辨出自己的性别,并有了更多的性别角色知识,如男孩和女孩在穿着打扮、玩具选择等方面不同。但这个时期的儿童也能接受与性别习惯不相符的一些行为,如认为男孩穿裙子也很好。

(三)刻板地认识性别角色(5~7岁)

这个阶段的儿童能够清楚地区分不同性别在行为表现中的差异,并开始认识到一些性别角色的内在品质,如男孩要坚强、勇敢等。另外,儿童对性别角色的认识也表现出刻板性,一旦违反性别角色习惯就认为是错误的,如一个男孩玩娃娃就会受到同性别儿童的嘲笑和反对等。

四、学前儿童性别行为发展的阶段与特点

进入儿童期后,儿童之间的性别角色差异日益稳定、明显,具体表现在三个方面。

(一)游戏活动兴趣方面的差异

生活中不难看出,儿童在游戏活动中表现出不同性别的兴趣差异。例如,男孩更喜欢汽车、竞赛类的游戏,女孩更喜欢装扮类的游戏。

(二)选择同伴和同伴相互作用方面的差异

3岁以后,儿童在游戏中选择同性别伙伴的倾向越来越明显。研究表明,3岁的男孩就明显地选择男孩而不是女孩作为伙伴;不同性别之间的作用方式也不同,男孩之间更多的是打闹、争斗,女孩则很少有身体上的接触,更多是通过规则协调。

(三)个性和社会性方面的差异

儿童在个性和社会性方面已经开始表现出比较明显的性别差异,并且这种性别差异不断发展。一项跨文化研究表明,在所有文化中,女孩早在3岁时就对照看比她们小的婴儿感

兴趣；还有研究发现，4岁女孩在独立性、自控能力以及关心他人方面优于同龄男孩；6岁男孩的好奇心、情绪稳定性和观察能力优于女孩。

五、学前儿童性别角色行为的影响因素

(一)生物因素

影响儿童性别角色行为的生物因素主要是性激素(荷尔蒙)。研究发现，在胎儿期，雄性激素过多的女孩虽然完全按照女孩来养育，但仍然具有典型的男性特征，她们喜欢参与消耗精力较多的体育活动，而不喜欢通常女孩喜欢的布娃娃。

(二)父母的引导和强化

儿童还没有形成性别认同概念时，父母就已经开始对儿童的性别角色行为进行引导。从儿童出生的那一刻起，父母给其房间的布置、衣服的选择、玩具的购买以及取名字的过程都根据儿童的性别来进行。随着年龄的增长，父母总是按照男孩或女孩的行为模式来要求儿童，并不断地强化。如男孩就应该勇敢，像个男子汉；女孩则应该文静、温柔等。

当儿童产生性别认同概念后，便开始模仿身边同性别父母的行为。例如，女孩像妈妈一样给娃娃梳头、哄娃娃睡觉(图6-4)，男孩则模仿爸爸修补家里的电器、水管等(图6-5)。

图6-4 女孩模仿妈妈梳头

图6-5 男孩模仿爸爸修理物品

(三)大众媒体的强化

大众媒体在一定程度上也会强化儿童的性别角色差异，对人们的社会生活影响巨大，能有效促进性别角色观念的传播。例如，儿童在观看电视的过程中能了解到不同性别角色行为，并进行模仿。

(四)教学环境

在幼儿园环境中，儿童的性别角色认知得到强化和提升，特别是教师的引导和期待效应对儿童性别角色的发展具有重要的促进作用。

(五)角色游戏

游戏是儿童活动的主要形式，儿童需要对所扮演的角色有正确的认识才能顺利开展角色游戏。通过角色游戏的参与，儿童的性别角色认识水平显著提高。

子任务二　学前儿童性别角色的培养

一、家庭中性别教育应合理

父母应营造平等、和谐的家庭氛围，一视同仁地对待孩子，对孩子保持一致的要求和期望。例如，不要过分保护女孩，也不要过分压抑男孩情感的宣泄；既要培养女孩的勇敢、果断，又要培养男孩的细致、耐心。另外，营造两性平等的家庭氛围为儿童良好性别角色意识的形成提供了有利的家庭条件，父母在家庭中的地位趋于平等，父母履行自身性别角色职责的同时，可以避免典型女性化或男性化倾向。

除此之外，家庭教育中应增强男性——特别是父亲的影响力。孩子在观察、模仿与学习中形成自己的行为方式和行为习惯，因此，为孩子提供适当的男性榜样是不可或缺的。父亲为儿童塑造良好的男子汉形象可以弥补幼儿园教育女性化的偏颇。

二、幼儿园中性别教育要科学

受传统文化因素的影响，男孩被要求勇敢、坚强、不怕困难，女孩被要求温柔、善良，为避免儿童从小建立起关于自身性别的刻板图式，教师作为儿童身边的"重要他人"需转变固有观念，帮助儿童学习一套全新的规范，在保持男女各自性别特色的同时，淡化男女成人固有的性别框架，使每个儿童都有更广泛的发展空间，鼓励儿童获得多种社会角色体验，使其向两性品质最完美结合的方向发展。

另外，教师应突破自身性别的局限。女老师在数量上的绝对优势使幼儿园的教育在许多方面普遍趋于女性化。它强调安静、顺从和被动性，而吵闹、果断、竞争性和独立性等适于男性的品质或行为在幼儿园一般不受赞许，这将使儿童性别角色意识的形成出现偏差。引进男教师在一定程度上可以弱化或避免性别角色偏差现象，但儿童性别角色意识培养的关键在于教育者的观念与行为，即突破教育者自身性别的局限性。只要突破自身性别的局限性，无论是男教师还是女教师，都可以培养出集两性优点于一身的儿童。

选好儿童教材、读物与游戏。在幼儿园，教师使用的教材、儿童翻阅的读物和游戏是儿童在幼儿园进行性别认知的最主要来源。现有研究表明，幼儿园现行教材、儿童读物所表现出的男女优缺点已经被渗入了传统的性别观念。此外，儿童工作者在设计游戏时也不经意间隐含了自身的性别意识，对儿童的性别认知起着强化作用。例如，娃娃家游戏中一般都是女孩当"妈妈"，在家煮饭带孩子，这在无形中将"女性职责是在家里"等观念深入儿童心里。因此，幼儿教师在选择教材、读物和组织游戏活动时，应尽量反映出性别的多样化，建立平衡、多元的男女性别形象。

三、社会文化中性别教育须规范

各种大众媒体对儿童性别角色的模仿和认同产生了极为重要的影响,电视、电影、广播、书刊等都大力强调传统的两性行为规范,例如,女性温柔、软弱,男性坚强、有担当。据统计,1994年出版的幼儿园教材《我的家》中涉及的男女性别比例为1∶7,《动物世界》涉及的公与母的比例为1∶6。可见,要培养正确的性别角色意识,大众传媒中的性别比例还有待合理化,社会文化中的性别教育还有待科学化。

 任务实施

一、任务描述

根据案例,分析学前儿童的性别认知水平。

案例:长大了,做爸爸还是做妈妈(来源于纪录片《幼儿园》)。

谈话记录:

老师:你长大了做爸爸还是做妈妈呀?

儿童:做爸爸。

老师:为什么呢?

儿童:做爸爸好些。

老师:你可不可以做妈妈呢?

儿童:那,那,那到时候再看吧,要看情况。

老师:看什么情况呢?

儿童:要看头发的情况,还要看身体的情况。

老师:哦,要看头发的情况,如果以后你的头发长长了呢?

儿童:那还要看身体的情况。

老师:身体的什么情况呢?

儿童:身体的大部分情况。

二、任务考核

对该儿童的性别认知水平进行分析。

情境解析

贝贝说出这样的话可能是因为他正在经历性别认同的阶段,并且开始意识到男女之间的差异。在这个阶段,孩子可能会表现出对特定颜色、服饰和性别角色的偏好或厌恶。这是正常的发展过程,但也需要家长的引导和教育。

对于贝贝不喜欢粉红色的袜子,妈妈可以试着与他进行对话,了解他的感受和理由。然后,可以向他解释颜色没有性别之分,每个人都可以选择自己喜欢的颜色。同时,可以鼓励他尝试新的事物,包括颜色,以扩大他的视野和帮助他接受新的经验。

对于贝贝说出想让隔壁小女孩成为他的老婆的话,妈妈可以耐心地与他进行沟通。可以向他解释什么是友谊和尊重,以及男女之间的关系是平等和互相尊重的。可以告诉他,朋友之间应该互相关心、分享和支持,而不是用老婆这样的词语来形容。

总之,对于这样的言论,家长应该保持开放的态度,理解孩子的发展阶段,并提供适当的引导和教育,帮助他们建立积极健康的人际关系和性别认同。

| 书证融通 |

技能 17 活动设计:男孩女孩

一、活动目标

(1)帮助学前儿童理解男孩和女孩的共同点和差异。
(2)培养学前儿童的性别平等意识和尊重他人的态度。
(3)培养学前儿童的社交能力和团队合作意识。

二、活动准备

(1)与性别平等和尊重他人相关的绘本或故事书。
(2)与男孩女孩相关的游戏和活动道具,如球、跳绳等。

三、活动过程

(1)通过阅读绘本或故事书,让学前儿童了解男孩和女孩的不同兴趣和特点,引导他们思考自己对男孩女孩的认识和观点。
(2)引导学前儿童参与与男孩女孩相关的游戏和活动,如球类游戏、跳绳等,鼓励他们积极参与和合作,培养他们的社交能力和团队合作意识。
(3)鼓励学前儿童分享自己对男孩女孩的认识和观点,可以采取小组讨论或个别交流的方式。

四、活动延伸

安排学前儿童参加与男孩女孩相关的角色扮演活动,让他们扮演男孩和女孩的角色,通过模仿和表演来加深对男孩女孩的理解和尊重。

任务评价

一、达标测试

(一)最佳选择题

1. 在学前教育中,最符合学前儿童性别角色观点的是( )。
   A. 学龄前儿童对自己性别的认同
   B. 儿童获得某一性别的认同
   C. 知道儿童之间的性别差异
   D. 学前儿童对于某种性别的偏爱
   E. 知道不同性别的区别

2. 下列哪种说法最符合学前儿童性别角色的观点?( )
   A. 女孩应该玩娃娃,男孩应该玩汽车
   B. 女孩应该喜欢粉红色,男孩应该喜欢蓝色
   C. 学前儿童应该自由地选择自己感兴趣的玩具和颜色
   D. 男生比女生更勇敢、更强壮
   E. 女生应该更听话

3. 学前儿童性别角色的形成主要受到哪一因素的影响?( )
   A. 个人思想   B. 社会文化   C. 基因遗传
   D. 性格   E. 气质类型

(二)是非题

4. 学前儿童性别角色是固定不变的,不受环境和经验的影响。( )
5. 学前儿童在性别角色认同上的表现可以有一定的灵活性和变化。( )

二、自我评价

儿童获得性别认同的概念,产生适合于男性或女性的行为方式和性格特征的过程就是性别化,又称性别类型化,这是儿童社会化发展的重要方面。成人应该帮助儿童形成正确的性别角色,发展其相应的性别行为,促进儿童健康成长。通过学习本任务(表6-4),学习者能对学前儿童性别角色发展有一个较为完整的了解,并能运用科学的方法进行研究和学习,从而初步具备相应的知识、能力和素质。

表6-4 任务学习自我检测单

姓名:	班级:	学号:	
任务分析	学前儿童性别角色发展		
任务实施	学前儿童性别角色的发展		
	学前儿童性别角色的培养		
任务小结			

任务三　学前儿童社会性行为发展

任务情境

搭高塔

在幼儿园的自由活动时间,小明(4岁)正在玩具角落里玩积木,他正在搭建一个高塔。小红(5岁)看到了小明的高塔,她走过去对小明说:"我也想帮你搭高塔!"小明有点犹豫,但还是同意了。小红开始帮助小明搭建高塔,他们一起合作,互相交流着如何搭建更高的塔。

问题:小明和小红为什么愿意一起搭高塔?

任务目标

知识目标

1. 掌握社会性行为的概念。
2. 掌握学前儿童亲社会行为的发展,熟悉学前儿童亲社会行为发展的影响因素。
3. 了解学前儿童反社会行为的发展。

能力目标

1. 使学前儿童能够有效地表达自己的意见和情感,并理解他人的意见和情感。
2. 使学前儿童能够与他人合作,共同完成任务和解决问题。
3. 使学前儿童能够理解和处理人际冲突,寻求和平解决的方式。

素质目标

1. 培养学前儿童的社会责任感和公民素养,关心他人、关心社会,积极参与社会实践活动。
2. 培养学前儿童的公平正义意识,使他们能够尊重他人的权利,不歧视、不欺负他人。

任务分析

子任务一　学前儿童社会性行为的发展

一、社会性行为的概念

社会性行为是指人们在交往活动中对他人或某一事件表现出的态度、言语和行为反应。社会性行为在交往中产生,并指向交往中的另一方,人们通过社会性行为来实现与他人的相互交往。

根据动机和目的的不同,可以将社会性行为分为亲社会行为和反社会行为两大类。

案例分享 6-3

老师的日记

一位幼儿园教师在日记中这样写道："当儿童们用胖乎乎的小手轻轻抚摸你受伤的手背时,当他们笑眯眯地一起分享最爱的零食时,他们真是这世界上最可爱的小天使。可当儿童们不听话地大喊大叫,与别的小朋友为争夺玩具扭打在一起时,我又会恨不得教训一下他们。"

二、学前儿童亲社会行为的发展

亲社会行为,又称积极的社会行为,或亲善行为,指一个人帮助或者打算帮助他人,做有益于他人的事的行为和倾向。亲社会行为是人与人之间形成和维持良好关系的重要基础,是人们良好个性品德形成的基础,应受到人类社会的积极肯定和鼓励。儿童的亲社会行为主要有同情、关心、分享、合作、谦让、帮助、抚慰、援助等。

(一)学前儿童亲社会行为的发展表现

3~6岁儿童合作行为发展迅速,分享行为随物品的特点、数量和分享对象的不同而变化,除此之外,不同年龄段儿童的亲社会行为存在明显的个体差异性。研究者观察某儿童被另一儿童欺负时,附近其他儿童对这一事件的反应。结果发现,毫无反应的儿童极少,只占7%;目睹事件的儿童有一半出现面部表情;有17%的儿童直接去安慰大哭者;其他同情行为包括10%的儿童去寻找成人帮助,5%的儿童去威胁肇事者;12%的儿童回避;2%的儿童表现了明显的非同情性反应。这表明儿童的亲社会行为存在个别差异,说明儿童亲社会行为的发展需要适当的引导。

(二)学前儿童亲社会行为发展的影响因素

1. 环境因素

环境因素主要包括家庭、同伴、社会文化及大众传播媒介等。

家庭为儿童提供了亲社会行为的途径。首先,家庭中的父母,是儿童直接学习的对象。如果父母做出了亲社会行为的榜样,同时又为儿童提供了表现的机会,便激发了儿童亲社会行为的产生。其次,父母的教育引导,即父母的教养方式。研究发现,民主型的家庭更有利于儿童亲社会行为的发展。

同伴之间的相互模仿和强化是儿童亲社会行为形成和发展的一种重要方式。因为儿童尚未形成评价自己行为的能力,他们常把同伴作为衡量自己的标尺,或者通过观察同伴的行为及相应的行为后果进行替代性学习。

不同区域的社会文化对于儿童亲社会行为的影响不同;大众传播媒介对儿童亲社会行为的性质和具体形式也有影响。一些心理学家试图在应用性的场合下通过榜样来增加儿童的亲社会性。例如,儿童电视教育频道经常安排一些有关道德和亲社会的节目,像《芝麻街》

《照顾小熊》,这些节目就是为了鼓励儿童的助人和合作行为。研究显示,定期放映亲社会性的电视节目能增加利他行为和社会赞许的行为,这对不同年龄阶段的儿童都是适用的。

2. 认知因素

影响儿童亲社会行为的认知因素,主要包括儿童对亲社会行为的认识、对情境信息的识别、社会观点采择及归因等。

研究表明,儿童虽然能够对弱者表现出同情和怜悯,但还不能真正做出同情行为,比如把自己的玩具分享给同伴。只有当儿童真正了解了分享的内涵,才能够产生真实的助人行为。这就依赖于儿童社会认知的发展。

儿童对情境信息的识别,即对他人是否需要帮助的知觉和认识。由于认识水平的局限,儿童一般只能识别那些表面的、较强的信号,如发现小朋友哭泣,便会去帮他擦眼泪;而对一些隐蔽的、内在的信号,如痛苦的表情,儿童往往会"视而不见"。

站在他人的立场上来理解情境的能力,即儿童"观点采择"的能力,也是影响亲社会行为的认知因素。社会观点采择与利他行为之间有一定的相关性,研究发现,能更好地站在别人的立场上讲述故事的儿童对同伴表现出更多的利他行为。

3. 移情

移情是体验他人情绪情感的能力,也是导致亲社会行为的根本的、内在的因素。研究表明,移情训练对增强儿童的分享、安慰、助人、保护等行为有明显效果,但对谦让行为的培养不显著。儿童容易自我中心地考虑问题,因此,帮助儿童从他人角度去考虑问题,是发展儿童亲社会行为的主要途径。

三、学前儿童反社会行为的发展

反社会行为,又称消极的社会行为,是指对他人或群体造成损害的行为或倾向,如推人、打人、抓人、骂人、破坏他人物品等。这些行为不利于形成良好的人际关系,往往造成个体相互间的矛盾和冲突,因而被人类社会所反对和抵制。其中最具代表性,在儿童期最突出的就是攻击性行为。

攻击性行为是指一种以伤害他人或他物为目的的行为,这一行为的最大特点就是其目的性。根据攻击目的的不同,可以将儿童的攻击性行为分为工具性攻击行为和敌意性攻击行为。工具性攻击行为指儿童为了获得某个物品所做出的抢夺、推搡他人等动作,这类攻击本身指向物品而非人;敌意性攻击行为则是以人为指向目标,其目的就在于打击、伤害他人,如嘲笑、讽刺、殴打等(图6-6)。

(一)学前儿童攻击性行为的发展表现

1岁左右,儿童开始出现工具性攻击行为;到2岁左右,儿童之间表现出一些明显的冲突,如打、推、咬等。儿童的攻击性行为在频率、表现形式和性质上发生了很大的变化。从频率上看,4岁之前,攻击性行为的数量逐渐增多,到4岁最多,之后数量逐渐减少。从具体表现上看,多数儿童采用身体动作的方式,如推、拉、踢等,尤其是年龄较小的儿童。随着言语的发展,儿童从中班开始逐渐增加了言语的攻击。言语攻击在人际冲突中表现得越来越多,

图6-6　同伴之间互相推搡

而身体动作的攻击反应则逐渐减少。从攻击性质看,以工具性攻击行为为主,但慢慢出现敌意性的攻击行为。

总的来说,儿童期攻击行为有如下特点:

第一,儿童攻击性行为频繁,主要表现为为了玩具和其他物品而争吵、打架,行为更多的是直接争夺或破坏玩具和物品;

第二,儿童更多依靠身体上的攻击,而不是言语上的攻击;

第三,从工具性攻击向敌意性攻击转化,小班儿童的工具性攻击多于敌意性攻击,而大班儿童的敌意性攻击多于工具性攻击;

第四,儿童的攻击性行为具有明显的性别差异,幼儿园男孩比女孩更多地卷入攻击性事件。

(二)学前儿童攻击性行为的影响因素

1. 家庭教育

父母对儿童的教养方式会直接影响儿童的攻击性行为。研究发现,父母在处理儿童的不良行为时,如果更多采用专制和体罚的方式,而不是通过口头解释或说理,可能会使儿童形成攻击性行为,或者加剧儿童的攻击性行为。社会学习理论认为,造成这个结果的原因在于:①父母对儿童的惩罚起到了示范作用,儿童会模仿他们所看到的行为;②父母的惩罚可能会促进儿童采用攻击性行为的方式与同伴交往。

2. 玩具及电视

研究发现,活动空间过小或者没有足够数量的玩具,同伴之间打架或吵嘴的现象会更容易发生;而较长时间地看电视会使得儿童的活动范围变小,与周围客体交互作用的机会减少,这种单向的灌输形式一定程度上阻碍了儿童的思维活动,容易使儿童形成刻板的、模式化的行为方式。

同时,越来越多的研究表明,观看暴力电视节目与青少年的反社会行为有关。当然,电视的负面效应并不是电视媒体天生就有的,相反,这些负面效应是由社会对电视媒体的使用不当,或是家长本身的原因造成的。所以,与其关注电视媒体对儿童的负面影响,不如关注电视媒体传播内容的适宜性及家长调控的有效性问题(表6-5)。

表6-5 父母对学前儿童收看电视进行控制所采取的措施

措施	内容
限制对电视的收看	不要将电视当作保姆来用,对儿童收看电视做严格的规定,如每天只允许看1个小时的电视,并规定节目内容,要求儿童严格遵守规定
不要将禁止看电视作为对儿童的惩罚	不要用能否看电视作为对儿童的奖赏或者惩罚,这样只会增加儿童对电视的兴趣
鼓励儿童收看有意义的节目	鼓励儿童收看一些对儿童发展有益的、知识性的,以及亲社会性的电视节目
就电视内容对儿童进行解释	尽可能地与儿童一起观看电视,以帮助其理解。如果父母对电视中的行为表示不赞同,可就电视内容的真实性进行提问,并鼓励儿童就此进行讨论,以此来教育儿童正确地评价电视节目内容,而不是随便地接受
将节目内容与儿童每天的学习联系起来	以建设性的态度来利用电视,鼓励儿童离开电视屏幕,多参与实践活动。例如,在看过一个与动物有关的节目后,可以带儿童到动物园参观,或者到图书馆查阅相关的书籍,抑或让儿童用新的方法来观察和照料家里的宠物
以良好的收视习惯为儿童做示范	避免自己过度收看电视,尤其是暴力的节目。父母收看电视的方式往往会影响儿童的收视习惯
使用民主型的家庭教养方式	关注儿童因成长需要而表现出的合理要求,这样儿童就会更喜欢亲社会性的电视节目,而非暴力性的电视节目

3. 社会认知因素

研究表明,儿童攻击性行为的发展与其社会认知缺陷有关。攻击性儿童除在身体或生理上具有某些"优势"外,他们在对自己的认知上存在着偏差,过于关注自身某方面的优势或能力,而忽视其他方面的不足,不能正确认识自己。同时,攻击性儿童对攻击后果持有攻击合理的信念,他们偏激地认为,要想不被别人欺负,就必须欺负和控制他人。当然,这些儿童也缺乏社会问题解决的策略,对他人意图倾向于敌意性归因的认知。

子任务二 学前儿童亲社会行为的培养

一、加强榜样示范的教育作用

学前儿童的亲社会行为主要是通过观察学习和模仿获得,因此,榜样在儿童亲社会行为的形成中占有重要的地位。儿童生活中的主要模仿对象是父母和教师,因此,教师和父母在生活中应注意自身的一言一行,给予儿童正确的示范。例如,教师之间的相互合作、团结友爱,家长对邻居的关心和帮助等,都可以帮助儿童习得亲社会行为。

二、进行移情训练

移情就是个体能够设身处地地体验他人的心理感受,对儿童进行移情训练就是促进儿童移情能力的发展,引导儿童深刻地体会他人在某种情境下的感受,做出助人、同情、分享等恰当的行为反应。

三、借助于日常生活、游戏等活动进行练习

儿童在活动和游戏中习得相应的行为模式,亲社会行为也不例外(图6-7)。如在角色游戏"乘车"中,车上人比较多,座位较少,怎么办?教师引导儿童积极讨论,找出解决办法。最后大家想到了让座或轮流坐等方式,不仅锻炼了儿童解决问题的能力,还促进了儿童对互相谦让行为的掌握。因此,教师可以多创设这样的游戏情境和活动,促进儿童亲社会行为的发展。

图6-7　在收拾玩具的过程中发展幼儿的合作行为

四、及时强化儿童已经形成的良好行为

知识链接6-5:幼儿亲社会行为的培养

不论儿童表现出的亲社会行为是否是自发的,一旦其行为得到积极的认可,良好的行为就会稳固下来,最终成为儿童的一种行为模式。因此,教师应善于发现儿童生活中的亲社会行为,并给予及时的表扬和鼓励,让儿童获得积极的反馈与强化,从而巩固已习得的良好行为。

一、任务描述

教师可在儿童的游戏活动和日常交往中观察和评价儿童的社会性。如观察儿童的同伴关系,可以观察儿童在游戏中处于什么样的地位,同伴是否常常追随他、听从他的话,他和同

伴纠纷的多少及如何解决；也可以在日常生活中观察其他儿童是否愿意与该儿童相处，有困难是否找他帮忙，或是否愿意帮助他。教师也可以抽取某些能明显体现某儿童与同伴关系的事件加以观察记录，如连续几次被邀请跳舞，观察并记录该儿童"被邀请"的事件（表6-6）。

表 6-6 儿童"被邀请"事件观察记录

儿童姓名	事件 1		事件 2		事件 3		事件 4	
	次数	人次	次数	人次	次数	人次	次数	人次

二、任务考核

对儿童的"被邀请"事件进行观察记录。

情境解析

这个案例展示了学前儿童的合作性玩耍行为。小红主动参与小明的游戏，并提出帮助他搭建高塔的想法，表达了她对小明的兴趣和友善。小明在最初有些犹豫，可能是因为他习惯独自玩耍，但他还是接受了小红的帮助。他们之间展开了合作，互相交流着如何搭建更高的塔，这体现了他们的合作意识和团队合作能力。

小明和小红展示了积极的社会性行为。他们通过合作和互动，建立了良好的互助关系，并且共同努力实现了一个共同目标。这种合作性玩耍不仅有助于发展他们的社交技能和人际关系，还培养了他们的合作精神、沟通能力和解决问题的能力。

书证融通

技能 18　活动设计：照顾小熊

一、活动目标

（1）培养学前儿童的责任感和爱心，让他们学会照顾他人。
（2）帮助学前儿童理解照顾他人的重要性，并培养他们的合作和团队意识。
（3）培养学前儿童的动手能力和创造力。

二、活动准备

(1)小熊玩具和相关的照护用品,如喂食器、尿布等。
(2)与照顾小熊相关的游戏和活动道具,如医生玩具、洗衣盆等。

三、活动过程

(1)介绍活动的主题和目标,向学前儿童解释照顾他人的重要性,并强调责任感和爱心的重要性。
(2)向学前儿童展示小熊玩具和相关的照顾用品,引导他们观察和思考如何照顾小熊。
(3)引导学前儿童参加与照顾小熊相关的游戏和活动,如喂食、洗澡、医生检查等,鼓励他们动手操作和创造。
(4)引导学前儿童交流自己照顾小熊的经历和感受,可以采取小组讨论或个别交流的方式。

四、活动延伸

安排学前儿童参加与照顾小熊相关的角色扮演活动,让他们扮演照顾者和被照顾者的角色,通过模仿和表演来加深对照顾他人的理解和爱心。

任务评价

一、达标测试

(一)最佳选择题

1.( )的儿童社会交往积极性很差,不具备交往技巧,逃避群体、孤僻、沉默,被同伴或成人所忽视。

A.被忽略型　　　　B.受欢迎型　　　　C.被抛弃型
D.被拒绝型　　　　E.积极主动型

2.下列哪种说法最符合学前儿童社会性行为发展的观点?( )
A.学前儿童的社会性行为完全受到遗传因素的影响
B.学前儿童的社会性行为主要受到同伴关系的影响
C.学前儿童的社会性行为受到多种因素的综合影响
D.学前儿童的社会性行为完全受到家庭影响
E.学前儿童的社会性行为与自身性格无关

3.在角色游戏中,教师观察儿童能否主动协商和处理玩伴关系,主要考察( )。
A.儿童的情绪表达能力　　B.儿童的社会交往能力　　C.儿童的规则意识
D.儿童的思维发展水平　　E.儿童的心理健康水平

(二)是非题

4.学前儿童的社会性行为发展主要受到遗传因素的影响。(　　)

5.学前儿童的社会性行为发展只受到家庭环境的影响,与同伴关系和社会文化无关。(　　)

二、自我评价

社会性行为是指人们在交往活动中对他人或某一事件表现出的态度、言语和行为反应。社会性行为在交往中产生,并指向交往中的另一方,人们通过社会性行为来实现与他人的相互交往。通过学习本任务(表6-7),学习者能对学前儿童社会性发展有一个较为完整的了解,并能运用科学的方法进行研究和学习,从而初步具备相应的知识、能力和素质。

表6-7　任务学习自我检测单

姓名：	班级：	学号：	
任务分析	学前儿童社会性发展		
任务实施	学前儿童社会性的发展		
	学前儿童亲社会行为的培养		
任务小结			

任务四　学前儿童社会道德发展

 任务情境

"抢"积木

在幼儿园的自由活动时间,小明(4岁)正在玩具角落里玩积木。小红(4岁)走过来,看到了小明正在玩的积木,她毫不犹豫地把小明手中的积木抢走,然后开始独自玩耍。小明感到很生气,但他不敢反抗,只是默默地离开了玩具角落。

问题:小明为什么不敢反抗?小红为什么那样做?

 任务目标

知识目标

1.掌握道德的概念、种类。

2.了解学前儿童社会道德发展的相关理论,熟悉学前儿童社会道德发展的影响因素。

3.掌握培养学前儿童社会道德的方法。

能力目标

1.能够提高学前儿童的道德判断能力,使他们能够做出正确的道德判断。

2.能够提高学前儿童的道德行为能力,使他们能够表现出诚实、守信、尊重、友善等良好的社会道德行为。

素质目标

1.能体验道德情感,获得道德、认知,从而培养良好道德行为。
2.能遵守社会道德规范和行为准则。
3.能帮助学前儿童形成合作意识、责任意识、公平意识,以及守时和礼仪习惯。

任务分析

子任务一　学前儿童社会道德的发展

儿童外在行为方式的获得、儿童是否愿意采纳社会标准,这不仅仅是一个接受外部指令的过程,更是一个道德观念内化的过程。

一、道德的概念

道德是指个人依据一定社会的道德规范,在行动时所表现出来的心理特征和倾向,是社会道德在个人身上的具体化。因此,道德是一种社会意识形态,是个人社会品质的核心。

儿童期是一个人道德开始形成的重要时期。贝多芬曾告诫人们:"把德性教给你们的孩子……使人幸福的是德性,而非金钱。"因此,培养儿童的道德品质是极为重要的。

二、学前儿童道德发展的相关理论

(一)皮亚杰的道德认知发展理论

皮亚杰综合"游戏规则的理解与遵守、过失的判断和谎言的理解"这三个主题所显示的研究结果,将儿童道德认知发展划分为三个有序的阶段——前道德阶段(0~2岁)、他律道德阶段或道德实在论阶段(2~7岁)、自律道德或道德主观主义阶段(7~12岁),并认为道德发展阶段的顺序是固定不变的。

知识链接6-6:皮亚杰的道德发展模型

第一阶段,前道德阶段(0~2岁)。此时,儿童所有的感情都集中于自己的身体和动作本身;伴随年龄的增长,儿童从集中于自身和动作转向集中于权威——父母或其他照料者。他们的道德认知是不守恒的,因而,儿童无法分清公正、义务和服从,其行为既不是道德的,也不是非道德的。

第二阶段,他律道德阶段(2~7岁)。这是比较低级的道德发展阶段,具有以下特点。①单方面尊重权威,绝对遵从父母、权威者或年龄较大的人。儿童认为服从权威就是"好",不听话就是"坏";把人们规定的规则看作是固定的、不可变更的。皮亚杰将这一结构称为道德的实在论。②从行为的物质后果来判断一种行为的好坏,而不是根据主观动机来判断。例如,认为打碎杯子数量多的行为比打碎杯子数量少的行为更坏,而不考虑打碎杯子的行为是有意还是无意。③看待行为有绝对化的倾向。儿童在评定行为是非时,总是抱着极端的态度,要么完全正确,要么完全错误,还以为别人也这样看,尚不能换位思考。

第三阶段,自律道德阶段(7~12岁)。这个阶段的道德判断具有以下几个特点。①认为规则或法则是经过协商制定的,可以依照人们的愿望加以改变。②判断行为时,不只是考虑行为的后果,还考虑行为的动机。③与权威和同伴处于相互尊重的关系,能较高地评价自己的观点和能力,并能较现实地判断别人。④能进行换位思考,判断不再绝对化,看到可能存在的几种观点。⑤提出的惩罚较温和、贴切,带有补偿性,把错误看成对过失者的一种教训。

皮亚杰认为,儿童的道德认识是一个从他律道德向自律道德转化的过程,逐渐学会从受自身以外的价值标准支配的道德判断发展为受主观的价值标准支配的道德判断。此时,儿童才算有了真正的道德认识。

(二)柯尔伯格的道德发展理论

柯尔伯格对皮亚杰道德发展理论做了进一步修改、提炼和扩充,于20世纪50年代提出"三水平六阶段"的道德发展理论。

前习俗水平(出生到9岁)。处于这一水平的儿童,对是非的判断取决于行为的后果。该水平分为两个阶段。①服从与惩罚定向。判断行为的好坏是根据有形的结果,支配自己行为的是奖励和惩罚。②工具性的目的和交换。对于规定和原则只有符合其利益时才遵守,行为是为了满足自己的需要。

知识链接6-7:
海因茨偷药

习俗水平(9~15岁)。处于这一水平的儿童,判断是非能注意到家庭与社会期望。该水平也分为两个阶段。①好孩子定向。按照善良的人的形象来行事,注重别人的评价,希望在自己和别人心中都是一个"好孩子"。②维护社会秩序与权威定向。强调尊重法律、权威和维护社会秩序。

后习俗水平(15岁之后)。个人考虑可能超越社会法律及其对秩序的需要的权利和原则。该水平又分为两个阶段。①社会契约定向。认为法律应使人们和谐相处,如果法律不符合他们的需要,可以通过民主协商来改变。②普遍的道德原则定向。个人有某种抽象的、超越法律的普遍原则,它包括全人类的正义、人性的尊严、人的价值。虽然考虑到社会秩序的重要性,但也领悟到不是所有有秩序的社会都能实行更完美的原则。

柯尔伯格指出,这六个阶段依照次序进展,不能超越,但并不是所有人都能达到最高水平。他认为道德判断能力的发展除了成熟因素外,还依赖于智力的发展和社会经验的获得。

三、学前儿童道德发展的影响因素

(一)认知能力

无论是皮亚杰的理论,还是柯尔伯格的理论,它们都强调了个体认知能力对道德成熟的影响。每一个道德阶段都需要个体的认知和换位思考能力,因此,认知和换位思考能力是儿童道德发展的重要条件。

(二)同龄人的交流

儿童在与同龄人的交流过程中,可能会产生矛盾、冲突等问题,通过借助协商、对话、交流等形式,可以了解其他人的观点,学会逐步发现自我、形成社会知觉、获得情感支持。因此,同伴互动有利于儿童形成"成熟的道德的骨架",这对其道德发展起到一定的作用。

(三)儿童的养育实践

在活动中,成人能够帮助儿童识别情境,选择适宜的行为;通过游戏的形式,帮助儿童练习和强化符合道德规范的行为方式,增加儿童道德行为出现的频率,逐渐使其内化成儿童自律的行为。

(四)教育与文化

文化传承社会规范和意识形态,教育的过程就是个体道德发展的过程,因而,通过教育与文化传承可以促进儿童道德认知的发展,帮助儿童树立道德信仰、指导道德行为,成长为一个对社会有用的人。

子任务二 学前儿童社会道德的培养

一、萌发儿童对祖国的爱

对祖国的爱是人类的美德,是中华民族的光荣传统和宝贵财富。对儿童来说,培养他们对祖国的爱,要从身边做起。因此,家长要教育儿童努力给家中长辈带来欢乐,为他们分担忧愁和不幸,关心、体贴、照顾大人,有好吃的东西要先让长辈吃。此外,还可通过游览、参观、旅行使儿童领略祖国山河、江海、河川的美丽风光,知道祖国领土的辽阔、物资的丰富,这些都能对儿童进行爱的熏陶,萌发他们对祖国的爱。另外,还可以采用其他生动活泼、形式多样的教育活动。例如,在节日、讲故事、绘画、过生日时,让儿童感受到做中国儿童的幸福,知道自己今日的幸福是老一辈革命家、科学家用牺牲、奋斗换来的。

二、使儿童养成讲文明、讲礼貌的好习惯

文明、礼貌的行为是社会主义精神文明的标志。文明礼貌的行为习惯是从小开始培养并经长期实践而形成的。成人要教导儿童热情、有礼貌,不打断别人说话,尊老爱幼;在别人家做客时,不乱翻东西,吃饭要守规矩等。

三、培养儿童诚实、讲真话的好品质

教育儿童不论拾到什么东西都要交公,不隐瞒自己的过错,并要勇于改过。要使儿童切实做到这些,最主要的是家长的教育态度。如果对儿童的过错一味指责,是很难培养儿童这一品质的。家长发现儿童说谎时,应分析说谎的原因,有针对性地解决。例如,儿童要买彩色笔画画,遭到家长拒绝,结果儿童背着家长私拿邻居家的。有的儿童做错了事怕挨骂挨打

而说谎,有的为了满足其虚荣心而说谎等。若家长不分青红皂白批评儿童,那是解决不了问题的。

家长应成为儿童的榜样。有的儿童待人不真诚、私拿别人的东西、说谎,是因为受了大人不良行为的影响,这种潜移默化的影响会使儿童形成根深蒂固的恶习,家长不可掉以轻心,要处处以身作则。

四、培养儿童勤劳、俭朴的品质

儿童勤劳、俭朴的品质是通过劳动来培养的,儿童劳动主要从以下两方面着手:

一是家务劳动。家务劳动能使儿童关心、爱护家庭,成年后主动关心别人,与各类人员保持良好关系。同时,通过劳动获得生活的能力,长大后会用自己的双手创造幸福美满和谐的家庭。家务劳动可以增强儿童的参与意识和劳动观念。可让儿童洗碗筷(图6-8),打扫居室卫生,择菜,就近买小物品等。通过劳动,可培养儿童爱惜劳动成果、热爱劳动和节省、俭朴的好品质,做到不浪费水、电、食品,不与人攀比衣着、玩具等。

二是自我服务的劳动。幼儿自己穿衣(图6-9)、洗脸、刷牙、吃饭、收拾床铺和玩具等。自我服务的劳动能培养儿童的生活能力,并为儿童参加家务劳动和社会公益劳动打下良好基础。

图6-8 幼儿自己洗碗筷

图6-9 幼儿自己穿衣服

五、培养儿童与人友好相处的品格

随着独生子女的增多,儿童独居独食现象也增多。培养儿童大方不自私,与人友好相处十分重要,要求他们事事不能只顾自己,要和小朋友一起玩,共同分享食品和玩具,并能遵守游戏规则,收拾玩具。通过多种活动让儿童与其他儿童友好相处。培养儿童生活的规律性,按时起床、就寝、进餐、学习、做游戏。

六、培养儿童勇敢、坚强、活泼、开朗的性格

勇敢是指人不怕危险和困难、有胆量的一种心理品质。这种品质是与人的自信心和自觉克服恐惧心理的能力结合在一起的,必须从小开始培养。要教育儿童敢于在陌生的集体面前说话、表演;鼓励儿童参加力所能及的体育活动和其他各类游戏活动,培养他们的自信

心;要求儿童在黑暗处及听到大的声音或遇到打雷、刮风、下雨的天气不惊慌、不害怕,能克服各种困难坚持完成任务,勇于承认自己的过失和错误。

日常生活中,家长要注意运用正确的教育方法,经常鼓励、支持儿童参加各种有益的活动,不要随便指责、嘲笑、挖苦和恐吓儿童,以免形成儿童遇事胆小畏缩的心理。

为培养儿童的勇敢品质,家长要教给儿童相应的知识和技能,让儿童产生足够的自信心。儿童的胆怯行为大多是因缺乏自信心造成的,而自信心又是建立在必要的知识技能基础上的。例如,儿童会对雷电、风暴感到恐怖,对黑暗感到不安,就是因为缺乏相应的知识和相应的能力。家长应当给其讲解有关知识,教给其一些相应的技能、方法,儿童的恐惧感就会减轻不少。

如果儿童害怕困难,往往是因为对自己的能力缺乏信心。如果儿童确实能力较弱、天赋较差,家长对儿童的要求不但要尽可能符合儿童的实际水平,还应给儿童以具体指导与帮助。当他完成了力所能及的事后,要立即给予肯定,不管这事多么小、多么微不足道。

此外,家长还可以用现实生活中的实事以及故事、电影、戏剧等文艺作品中富有勇敢精神的形象来影响和教育儿童,帮助儿童克服恐惧心理。

一、任务描述

通过口头交谈或填写问卷的形式向幼儿的家长进行调查。如要调查婴儿的依恋类型,可设计以下问卷:

婴儿的依恋类型问卷

1. 与妈妈分离时,会哭泣或表现出不安,但能很快安静下来。
2. 妈妈回家时仍专注于自己的活动,很少表现出很高兴的样子。
3. 喜欢缠着妈妈,不愿意自己一个人玩耍。
4. 哭闹或受惊吓时,在妈妈的安慰下,能很快安静下来。
5. 面对陌生人的逗弄,仍会露出笑容。
6. 与妈妈分离时,表现出强烈的不安,哭闹个不停,很难平静下来。
7. 妈妈回家时婴儿会很高兴,喜欢与妈妈一起玩,愿意和妈妈分享玩具与食品。
8. 对妈妈的离开漠不关心,很少表现出哭泣、不安的情绪。
9. 即使在家中,也很难接受陌生人的亲近。
10. 去新的环境,刚开始可能较拘谨,但不到10分钟就可自在地独自玩耍。
11. 能够很容易地让不熟悉的人带出去玩。
12. 在不熟悉的环境中,虽然父母在身边,仍表现得很拘谨,不愿独自玩或与别的小朋友一起玩。
13. 能在妈妈身边独自玩耍,不时会向妈妈微笑,与妈妈说话。
14. 与妈妈在一起时,很少关注妈妈在做什么,只顾自己玩玩具。
15. 与妈妈重聚时,紧紧围在妈妈身边,生怕妈妈再次离开,怎么安慰都没有用。

16. 在妈妈的鼓励下,能比较放松地在陌生场合表演节目。
17. 一般不会主动寻求妈妈的拥抱,或与妈妈亲近。
18. 在哭闹时,要花很长的时间才能使其平静下来。
19. 在妈妈的鼓励下,能很快和陌生的成人玩耍或说话。
20. 不怕生,第一次去别人家里,就能自在地玩耍。
21. 与妈妈重聚时,有时会表现出生气、反抗、踢打妈妈的行为。

二、任务考核

问卷结果分析:以上题目分为三组,1、4、7、10、13、16、19 题是测试安全型依恋的题目;2、5、8、11、14、17、20 题是测试淡漠型依恋的题目;3、6、9、12、15、18、21 题是测试缠人反抗型依恋的题目。每道题目都有"是"和"否"两种答案,回答"是"计 1 分,"否"计 0 分。将三组题目的得分各自相加,哪组得分最高即代表幼儿属于哪种依恋类型。

> **情境解析**
>
> 案例展示了学前儿童的不合作和不尊重行为。小红没有尊重小明的权益,而是以自己的意愿为中心,抢走了小明手中的积木。她没有考虑到小明的感受,而是单方面地满足了自己的需求。小明感到很生气,但他没有表达出来,而是选择了退缩,可能是因为他害怕冲突或者习惯了被欺负。
>
> 小红的行为违反了社会道德的基本原则,即尊重他人的权益和合作共享的精神。她没有意识到自己的行为对他人造成了伤害,也没有考虑到小明的感受。小明的退缩可能会导致他的自尊心受到伤害,同时也没有解决问题的能力。

技能 19　活动设计:勇敢宝贝

一、活动目标

(1)帮助学前儿童树立勇敢面对困难和挑战的信心和态度。
(2)培养学前儿童的勇气和自信心,让他们敢于尝试新事物和面对未知的情境。
(3)培养学前儿童的团队合作和互助精神。

二、活动准备

(1)与勇敢相关的活动道具,如勇敢宝贝的道具服装、勇敢宝贝的奖章等。
(2)与勇敢相关的绘本或故事书,如《勇敢的小狮子》《勇敢的小蜗牛》等。

(3)与勇敢相关的游戏道具,如障碍物、平衡木等。

三、活动过程

(1)介绍活动的主题和目标,向学前儿童解释勇敢面对困难和挑战的重要性,并强调勇气和自信心的重要性。

(2)向学前儿童展示勇敢宝贝的道具服装和奖章,引导他们思考勇敢宝贝是如何面对困难和挑战的。

(3)引导学前儿童参加与勇敢相关的游戏和活动,如穿上勇敢宝贝的道具服装,穿越障碍物,走完平衡木等,鼓励他们勇敢尝试和挑战自我。

(4)通过阅读与勇敢相关的绘本或故事书,引导学前儿童理解勇敢面对困难和挑战的故事和情节,并与他们分享自己的勇敢经历。

(5)鼓励学前儿童互相分享自己的勇敢经历,可以采取小组讨论或个别交流的方式。

四、活动延伸

鼓励学前儿童参加与勇敢相关的游戏和活动,如团队合作穿越障碍物、平衡木比赛等,让他们通过游戏来加强合作精神和自信心。

一、达标测试

(一)最佳选择题

1.下面不属于影响学前儿童攻击性行为的因素是( )。
A.榜样　　　　　　　B.强化　　　　　　　C.挫折
D.环境　　　　　　　E.矛盾

2.儿童道德发展的核心问题是( )。
A.亲子关系的发展　　　B.强化　　　　　　　C.亲社会行为的发展
D.社会技能的发展　　　E.家庭教养方式的提升

3.下列哪种说法最符合学前儿童社会道德发展的观点?( )
A.学前儿童的道德发展主要受到遗传因素的影响
B.学前儿童的道德发展主要受到学校教育的影响
C.学前儿童的道德发展受到多种因素的综合影响
D.学前儿童的道德发展主要受到家庭因素的影响
E.学前儿童的道德发展主要受到个人性格的影响

(二)是非题

4.学前儿童的社会道德发展只受到家庭教育的影响,与学校教育和同伴关系无关。( )

5.学前儿童的社会道德发展主要受到遗传因素的影响。（　　）

二、自我评价

道德是人在社会生活中必须遵守的一系列行为准则，是一种社会规范。它主要包含三个成分：道德认知、道德情感、道德行为。儿童道德认知和道德情感的发展都是初步的，其道德行为的发展集中体现在亲社会行为和攻击性行为上。通过学习本任务（表6-8），学习者能对学前儿童社会道德的发展有一个较为完整的了解，并能运用科学的方法进行研究和学习，从而初步具备相应的知识、能力和素质。

表6-8　任务学习自我检测单

姓名：	班级：　　　　学号：	
任务分析	学前儿童社会道德发展	
任务实施	学前儿童社会道德的发展	
	学前儿童社会道德的培养	
任务小结		

参考文献

[1] 吴俊端,陈启新.婴幼儿心理发展[M].北京:中国人口出版社,2022.

[2] 姜小燕,张秋冬,保长省.婴幼儿心理发展[M].北京:中国人民大学出版社,2023.

[3] 刘婷.0~3岁婴幼儿心理发展与教育[M].上海:华东师范大学出版社,2021.

[4] 宋丽博.学前儿童发展心理学[M].4版.北京:高等教育出版社,2022.

[5] 焦艳凤,郭苹,王金玲.幼儿心理学[M].北京:中国人民大学出版社,2021.

[6] 曹枫林.护理心理学[M].北京:人民卫生出版社,2009.

[7] 孙久荣.脑科学导论[M].北京:北京大学出版社,2001.

[8] 王振宇.学前儿童心理学[M].北京:中央广播电视大学出版社,2007.

[9] (英)艾森克.心理学——一条整合的途径[M].阎巩固,译.上海:华东师范大学出版社,2000.

[10] (美)桑特洛克.儿童发展[M].11版.桑标,王荣,邓欣媚,等,译.上海:上海人民出版社,2009.

[11] (美)劳拉·E.贝克.儿童发展[M].5版.吴颖,等,译.南京:江苏教育出版社,2002.

[12] 罗家英.学前儿童发展心理学[M].北京:科学出版社,2007.

[13] 洪德厚,黄丽珍.儿童的保持曲线问题(二)[C].//中国心理学会第三次会员代表大会及建会60周年学术会议(全国第四届心理学学术会议)文摘选集(上).1981.

[14] 吴荔红.学前儿童发展心理学[M].2版.福州:福建人民出版社,2010.

[15] 刘新学,唐雪梅.学前心理学[M].2版.北京:北京师范大学出版社,2014.

[16] (美)罗伯特·费尔德曼.发展心理学——人的毕生发展[M].4版.苏彦捷,等,译.北京:世界图书出版公司北京公司,2007.

[17] 李燕.学前儿童发展心理学[M].上海:华东师范大学出版社,2008.

[18] 陈帼眉,冯晓霞,庞丽娟.学前儿童发展心理学[M].北京:北京师范大学出版社,1994.

[19] 彭聃龄.普通心理学[M].4版.北京:北京师范大学出版社,2012.

[20] 郑延慧.一个游戏打开两个世界的大门——科学发现发明故事[M].北京:知识出版社,1991.

[21] 王双宏,黄胜.学前儿童发展心理学[M].成都:西南交通大学出版社,2018.

[22] 薛俊楠,马璐.学前儿童发展心理学[M].北京:北京理工大学出版社,2018.

[23] 莫秀锋,郭敏.学前儿童发展心理学[M].南京:东南大学出版社,2016.

[24] 陈帼眉.幼儿心理学[M].2版.北京:北京师范大学出版社,2017.

[25] 邬德利.学前心理学[M].北京:电子工业出版社,2017.

[26] 庞丽娟.幼儿心理[M].北京:北京少年儿童出版社,1985.

[27] 刘吉祥,刘慕霞.学前儿童发展心理学[M].4版.长沙:湖南大学出版社,2016.

[28] 陈帼眉.学前心理学[M].2版.北京:人民教育出版社,2003.

[29] 侯然.情绪对认知活动的影响[J].心理研究,2009,2(1):28-33.

[30] 张立春.试论情绪对认知的制导作用[J].湖北大学学报(哲学社会科学版),1990,17(1):101-103.

[31] 罗秋英.学前儿童心理学[M].上海:复旦大学出版社,2017.

[32] 肖全民.幼儿心理行为的教育诊断[M].武汉:武汉大学出版社,2017.

中英文名词对照索引

B

表象　representation

保持　retention

不稳定性　instability

C

操作　operation

创造想象　creative imagination

词汇发展　vocabulary development

抽象逻辑　abstract logic

刺激物　irritant

粗大动作　gross movements

操作能力　operational capacity

D

大小知觉　size perception

多动现象　hyperactivity phenomenon

道德感　moral feeling

动作　action

大小规律　large and small law

道德认知　moral cognition

F

方位知觉　orientation perception

发散思维　divergent thinking

G

个性　personality

感觉　sensation

果断性　decisiveness

鼓励　incentive

个性心理倾向　mental inclination of individual

攻击性行为　aggressive behavior

H

回忆　recall

合作　cooperation

环境　environment

J

记忆　memory

机械记忆　mechanical memory

具体形象思维　concrete visual thinking

集中思维　convergent thinking

激情　passion

近远规律　the law of near and far

精细动作　fine movement

家庭教育　family education

角色期待　role expectation

K

口头语言　spoken language

L

理智感　rational feeling

M

美感　aesthetic feeling

N

内部言语　inner speech

能力　capacity

Q

情绪　emotion

气质　temperament

亲子关系　paternity

前道德阶段　premoral stage

亲社会行为　prosocial behavior

R

认知　cognition

认知能力　cognitive ability

S

顺应　accommodation

识记　memorization

深度知觉　depth perception

时间知觉　time perception

社会性发展　social development

生理因素　physiological factor

书面语言　written language

思维　thinking

首尾规律　head and tail law
社交能力　sociability
生理自我　physical self
社会自我　social self
师幼关系　teacher-child relationship
社会性行为　social behavior
社会道德　social ethics

T

图式　schema
同化　assimilation
同伴关系　peer relationship
他律道德阶段　stage of heteronomous morality

W

无意记忆　unconscious memory
无意想象　involuntary imagination
外部言语　external speech
无意注意　involuntary attention
外露性　exposedness
无有规律　no and have law

X

学前儿童　preschool child
心理发展　mental development
形状知觉　form and shape perception
形象记忆　imaginal memory
想象　imagination
心境　mood
需求　requirement
兴趣　interest
性格　character
性别角色　gender role
性别认同　sex identity
性别教育　sex education

Y

意志　volition
遗传　inheritance
有意记忆　conscious memory
遗忘　forget

有意想象　voluntary imagination

语法　grammar

言语　speech

言语指导　verbal guidance

有意注意　voluntary attention

应激　stress

游戏　game

意志　will

依恋　attach

移情　empathy

Z

知觉　perception

最近发展区　zone of proximal development

再现　reproduction

再造想象　reproductive imagination

直观动作思维　intuitive action thinking

自我中心　egocentrism

注意　attention

整局规律　whole and part law

自觉性　conscious

自制性　self-control

自我意识　self-consciousness

智力　intelligence

自我评价　self-assessment

自我体验　self-experience

自律道德阶段　stage of autonomous morality